普通高等教育土建学科专业『十二五』规划教材

全国高职高专教育土建类专业教学指导委员会规划推荐教材

建筑节能设计与软件应用

（建筑设计技术专业适用）

本教材编审委员会组织编写

盛　利　主　编

李提莲　李喜霞　副主编

季　翔　主　审

中国建筑工业出版社

图书在版编目（CIP）数据

建筑节能设计与软件应用／盛利主编 .—北京：中国建筑工业出版社，2015.12（2023.3 重印）

普通高等教育土建学科专业"十二五"规划教材 .全国高职高专教育土建类专业教学指导委员会规划推荐教材（建筑设计技术专业适用）

ISBN 978-7-112-18789-8

Ⅰ. ①建…　Ⅱ. ①盛…　Ⅲ. ①节能－建筑设计－计算机辅助设计－应用软件－高等职业教育－教材　Ⅳ. ① TU201.5

中国版本图书馆CIP数据核字（2015）第293530号

　　本书以最新国家及地方建筑节能设计标准为依据，针对我国大多数地区的气候环境与建筑特点，系统地介绍了建筑节能设计的依据、技术和方法；并以我国主流节能设计软件PBECA、T-BEC、BECS最新版本为软件平台，结合工程设计实例介绍了居住建筑与公共建筑节能设计和能耗计算的方法。本书内容包括绪论、建筑节能设计基础知识、建筑规划节能设计、建筑单体节能设计、建筑遮阳、可再生能源利用、建筑节能设计标准和计算方法、节能设计软件实例教程等。

　　本书内容丰富，资料详实，并采用当前最新版本节能软件结合工程实例进行项目教学，图文并茂，具有较强的应用价值。可作为高职院校的建筑设计专业或高等院校的建筑学、城市规划、建筑环境等专业的教材，也可作为建筑节能相关技术培训的参考资料和培训教材，提供给从事建筑设计人员、土建设计人员和节能技术相关科研人员参考。为更好地支持相应课程的教学，我们向采用本书作为教材的教师提供教学课件，有需要者可与出版社联系，邮箱：jckj@cabp.com.cn，电话：（010）58337285，建工书院：http://edu.cabplink.com（PC端）。

　　责任编辑：杨　虹　朱首明
　　责任校对：陈晶晶　赵　颖

普通高等教育土建学科专业"十二五"规划教材
全国高职高专教育土建类专业教学指导委员会规划推荐教材

建筑节能设计与软件应用
（建筑设计技术专业适用）

本教材编审委员会组织编写

盛　利　主　编

李提莲　李喜霞　副主编

季　翔　主　审

*

中国建筑工业出版社出版、发行（北京西郊百万庄）

各地新华书店、建筑书店经销

北京嘉泰利德公司制版

北京建筑工业印刷厂印刷

*

开本：787×1092毫米　1/16　印张：14$\frac{1}{2}$　字数：304千字

2016 年 3 月第一版　2023 年 3 月第六次印刷

定价：35.00元（赠教师课件）

ISBN 978-7-112-18789-8

（28086）

教材编审委员会名单

主 任：季 翔

副主任：马松雯 黄春波

委 员（按姓氏笔画为序）：

王小净 王俊英 冯美宇 刘超英 孙亚峰

李 进 杨青山 陈 华 钟 建 赵肖丹

徐锡权 章斌全

序　言

全国高职高专教育土建类专业教学指导委员会建筑类专业指导分委员会是住房和城乡建设部受教育部委托，由住房和城乡建设部聘任和管理的专家机构。其主要工作任务是，研究如何适应建设事业发展的需要设置高等职业教育专业，明确建设类高等职业教育人才的培养标准和规格，构建理论与实践紧密结合的教学内容体系，构筑"校企合作、产学结合"的人才培养模式，为我国建设事业的健康发展提供智力支持。

在住房和城乡建设部人事司和全国高职高专教育土建类专业教学指导委员会的领导下，自成立以来，全国高职高专教育土建类专业教学指导委员会建筑类专业指导分委员会的工作取得了多项成果，编制了建筑类高职高专教育指导性专业目录；在重点专业的专业定位、人才培养方案、教学内容体系、主干课程内容等方面取得了共识；制定了"建筑装饰技术"等专业的教育标准、人才培养方案、主干课程教学大纲；制定了教材编审原则；启动了建设类高等职业教育建筑类专业人才培养模式的研究工作。

全国高职高专教育土建类专业教学指导委员会建筑类专业指导分委员会指导的专业有建筑设计技术、室内设计技术、建筑装饰工程技术、园林工程技术、中国古建筑工程技术、环境艺术设计等6个专业。为了满足上述专业的教学需要，我们在调查研究的基础上制定了这些专业的教育标准和培养方案，根据培养方案认真组织了教学与实践经验较丰富的教授和专家编制了主干课程的教学大纲，然后根据教学大纲编审了本套教材。

本套教材是在高等职业教育有关改革精神指导下，以社会需求为导向，以培养实用为主、技能为本的应用型人才为出发点，根据目前各专业毕业生的岗位走向、生源状况等实际情况，由理论知识扎实、实践能力强的双师型教师和专家编写的。因此，本套教材体现了高等职业教育适应性、实用性强的特点，具有内容新、通俗易懂、紧密结合实际、符合高职学生学习规律的特色。我们希望通过这套教材的使用，进一步提高教学质量，更好地为社会培养具有解决工作中实际问题的有用人才打下基础。也为今后推出更多更好的具有高职教育特色的教材探索一条新的路子，使我国的高职教育办的更加规范和有效。

全国高职高专教育土建类专业教学指导委员会建筑类专业指导分委员会

前　言

　　近些年来全球气候冷热变化异常，由极端天气造成的灾害频频发生，人类与环境、人类与气候的矛盾似乎越来越尖锐，人与自然和谐相处的距离越来越遥不可及。同样，我国能源的大量消耗造成了环境污染、温室效应以及生态环境的迅速恶化。据统计，近十年来几乎每年在全国各地都会持续出现让人们措手不及的极端天气，尤其是雾霾已成为我国大多数城市挥之不去的阴影，给国家和人民带来巨大的影响，其主要原因就是自然环境的恶化。面对这些，国家只能是积极面对并且制定了一系列保护环境以及节能减排的政策措施。我国是能耗大国，工业能耗、建筑能耗、交通能耗为社会三大主要能耗，其中建筑能耗约占社会总能耗的30%，而且建筑能耗比例还在持续上升。所以建筑节能工作是落实国家"节能减排"工作的重要组成部分。而建筑节能设计就成为工程设计人员在建筑设计中的重要设计内容。因此"建筑节能设计课"成为建筑设计专业课程建设改革后新加入的一门核心课程。

　　本书理论性、技术性、实用性较强，但对于建筑设计专业的学生，建筑技术类的课程由于包含大量的术语、公式、计算内容和节能软件应用要求，使得建筑节能设计成为一门十分重要同时又比较难以掌握的课程。怎样学好建筑节能设计，孔子曾说过："知之者不如好知者，好知者不如乐知者"（孔子《论语·雍也》），所以作为教师不仅要使学生以"知之"为目标，更要引导学生"乐知"、"好知"，去激发、调动学生的学习兴趣，才能使学生学好这门课程。

　　本书主要从建筑的规划节能设计、单体节能设计、构造节能设计等入手，并结合工程实例，辅以国内主流节能设计软件的讲解，通过对节能相关的具体问题的分析，希望利用实践性教学，开拓学生的视野，提高学生建筑节能设计的能力，从而为今后的学习乃至工作打下良好的基础。

　　本书由盛利主编并统稿，李提莲、李喜霞担任副主编；蒋赛百、鲁闻君、赵静参加了编写。其中教学单元1绪论、教学单元6可再生能源利用、教学单元8节能设计软件实例教程由山东城市建设职业学院盛利编写；教学单元2建筑节能设计基础知识由山东城市建设职业学院鲁闻君编写；教学单元3建筑规划节能设计由山东城市建设职业学院赵静编写；教学单元4建筑单体节能设计由山东城市建设职业学院蒋赛百编写；教学单元5建筑遮阳设计由江苏建筑职业技术学院李提莲编写；教学单元7建筑节能设计标准与计算方法由河南建筑职业技术学院李喜霞、山东城市建设职业学院盛利编写。

　　在本书节能软件实例教程的编写过程中，得到了中国建筑科学研究院建研科技股份有限公司（PBECA软件教程编写）、北京天正工程软件有限公司与山东建苑工程设计软件有限公司（T-BEC软件教程编写）、北京绿建软件有限公司与济南泉泰信息技术有限公司（BECS软件教程编写）的帮助，在此深表感谢。在本书编写过程中还引用了一些专家和学者的书籍、文献、资料等，在此一并表示深深的谢意！

限于时间、水平和地域的关系，本书建筑节能设计相关内容定有不少疏漏，内容也不能全面阐述我国各气候分区建筑节能相关要求，有不尽完善之处，希望广大读者提出批评和指正。

盛　利

2015年2月

目　录

建筑节能设计与软件应用

1

教学单元 1　绪　论

教学目标

掌握建筑节能和节能建筑的概念；熟悉建筑节能的意义；了解国内外节能建筑的发展现状；了解建筑节能设计的重要性，掌握建筑节能的基本设计手段及方法。

我国是能耗大国，工业能耗、建筑能耗、交通能耗为社会三大主要能耗，其中建筑能耗约占社会总能耗的30%。由于近年来土地价格的不断上涨，房地产市场的持续升温，建筑能耗比例还在稳步上升。

当前资源过度消耗、气候变异、环境污染和生态破坏等问题已经威胁到人类的生存和发展。在现实面前，人们逐渐认识到建筑带来的人与自然的矛盾以及建筑活动对环境的影响，所以研究推广切实可行的建筑节能适宜技术，建设节能环保型绿色建筑、低能耗建筑甚至零能耗建筑是我国未来建筑的发展方向。我们只有加大对建筑节能设计的研究以及推行节能技术，综合考虑建筑的节能需求、提高建筑节能设计水平、制定切实可行的节能方案、深入完整地实施节能措施，才能尽快实现我国新型城镇化建设可持续发展的战略目标。

1.1　建筑节能的概念和意义

1.1.1　节能建筑与建筑节能的定义

所谓节能建筑，是指遵循适用于本地气候的建筑节能设计标准，对建筑所在气候、规划分区、群体和单体、建筑朝向、间距、太阳辐射、风向以及外部空间环境进行研究后，结合可再生能源的利用，设计并建造出的低能耗的宜居建筑。

所谓建筑节能，是指在保证室内热环境的前提下，在建筑工程的规划、设计、建造和使用过程中，通过执行现行建筑节能标准，提高建筑围护结构热工性能，采用节能型用能系统和可再生能源利用系统，切实降低建筑能源消耗的活动。

1.1.2　建筑节能的概念

1979年，世界能源委员会对节能给予了定义：采取技术上可行、经济上合理、环境和社会可接受的一切措施，来提高能源资源的利用效率。也就是说，节能就是应用技术上现实可靠、经济上合理可行、环境和社会都可以接受的方法，来有效地利用能源，提高用能设备或工艺的能量利用方法。

建筑节能的概念，早在20世纪70年代就被西方的一些国家提出，意思是在建筑建造和使用时提高能源的利用率，减少能源的消耗。但是一直到20世纪90年代，房屋设计及建造过程中都还没有完全考虑到建筑节能这一概念。随着人民生活水平的提高和对生活品质要求的提升，人们越来越关心所生存的地球环境，纷纷采取各种积极有效的措施来改善环境，建筑节能观念也逐渐深入人心。例如采暖与空调、饮食、照明、冰箱、电视机和热水供应等家用电器消耗的一次性能源，就是建筑耗能的表现，因此各种节能型电器不断涌现。在房屋的建筑耗能方面，目前，我国已建的民用建筑普遍存在着两个问题：一是围护结构保温隔热性能差，二是门窗的密闭性不好。这是我国民用建筑的单位面积能耗要比同纬度其他国家高很多的主要原因之一，也导致了房屋建筑能耗在我国社会能耗中占有的比重越来越大。建筑节能显得越来越重要。因此，大力推进建筑节能，倡导绿色建筑，一方面可以缓解能源紧张，另一方面也是提高建筑使用舒适性的必然手段。

1.1.3　建筑节能的意义

建筑节能是整个建筑全寿命过程中每一个环节节能的总和，是指建筑在选址、规划、设计、建造和使用过程中，严格执行建筑节能标准，通过合理的规划设计，采用节能型的建筑材料、产品和设备，加强建筑节能设备的运行管理，合理设计建筑围护结构的热工性能，提高供暖、制冷、照明、通风、给排水和管道系统的运行效率，并充分利用可再生能源，在保证建筑物使用功能和室内热环境质量的前提下，达到降低建筑能源消耗，合理、有效利用能源的目的。

为保证我国新型城镇化建设的可持续发展，进一步优化生态环境和居住环境，建筑节能的重要意义具体体现在以下四个方面：

1. 建筑节能有利于缓解能源供给的紧缺局面

我国作为能源消耗大国，在现代化建设高速发展形势下，对于能源的需求变得更多，已经渐渐接近于国际水平。因为经济快速发展与人民生活质量水平的提升，在建筑能源消耗方面已经超出能源生产的速度，特别是对于电力和热力等相关优质能源的需求直线增加。目前我国每年经济增长的速度是 7% 左右，可是能源的增长速度约为 3.5%，能源生产的增长速度滞后于国民经济的增长速度，能源短缺已成为制约我国国民经济发展的瓶颈。

随着国内新型城镇化建设的深入，各地区民用建筑建设规模越来越大，建筑能源消耗也越来越多，从而造成建筑能源的缺口越来越明显。在当前依赖能源方面的投入与基础设施建设难以满足社会快速发展有关需求的形势下，只能在建筑建设和运行过程中对其各个环节严格执行建筑节能的相关标准，同时对既有建筑进行节能改造，依靠建筑节能技术来节约大量能源，以保障新型城镇化建设的可持续发展。所以，建筑节能已经成为国家的重要战略。

2. 建筑节能有利于改善大气环境

从我国的能源结构来看，我国的煤炭和水力资源比较丰富，但建筑采暖和用电基本是以煤炭为主。可是煤炭的燃烧会对大气环境造成严重污染。目前，国内每一年的采暖燃煤所排放的二氧化碳大约为 2.6 亿吨，二氧化硫大约为 1800 万吨。在采暖阶段导致多数城镇的大气环境污染指数严重超标。其中北方的城镇要比南方的城镇严重，采暖阶段要比非采暖阶段严重。相关研究表明悬浮颗粒与氮氧化物等相关气体是大气中主要的污染物，以北京的采暖阶段和非采暖阶段的大气环境相比较为例，大气环境中的悬浮颗粒物高出 1.2 倍，氮氧化物与一氧化碳高出 1.7 倍，这些物质严重地危害人们的身体健康，同时对于土壤和水体以及建筑物也会造成一定程度上的影响。另外二氧化碳的大量排放会造成温室效应，已使全球环境受到严重破坏。所以在保持采暖使用要求的前提下，如何尽量减少煤炭的用量，或者说如何减少燃煤的有害气体排放，是建筑节能的重点。对此，唯有在源头上降低建筑物采暖的一次性非再生能源消耗，才可以在一定程度上缓解城镇的大气环境污染。而建筑节能可以减少能源消耗，也就减少了向大气排放污染物，从而改善了大气环境。

3. 建筑节能有利于改善室内热环境

社会正在不断发展，人们更加需要美好的居住环境，房屋建筑环境的整洁与舒适是人们生活的基本需求。在我国，随着现代化建筑的持续建设和人民生活水平的提高，人们对建筑热环境的舒适性要求也越来越高。我国大部分地区属于夏热冬冷的气候，冬季气温与世界同纬度地区相比，1 月份平均气温，东北地区低 14～18℃，黄河中下游低 10～14℃，长江以南低 8～10℃，东南沿海低 5℃ 左右；夏季 7 月份的平均气温，我国绝大部分地区却高出世界同纬度地区 1.3～2.5℃。同时，我国气候的明显特点是冬夏季持续时间长，春秋季持续时间短。在这种相对恶劣的气候条件下，要想创造舒适宜人的建筑热环境，就需要借助于采暖空调设备的调节，从而导致大量的能源消耗。因此积极利用建筑节能技术，转变旧有能耗方式，充分利用节能减排，使新能源作用得以充分发挥，进而改善室内环境的热舒适性，实现冬暖夏凉，达到提高人民群众的生活质量和健康水平的目的。

4. 建筑节能有利于保护耕地资源

近些年来，国家大力发展"节能、节地、利废"的新型墙体材料，积极开展"城市限黏、县城禁实"工作，并且在沿海省份以及绝大多数城镇建设中取得了初步成效。但目前实心黏土砖仍旧是我国中西部地区农村住宅应用最广泛的墙体材料，黏土砖挖坑取土，毁坏耕地，消耗大量能源。我国目前每年大约烧制 6000 多亿块黏土砖，耗用黏土约 14.3 亿立方米，相当于毁坏耕地 50 万亩。此外我国每年烧砖要烧掉 6000 多万吨标准煤，占建材业总能耗的 55%。每年制砖的生产能耗和北方地区采暖能耗二者合计占我国全年能耗的 15% 以上。因此全面禁止使用实心黏土砖、推行节能节地利废的新型墙体材料是我国目前建筑节能的首要任务。只有积极贯彻落实国家建筑节能法规政策，才能有效推动我国建材领域的墙材革新，才能对保护耕地和生态环境起到积极作用。

综上所述，建筑节能已成为世界建筑界共同关注的课题，经过几十年的探索和实践，人们对建筑节能含义的认识也不断深入。由最初提出的"能源节约（energy saving）"，发展为"在建筑中保持能源（energy conservation）"，现在成为"提高建筑中的能源利用效率（energy efficiency）"，使建筑节能概念产生新的飞跃。因此推进建筑节能的深入发展对缓解能源供应紧张、减少温室气体排放、保护大气环境及生态环境、节约土地资源、提高人民生活水平都具有重要意义。

1.2　节能建筑的发展现状

节能建筑，是指遵循适用于本地气候的建筑节能设计标准进行设计和建造，使其在使用过程降低能耗的建筑。近些年来，各国政府越来越重视对环境的保护，因此欧美、日本等发达国家和地区的节能建筑可持续发展研究不仅仅局限于降低建筑能耗，而且纷纷提出了内容涵盖节能、节地、节水、节材、室内环境等多项指标控制的绿色建筑、可持续建筑、生态建筑、被动房等概念，以寻求可以降低环境负荷且有利于使用者健康的建筑。由于绿色建筑等设计要求涵盖面较广，如果详述则占用篇幅较大，故本单元仅从建筑节能这一单项指标介绍节能建筑的发展现状。

1.2.1　国外节能建筑的发展现状

自 20 世纪 80 年代以来，建筑节能的研究及节能建筑的建设已成为了国际关注的建筑议题及必然趋势，经过三十多年的努力，节能环保型绿色建筑在欧美、日本等发达国家和地区得到了大力推广并取得了良好发展。其中在新建建筑的设计和施工、既有建筑的节能改造、建筑节能法律、法规、标准、规范及相关政策的制定和实施，以及建筑节能的认证和管理等方面做了大量的工作，在节省大量能源的同时还创造了可观的经济效益，也对环境的改善起到了积极的推动作用。

为了更有效地大幅度减少建筑能源的消耗，欧美、日本等国家和地区从 2000 年以后均陆续提出了建设要求更高的零能耗建筑（Zero Energy Building）的发展路线图。所谓零能耗建筑是指在建筑之外建立风力、太阳能、地热能、生物质能等资源发电或产生燃气、冷热新风的设施，利用这些属于可再生能源的电力、燃气、冷热新风满足建筑运行的能源需求以及采取建筑节能措施，实现消耗化石燃料为零的建筑。如欧盟的"20：20：20"目标，就是到 2020 年实现二氧化碳减排 20%（相比 1990 年），并且可再生能源利用占能源消耗总量的比例达到 20%，具体到建筑节能上要求欧盟成员国新建建筑要达到零能耗。美国、日本、韩国、澳大利亚等国家也提出了类似的目标。

由于"零能耗建筑"现阶段实现较为困难，欧美发达国家目前实施的节能标准均指向可操作的"近零能耗建筑"（Nearly Zero Energy Building）。所谓"近零能耗建筑"是指建筑物具有非常高的节能性能，按照统一方法（欧盟的标准）计算出建筑物运行所需的一次性能源消耗几乎为零或非常低，而这部分能源消耗的大部分由建筑自身或附近生产的可再生能源提供。对于"近零能耗建筑"，各国定义有所不同。具体以德国为例，德国的"近零能耗建筑"称之为"被动房"（Passive House），其定义是指建筑仅依靠太阳能、地热能等可再生能源以及利用建筑内部得热、建筑余热回收等被动技术，而不使用主动采暖设备，维持建筑全年达到规范要求的室内舒适温度范围和新风要求。德国的节能条例近些年来几乎每年都在更新，对新建建筑的节能要求越来越严，旨在达到德国建筑节能法规《EnEG》(2013) 的要求，也就是从 2021 年起实现新建建筑达到"近零能耗建筑（被动房）"这一重要目标。德国的被动房设计标准与我国现行节能设计标准在指标计算时有很大不同。被动房设计标准采用的是量化的能耗指标，而我国执行的节能设计标准是以基准能耗指标的节能率来控制设计要求，如果将被动房设计标准的量化指标折合成我国节能设计标准的节能率约为 92%，可看出此节能率远高于我国现行节能设计标准所要求的节能率。

德国的被动房主要是针对中欧地区住宅建筑研发的技术体系，相比其他"近零能耗建筑"技术体系，被动房技术建设投资少，运行维护成本低；具有较高热工舒适度，使用舒适方便、经久耐用、建筑生命周期长等优点。目前被动房技术发展非常迅速，已扩展到公共建筑、工业建筑等其他建筑类型，而且在亚洲、美洲等地区也已推广应用。如目前在建的山东城市建设职业学院低能耗实验实训中心是我国被动式超低能耗绿色建筑示范项目，是德国能源署与山东省住建厅及山东城市建设职业学院合作建设的完全按照被动房技术设计并建造的工程项目，并且是我国目前已立项的建筑面积最大的"被动房"工程项目。

1.2.2 国内节能建筑发展现状

随着我国新型城镇化建设的蓬勃发展，为全面推广建筑节能设计，国务院将建筑节能作为贯彻国家可持续发展的一项重要举措，纳入到了有关工作计划中，相关部门对建筑节能工作进行了深入研究，出台了一系列的法律、法规、规范和标准。目前我国新建的住宅与公共建筑工程均严格执行了国家或地方的节能设计标准。截止 2014 年末，国家出台的有关建筑节能设计的规范和标准主要有：《民用建筑热工设计规范》GB 50176—93、《严寒和寒冷地区居住建筑节能设计标准》JGJ 26—2010、《夏热冬冷地区居住建筑节能设计标准》JGJ 134—2010、《夏热冬暖地区居住建筑节能设计标准》JGJ 75—2012、《公共建筑节能设计标准》GB 50189—2015、《既有居住建筑节能改造技术规程》JGJ/T 129—2012、《居住建筑节能检测标准》JGJ/T 132—2009、《绿色建筑评价标准》GB/T 50378—2014、《民用建筑节能条例》（国务院令第 530 号）等。此外，绝大多数省或直辖市也出台了与本地区相关的公共建筑节能设计标准和居住建筑节能设计标准。

随着节能减排的深入推进，国家的节能政策法规越来越严，全国各地也在及时推出节能要求更严、内容更广泛的新节能设计标准。以寒冷地区居住建筑节能设计标准为例，目前执行的国家标准和大多数地方标准基本是按节能率为 65% 的设计标准制定，为进一步降低居住建筑能耗，改善室内热环境，不少地区已经开始执行居住建筑节能率为 75% 的节能设计标准。至 2014 年底，北京、天津、唐山、保定等城市已经实施居住建筑节能率为 75% 的设计标准，山东省政府在出台的《关于进一步提升建筑质量的意见》中也明确表示从2015 年开始全面执行居住建筑节能率为 75% 的设计标准。

我国建筑节能的技术发展是从各相关专项技术的发展开始的，自 2000 年以来，有关部门组织实施了节能关键技术的研究，取得了一大批研究成果，并逐步推广应用。在各相关专项技术的基础上又发展了一批集成技术，为我国节能环保型绿色建筑发展奠定了技术基础。在建筑节能技术的实际应用中，我国鼓励首选低成本的被动技术手段，然后充分结合地域特点和建筑特点，选择适宜节能技术。还应遵循因地制宜的原则，综合考虑建筑全寿命期内的投入产出效益，避免盲目的技术堆砌和过高的经济成本。但从总体来看，我国在建筑节能技术的研究开发、合理技术的选择方面投入较少，创新技术支撑能力较弱。

目前，我国城乡建设仍保持粗放式增长，在建筑的建造和使用中，能源资源消耗高，利用效率低，带来的能源环境制约矛盾日益突出。建筑能耗已经超越工业能耗、交通能耗等其他行业能耗成为我国用能主要增长点，建筑节能成为提高全社会能源使用效率的首要方面。2013 年 1 月 1 日，国务院发布了《国务院办公厅关于转发发展改革委、住房和城乡建设部绿色建筑行动方案的通知》，提出"十二五"期间完成新建绿色建筑 10 亿平方米；到 2015 年末，20% 的城镇新建建筑达到绿色建筑标准要求；结合农村危房改造实施农村节能示范住宅 40 万套。2015 年是"十二五"规划的最后一年，正是在此背景下，如何在城镇住宅建设进程中大力推行节能环保型绿色建筑，实现居住建筑环保节能可持续发展是当前面临的重大挑战。

1.3 建筑节能设计的重要性及设计手段

1.3.1 建筑节能设计的重要性

高效的节能建筑体系首先需要合理的建筑节能设计。建筑节能设计是以满足建筑室内适宜的热环境和提高人民的居住水平为目的，通过建筑规划节能设计、建筑单体节能设计及对建筑设备采取综合节能措施，不断提高能源的利用效率，充分利用可再生能源，以使建筑能耗达到最小化所需要采取的科学技术手段。

我国地域广阔，从严寒地区、寒冷地区、夏热冬冷地区、夏热冬暖地区到温和地区，各地的气候条件差别很大，太阳辐射量也不一样，采暖与制冷的需求各有不同。即使在同一个寒冷地区，其寒冷时间与严寒程度也有很大的差别，因此，从建筑节能设计的角度，必须再细分若干个子气候区域，对不同气候区域建筑围护结构和保温隔热要求做出不同的设计规定。

建筑节能设计是一个系统工程，在设计的全过程中，从选择材料、结构设计、配套设计等各环节都要贯穿节能的观念，这样才能真正取得节能的效果。建筑节能设计是房屋节能全过程中最关键的一个环节，合理的设计有利于从源头上杜绝能源的浪费，同时也关系到建筑节能工程的运行能否具备正常的技术保障，因此建筑节能设计在建筑节能工程中具有重大作用。

1.3.2 建筑节能设计手段

建筑整体及外部环境设计是在分析建筑周围气候环境条件的基础上，通过选址、规划、外部环境和体形朝向等设计，使建筑获得一个良好的外部微气候环境，达到节能的目的。

1. 合理的选址

古人在建筑选址时讲究"山环水抱"、"天人合一"，本质上是建筑选址应该充分考虑自然通风和天然采光等气候条件，顺应地势而不是人为破坏生态平衡。如今我们在建筑选址时依然会考虑所选择场地的微气候环境，根据当地的气候、土质、水质、地形及周围环境条件等因素的综合状况来确定。如建筑应选择"向阳"、"避风"的场地建设；选择远离噪声的建筑场地或者制定控制环境噪声的措施；社区周边有工厂时，住宅不能建设在污染源的下风向等。建筑节能设计中，只有充分利用场地周边地理环境对气候的调节作用，才能获得适宜居住的生活环境。

2. 合理的外部环境设计

随着人民生活水平的不断提高，居民对外部环境也越来越重视。"依山傍水房树间，行也安然，居也安然"成了大家普遍追求的外部环境目标。可采用的方法如在建筑周围根据冬季和夏季主风向的不同分别在风口种植相应的树木、植被，既能在夏季保持风向通畅，也能保证在冬季遮挡风沙、净化空气，还能遮阳、降噪等；还可以创造人工自然环境，如在建筑附近设置水面，来平衡环境温度、降风沙及收集雨水等。

3. 合理的建筑布局

合理的建筑布局能够创造适宜的建筑微气候环境，对建筑单体的节能设计也起到有利的作用。不合理的建筑布局往往会造成局部风速过大，不仅严重影响居民冬季的户外活动，还会增加对建筑的冷风渗透，降低室内热环境质量。以居住小区为例，一般居民社区的建筑组团平面布局有行列式、错列式、周边式、混合式、自由式等，它们都有各自的特点。通过这些基本的布局形态进一步组合，可以形成不同形式的住宅规划形态。建筑节能设计时应根据地区气候的不同采用不同的布局方式，以使住宅布置出最佳的建筑朝向，使多数房间获得良好日照，利于冬季采暖，还有利于自然通风，减少夏季供冷能耗。

4. 合理的建筑单体设计

建筑单体设计包括了建筑体形设计和建筑外围护结构设计，体形设计包括对建筑整体体量、建筑体形及建筑形体组合、室内空间布局、建筑日照及朝向等的确定。合理的建筑体形设计能够保证建筑与生态环境、人与生态环境的和谐统一，能够使建筑适应外界恶劣的气候环境，进而实现建筑节能效果。

为提高建筑物的保温隔热性能，合理的围护结构设计方案至关重要。围护结构的能耗散失是建筑耗能的主要部分，其中墙体传热约占围护结构传热的

25%～30%，门窗约占25%，屋顶约占6%～10%。要达到我国现行节能设计标准甚至更高的要求，就需要对墙体、屋顶、门窗的传热系数、热绝缘系数、气密性等热工性能指标使用高标准的节能技术措施，使用高性能的节能建筑材料，因地制宜、经济合理地实现建筑节能目标，创造出健康舒适的居住环境。

综上所述，建筑节能的实现是整体性的、系统性的，建筑节能技术涉及建筑技术、材料技术、智能技术、可再生能源利用技术等，这涉及设计、施工、管理、政策法规等诸多部门，是一项全方位、综合性的系统工程。为达到行之有效的建筑节能效果，仅靠建筑节能设计是远远不够的，还需要所有相关行业共同努力、团结协作，最终使建筑实现低能耗甚至零能耗。

单元思考题

1. 建筑节能和节能建筑的定义。
2. 建筑设计时可采用哪些建筑节能设计手段来达到建筑节能的目的？

2

教学单元 2　建筑节能设计基础知识

教学目标

了解我国不同气候条件下，建筑节能设计的不同要求；熟悉日照、风、温度等主要气候因素的概念和对建筑设计的影响；了解建筑节能设计主要涉及的名词概念。

2.1 我国的气候分区

2.1.1 节能建筑与气候特点的关系

建筑设计必须因地制宜，与当地气候和地理条件相适应，建筑要达到节能的要求，更要适应当地气候特点，并在此基础上对气候条件造成的原始热工环境进行弥补和改善。在不同气候条件下，为了达到舒适宜人的室内热环境并节约能源，建筑设计应满足不同要求：如在南方炎热地区，建筑设计需更多考虑隔热方面综合措施，以防夏季过热；而在寒冷地区甚至严寒地区，建筑设计则更多考虑冬季防寒和保温方面相关措施，以防冬季室内过冷；而夏热冬冷地区和部分寒冷地区，既要考虑夏季隔热，又要考虑冬季保温。当然，根据具体地点的气候特征，隔热、保温的侧重会有所区别。因此，在建筑方案设计阶段，就应考虑将建筑节能设计与气候条件做合理科学的联系，因地制宜，规避不利条件的影响，发挥和利用气候条件对建筑节能的有利影响。

2.1.2 我国节能设计标准对气候分区的规定

我国主要城市所处气候分区

表2—1

分区代号		分区名称	气候主要指标	建筑基本要求
Ⅰ	ⅠA ⅠB ⅠC ⅠD	严寒地区	1月平均气温≤-10℃； 7月平均气温≤25℃，7月平均相对湿度≥50%	1.建筑物必须满足冬季保温、防寒、防冻等要求； 2.ⅠA、ⅠB应防止冻土，积雪对建筑物的危害； 3.ⅠB、ⅠC、ⅠD区西部，建筑物应防冰雹、防风沙
Ⅱ	ⅡA ⅡB	寒冷地区	1月平均气温-10~0℃； 7月平均气温18~28℃	1.建筑物应满足冬季保温、防寒、防冻等要求，夏季部分地区应兼顾防热； 2.ⅡA区建筑物应防热、防潮、防暴风雨、沿海地带应防盐雾侵蚀
Ⅲ	ⅢA ⅢB ⅢC	夏热冬冷地区	1月平均气温0~10℃； 7月平均气温25~30℃	1.建筑物必须满足夏季防热、遮阳、通风降温要求，冬季应兼顾防寒； 2.建筑物应防雨、防潮、防洪、防雷电； 3.ⅢA区应防台风、暴雨袭击及盐雾侵蚀
Ⅳ	ⅣA ⅣB	夏热冬暖地区	1月平均气温>10℃； 7月平均气温25~29℃	1.建筑物必须满足夏季防热、遮阳、通风、防雨要求； 2.建筑物应防暴雨、防潮、防洪、防雷电； 3.ⅣA应防台风暴雨袭击及盐雾侵蚀
Ⅴ	ⅤA ⅤB	温和地区	1月平均气温0~13℃； 7月平均气温18~25℃	1.建筑物应满足防雨和通风要求； 2.ⅤA区建筑物应注意防寒，ⅤB区建筑物应特别注意防雷电

分区代号		分区名称	气候主要指标	建筑基本要求
Ⅵ	ⅥA ⅥB	严寒地区	1月平均气温0 ~ −22℃； 7月平均气温<18℃	建筑热工设计应符合严寒和寒冷地区相关要求
	ⅥA	寒冷地区		
Ⅶ	ⅦA ⅦB ⅦC	严寒地区	1月平均气温−5 ~ −20℃； 7月平均气温≥18℃，7 月平均相对湿度<50%	建筑热工设计应符合严寒和寒冷地区相关要求
	ⅦA	寒冷地区		

《建筑气候区划标准》GB 50178—93 将中国划分为了 7 个主气候区，20 个子气候区（表 2-1），并对各个子气候区的建筑设计提出了不同的要求。

根据《公共建筑节能设计标准》GB 50189—2015 相关内容，我国气候分区分为五个区域，分别为严寒 A 区、严寒 B 区、寒冷区、夏热冬冷区、夏热冬暖区（表 2-2）。

我国主要城市所处气候分区　　　　　　　　　　　　表2-2

气候分区	代表性城市
严寒地区A区	海伦、博克图、伊春、呼玛、海拉尔、满洲里、齐齐哈尔、富锦、哈尔滨、牡丹江、克拉玛依、佳木斯、安达
严寒地区B区	长春、乌鲁木齐、延吉、通辽、通化、四平、呼和浩特、抚顺、大柴旦、沈阳、大同、本溪、阜新、哈密、鞍山、张家口、酒泉、伊宁、吐鲁番、西宁、银川、丹东
寒冷地区	兰州、太原、唐山、阿坝、喀什、北京、天津、大连、阳泉、平凉、石家庄、德州、晋城、天水、西安、拉萨、康定、济南、青岛、安阳、郑州、洛阳、宝鸡、徐州
夏热冬冷地区	南京、蚌埠、盐城、南通、合肥、安庆、九江、武汉、黄石、岳阳、汉中、安康、上海、杭州、宁波、宜昌、长沙、南昌、株洲、永州、赣州、韶关、桂林、重庆、达县、万州、涪陵、南充、宜宾、成都、贵阳、遵义、凯里、绵阳
夏热冬暖地区	福州、莆田、龙岩、梅州、兴宁、英德、河池、柳州、贺州、泉州、厦门、广州、深圳、湛江、汕头、海口、南宁、北海、梧州

2.2　气候因素

建设场地所处环境的气候条件对创造适宜的工作和生活环境来说，是至关重要的。良好的自然环境可使人们心旷神怡、增加美感。不良的自然环境会影响人们生产、工作和生活，甚至给人们带来灾难，影响人们生存。

气候指任一地点或地区在一年或若干年中所经历的天气状况的总和。它不仅仅指统计得出的平均天气状况，也包括其长期变化和极值。

气候条件的依据是各地的观测统计资料及实际气候状态。影响场地设计与建设的气象要素主要有风向、日照、气温和降水等。节能建筑设计与许多因素密切相关，主要有可能性与物理两个因素：

1. 可能性因素：

（1）法则方向——节能建筑相应法则和条例；

（2）经济性——节能建筑的回收期、节能率；

（3）制度和社会——政府及社会对节能和环境的态度；

（4）人的心理——个人期望值和可能性。

2. 物理因素：

（1）气候——太阳、风、温度、湿度等；

（2）舒适性——居住者的舒适范围；

（3）建筑物特征——围护结构的热工性能；

（4）附设配件——收集器、贮存及分配组件与建筑的组合；

（5）基地条件——地形、地貌及地面覆盖层、种植。

在建筑节能设计中气候居于 5 个物理因素的首位，对设计节能建筑起决定性作用。全球的气候条件（太阳辐射、地轴倾斜、空气流动及地形）决定了每个地域的温度、湿度、辐射能力、空气流动、风和天空条件等气候性质，并且气候作为某一特定条件是一项已知条件，是设计必须遵守的客观前提。节能建筑设计应充分利用气候的已知条件，迎合气候因素，使气候成为节能建筑的有利因素。

气候是任何地方出现的所有天气现象的总和，气候受太阳所支配并受地球上所有自然条件（海洋、山岭、平原、植被）的影响，有的地方气候比较稳定，尽管时有快速变化，但那里有固有的天气类型，同样的天气反复出现。正因为特定地域有特定的固有的气候特征，为了适应这些特征，这个地域的建筑形式与其他地区有显著的不同，有鲜明的气候性格特点，对一般建筑如此，对节能建筑更加明显。

2.2.1 日照

世界上最大的可供利用的再生能源是太阳能，节能建筑首先在于尽可能地应用太阳光采暖或致凉，达到节能的目的。要学习节能建筑设计及原理，应对太阳能辐射、日照、气候等基本知识有所了解。日照表示能直接见到太阳照射时间的量。太阳的辐射强度和日照率，随着纬度和地区的不同而不同。分析研究基地所在地区的太阳运行规律和辐射强度，是确定基地内建筑的日照标准、间距、朝向、遮阳设施及各项工程热工设计的重要依据。

1. 日照变化的基本知识

节能建筑要合理解决阳光对冬夏季的不同需要，首先应掌握某一地区的不同日照及太阳照射的角度。我们赖以生存的地球在不停地自转，并不断围绕太阳进行公转，所以太阳对地球上每一地点、每一时刻的日照都在有规律地发生变化。

地球绕太阳公转是沿黄道面循着椭圆轨道运动，太阳位于椭圆的两个焦点之一上。地球的公转周期为 365 天，地球近日点和远日点分别出现在 1 月及 7 月。除公转外，地球产生昼夜交替的自转是与黄道面呈 23°27′（南北回归线）的倾斜运动，这一倾斜角在地球的自转和公转中始终不变，太阳光线由于地球存在倾斜，其入射到地面的交角发生变化，相对来讲日照光线与地面垂直时，该地区进入盛夏，有较大倾角时进入冬季，由此使地球产生明显的季节交替（图 2-1）。

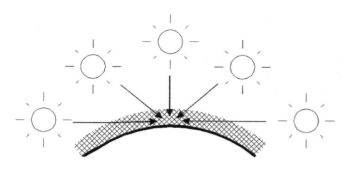

图 2-1　日照光线与季节变化关系图

当每年的夏至日来临时（6 月 21 日或 22 日），地球自转轴的北端向公转轴倾斜，其交角为 23°27′，这天，地球赤道以北地区日照时间最长、照射面积也最大；当每年的冬至日来临时（12 月 21 日至 23 日之间），地球赤道以北地区偏离公转轴 23°27′，这天，地球赤道以北地区日照时间最短、照射面积最小。赤道以南地区的季节交替与北半球恰好相反。我们在节能建筑设计的日照计算时常采用夏至日及冬至日两天的典型日照为依据。按常理来说，夏至和冬至两日是同一地区在全年中最热日和最冷日，但经验告诉我们，实际最热日与最冷日要延迟一个月左右才出现，这是由于庞大的地球受阳光照射而地表气温发生变化需要一段时间所致，这一现象被称为时滞。

我国一年之内，冬至日的太阳高度角最小，夏至日的太阳高度角最大。在计算日照间距时，以冬至日或大寒日的太阳高度角和方位角为准。而在同一时间内，纬度低，太阳高度角大，纬度高，太阳高度角小。了解太阳高度角与方位角的变化规律，对于合理确定建筑物之间的距离十分重要。

2. 太阳的高度角和方位角

地球由于自转而产生昼夜，由于围绕太阳公转而产生四季。但为了简化日照计算，假定地球上某观测点与太阳的连线，来将太阳相对地面定位，提出高度角的方位角概念。太阳高度角是指观测点到太阳的连线与地面之间所形成的夹角，用 h 表示。太阳方位角是指观测到太阳连线的水平投影与正南方向所形成的夹角，用 A 表示，正南取 0°，西向为正值，东向为负值。由于太阳与地球之间的相对运动变化，在地球上某一点观察到的太阳的位置，是随着时间有规律地变化的。在这种变化过程中，太阳高度角随之改变。一天之内，日出日落，太阳高度角在正午时最大；太阳方位角正午为 0°，午前为负值。为确定某日某地某一时刻的高度角的方位角，可通过球面三角计算，为了计算方便，我们可以通过表格来查得各地及其各时的日照角度。

3. 日照时数与日照百分率

日照时数是指地面上实际受到阳光照射的时间，以小时为单位表示，以日、月或年为测量期限。日照时数一般与当地纬度、气候条件等有关。日照百分率是指某一段时间（一年或一月）内，实际日照时数与可照时数的百分比。可照时数是指一天内从日出到日落太阳应照射到地面的小时数，用来比较不同季节和不同纬度的日照情况。我国年平均日照百分率以青藏高原、甘肃和内蒙古等干旱地区为最高（70%～80%），以四川盆地、贵州的东部和北部及湖南西部为最少，不到30%。

当日照时数与日照百分率以年为单位时，其指标反映的是不同季节和不同区域的日照情况。如西安地区全年日照时数为2038.2h，日照百分率为46%，海口市全年日照时数为2239.8h，日照百分率为51%，说明海口全年的日照时间比西安多201.6h，晴天次数较多。当日照时数以日为单位时，用于确定日照标准。

4. 太阳能辐射

太阳是以辐射方式不断地向地球供给能量，太阳辐射的波长范围很广，但绝大部分能量集中在波长在0.15～4μm，占太阳辐射总能的99%，其中可见光区中波长在0.4～0.76μm，占太阳辐射总能的50%，红外线区（波长＞0.76μm），占太阳辐射总能的43%，紫外线区（波长＜0.4μm），占太阳辐射总能的7%。

太阳辐射在进入地球表面之前，将通过大气层，太阳能一部分被反射回宇宙空间，一部分被吸收或被散射，这些过程称作日照衰减。在海拔150km上空太阳辐射能量保持在100%，当到达海拔88km上空时，X射线几乎全部被吸收并吸收掉部分紫外线，当光线更深地穿入大气到达同温层时，紫外线辐射被臭氧层中的臭氧吸收，即臭氧对地球环境起到一定的屏蔽作用。

当太阳光线穿入更深、更稠密的大气层时，气体分子会改变可见光的直线传播方向，使之朝各个方向散射。由于对流层中的尘埃和云的粒子进一步对太阳光散射，称为漫散射。散射和漫散射使一部分能量逸出外部空间，一部分能量则向下传到地面。图2-2表示各种能量损失的情况，可以发现真正被地面吸收的太阳辐射能量仅是总能量的50%以下。

5. 日照标准

日照标准是根据建筑物所处的气候区、城市大小和建筑物的使用性质确定的，在规定的日照标准日（冬至日或大寒日）的有效日照时间范围内，以底层窗台面为计算起点的建筑外窗获得的日照时间。在日照标准日，要保证建筑物的日照量，即日照质量和日照时间。日照质量是每小时室内地面和墙面阳光投射面积累计的大小及阳光中紫外线的作用。日照时间则按我国有关技术规范规定选用，如居住建筑的日照标准与所处气候分区及所在城市规模有关（表2-3），在城市旧区改造时可酌情降低标准，但不宜低于大寒日日照1h的标准；医院病房大楼、休（疗）养建筑、幼儿园、托儿所、中小学教学楼和老年人公

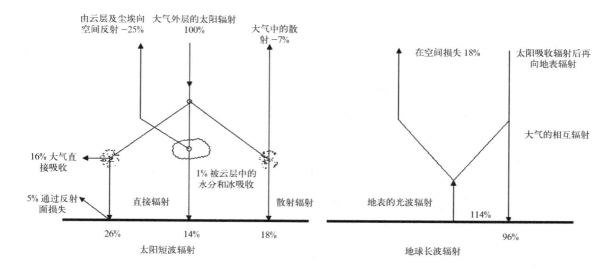

图 2-2 地球上太阳
辐射年总量

寓等建筑的房间冬至日满窗日照的有效时间不少于 2 ~ 3h。

建筑气候区划	Ⅰ、Ⅱ、Ⅲ、Ⅶ气候区		Ⅳ气候区		Ⅴ、Ⅵ气候区
	大城市	中小城市	大城市	中小城市	
日照标准日	大寒日			冬至日	
日照时数	≥2	≥3			
有效日照时间带	8~16			9~15	
日照时间计算起点	底层窗台面				

居住建筑日照标准　　　　　　　　　　表2-3

2.2.2 风

　　地球表面由于气压不同,高气压的大气流向低气压,由气压差产生的空气流动,即称之为"风"。地点和高度相同但气压有差别而形成风,气压相同但高度不同则气流由高处流向低处同样会引起风,因此风与气压和高度直接有关。

　　从地球表面风的状况分析,由于受地球公转和自转作用,产生复合向心加速度和角转动惯量,形成了风的方向,从北半球看是顺时针方向、从南半球看为逆时针方向而形成全球风型图 (图2-3)。对于节能建筑设计,风直接影响围护结构的渗透量而使建筑能耗增加,是一项十分重要的因素。认识建筑和风的关系及规律将很大程度上影响建筑节能的效率。风对气候和建筑的影响取决于风的一些物理量:风向、风速、风压及风与建筑或地貌的相对关系等。

　　1. 风向和风速 (V)

　　风是空气相对于地面的运动。气象上的风常指空气的水平运动。风向是指风吹来的方向,一般用 8 个或 16 个方位来表示,每相邻方位间的角度差为 45°(8 分为 8 方位)或 22.5°(分为 16 方位)其方位也可以用拉丁文缩写

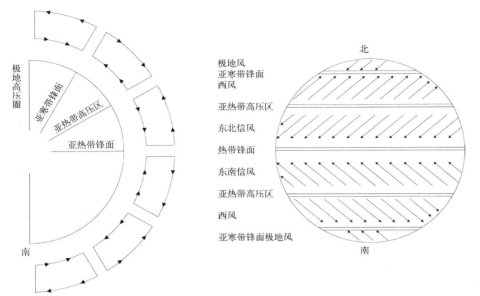

图 2-3　全球风型

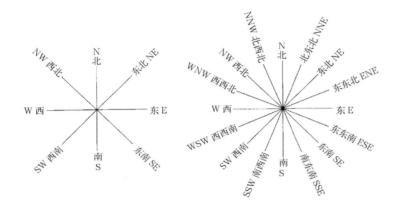

图 2-4　风向方位图

字母表示，见图 2-4。当风速小于 0.3m/s 时，则一律视为静风（用拉丁文缩写字母 C 表示），不区分方位。掌握当地主导风向，便于合理安排建筑物，使其利于通风或将有污染的部分安排在下风向，以创造好的环境。

风向在一个地区里不是永久不变的。在一定的时期里（如一月、一季、一年或多年）累计各向所发生的次数，占同期观测总次数的百分比，称为风向频率，即：

$$风向频率 = \frac{该风向出现的次数}{风向的总额次数} \%$$

(2-1)

风向频率最高的方位称为该地区或该城市的主导风向。

某地一年中每月的主要风向由当地气象资料提供，并与风速一起引入"风玫瑰图"，从中可以了解当地某月的风向情况。

风玫瑰图是表示风向特征的一种方法，它又分为风向玫瑰图（图 2-5a）、风向频率玫瑰图(图 2-5*b*)、平均风速玫瑰图(图 2-5*c*)和污染系数玫瑰图等(图 2-5*d*)。常用的是风向频率玫瑰图，通常简称为风玫瑰图。

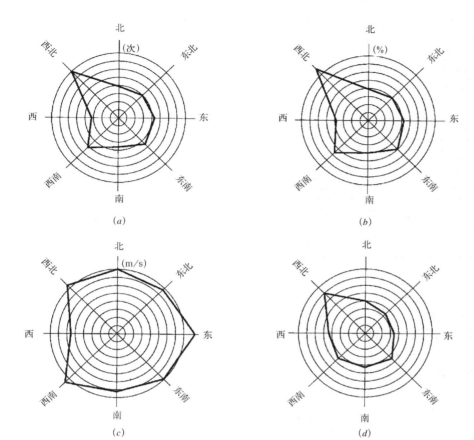

图 2-5　风玫瑰图
(*a*) 风向玫瑰图；
(*b*) 风向频率玫瑰图；
(*c*) 平均风速玫瑰图；
(*d*) 污染系数玫瑰图

风向玫瑰图的同心圆间距代表次数。风向频率玫瑰图的同心圆间距代表百分数。风向玫瑰图和风向频率玫瑰图的图形是相同或相似的。平均风速玫瑰图中同心圆间距的单位为 m/s。

风速，在气象学上常用空气每秒钟流动多少米（m/s）来表示风速大小。风速的快慢，决定了风力的大小，风速越快，风力也就越大。风速与地表物（如建筑等）的高度成抛物线正比关系，即：

$$V/V_0 = (h/h_0)\ a \qquad\qquad (2-2)$$

式中，V/V_0——某高度上的风速比；

　　　　(h/h_0)——自地面以上的高度比（$h > h_0$）；

　　　　a——系数，实验得取值 0.2，实测得取值 0.5。

风级，即风力的强度。根据地面物体受风力影响的大小，人为地将其分成若干等级，以表示风力的强度。一般风速分为 0～6 七级，通常按 Beaufort 氏将风速分为 0～12 十三级，见表 2-4。

风级	名称	陆上情况	相当风速 (m/s)
0	静风 (calm)	烟直，风静	0~0.5
1	极轻风 (light air)	依风向烟有动但风向器不动	0.6~1.7
2	轻风 (slight breeze)	扑面有感觉，树叶动	1.8~3.3
3	微风 (gentle breeze)	树叶及枝不断摇动，旗摇动	3.4~5.2
4	和风 (moderate breeze)	有沙尘起飞，小树枝摇动	5.3~7.4
5	疾风 (fresh breeze)	茂盛树摇动，河湖面见波	7.5~9.8
6	雄风 (strong breeze)	大树枝摇动，电线有风鸣，无法张伞	9.9~12.4
7	强风 (moderate gale)	全树摇动，步行困难	12.5~15.2
8	疾强风 (fresh gale)	小树枝断折，步行不可能	15.3~18.2
9	大强风 (strong gale)	建筑物有轻损害	18.3~21.5
10	全强风 (whole gale)	树根拔起，建筑损害多	21.6~25.1
11	暴风 (storm)	建筑物损害大	25.2~29
12	飓风 (hurricane)	较前更强	29.1以上

风级表　　　　表2-4

2. 风压（*P*）

风压是指有一定风速的风作用于垂直面上产生的压力值。从力学上讲，在单位面积上受成直角的风压力称之为"风速度压"（*Q*），风速度压与平均风速和建筑高度（*H*）有关，一般而言 *Q* 与 *P* 成正比，*Q* 与 *H* 成接近 2 倍关系增加，并且和建筑体型通过一定法则计算（图2-6）。

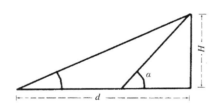

图2-6　*H*，*d* 与 *α* 关系

3. 风与建筑物的相对关系

对于建筑物（高为 *H*）而言，当风吹向建筑一侧，在其背后所形成的风阴影，通过风洞实验可以测得，其风阴影长度为 6*H* 左右，风阴影的最大矢高为 1.5*H* 左右（图2-7）。

4. 风与室内环境的关系

作为气候因素之一的风对地貌和建筑物有影响之外，风通过建筑洞口对室内环境也会带来直接影响，风可以加大人体散热量和除湿，将室内有害物质带走，尤其在夏季对室内环境至关重要，通过简单实测我们得出表 2-5 的数据。从表 2-5 中我们看到，室内环境风速大于 1.0m/s 时对室内工作学习会带来影响，而 0.5m/s 以下可以认为达到对风速感受的舒适范围，但最后要确定何种风速是舒适风速则应从舒适方程式中的诸多因素综合考虑。

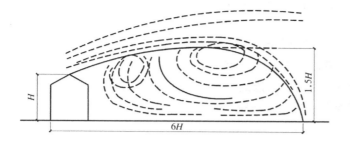

图 2-7　风阴影图

风速对人体及作业之影响　　　　　　　　　　　表2-5

风速（m/s）	对人体及作业之影响
0~0.25	不易察觉
0.25~0.5	愉快，不影响工作
0.5~1.0	一般愉快，但须提防薄纸被吹散
1.0~1.5	稍有风声及令人讨厌之吹袭；草面纸张吹散
1.5~7	风击明显，薄纸吹扬，厚纸吹散，若欲维持良好工作及健康条件，需改正适当风量及控制风的路径

2.2.3　温度

　　温度是气候条件的重要因素，也是节能建筑设计要满足的主要功能之一。地球大气温度来自于太阳的热辐射，因此温度变化直接与日照变化有关。气温在一年中的四季变化称之为"年变化"，每天的昼夜变化称之为"日变化"。年变化一般随太阳高度角变化而变化，夏季因为太阳高度角大，阳光的照射时间长，所以表现出较高的大气温度；冬季则相反，其温度的差异受地理纬度影响，纬度越低气温度越高，接近 35N° 的地带其气温的年平均值在 15℃ 左右，从图 2-8 可以看到世界部分城市的气温年变化情况。日变化同样取决于太阳日照时数，白天日照较长温度提高；夜间无日照温度下降，据统计，日最低气温出现

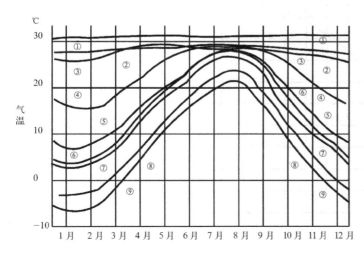

　　①新加坡
　　②巴大比亚
　　③马尼拉
　　④香港
　　⑤上海
　　⑥釜山
　　⑦东京
　　⑧营口
　　⑨海参崴

图 2-8　世界部分城市气温变化

在晨 5 ~ 6 时，日最高气温约在午后 13 ~ 14 时。

1. 温度的影响因子

温度除了受太阳辐射强度、日照和地理纬度的影响外，还与当地的自然条件有关。一般来讲，大陆性气候日变化大，海洋性气候日变化小，高山日变化小，而山岳和盆地日变化大。另外，云层的影响也是温度变化的重要因素，并且温度随着离地表的高度增加而减小，一般以每 100m 下降 0.5 ~ 0.6℃ 速率递减。

2. 平均温度

为了准确表示其地区的气温状况，说明某地区的气候特征，常使用平均温度来衡量，平均温度分月平均温度（t_m）和年平均温度（T），其计算式为：

$$T = \sum (t_m \cdot n) / 365 \tag{2-3}$$

式中：n 为各月的日数。

3. 极端气温

节能建筑设计有关气候的主要问题之一，是要解决人体不舒适场合，即克服由于气温（或其他气候要素）的"极端效应"给环境带来的不舒适的可能。一般在气象资料中可以查到当地的极端最高气温和极端最低气温及其严寒期和炎热期的迄止时间划定。这些资料可以反映当地的气温条件，并引导节能建筑设计采取一定的技术措施来解决温度给环境舒适带来的问题。

2.2.4 湿度

湿度主要取决于空气中的水蒸气含量。水蒸气遇到寒冷物体会结露，遇到冷空气时会形成雾、云雨等。湿度分为绝对湿度和相对湿度，绝对湿度表示单位体积内所含水蒸气的质量，单位 g/m³。相对湿度是指 1m³ 的空气中所含水蒸气量与相同温度时同空气所含饱和水蒸气量之比（RH），单位 %。温度与饱和水蒸气量的关系可由图 2-9 查得。

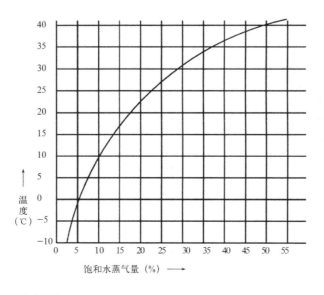

图 2-9 温度与饱和水蒸气量的关系

1. 湿度的变化

当空气温度上升后，其水蒸气含量虽没有改变，但由于空气的饱和水蒸气量增高，相对湿度就降低。一般认为：湿度的变化与温度的变化成反比，早晨相对湿度高，午后相对湿度低并且湿度变化又受植物、水面散发的水汽影响，所以相对湿度的变化随气候和地貌特征而变化。

2. 湿气和结露

所谓湿气是指空气中或材料中所含气体或水分的含量，建筑材料的湿气含量直接影响建筑结构耐久性、强度和热传导系数等，空气中的湿气将影响人体舒适，造成工作效益下降。湿气含量与露点温度有关，当饱和水蒸气的温度高于露点温度是以湿气状况存在，低于露点温度时其表现为结露。结露一般常见于温差较显著的场合，如冬季玻璃里侧极易结露。结露在建筑中可分为表面结露和内部结露，表面结露会破坏壁面装修效果，内部结露将降低热工性能、影响围护功能。因此，在节能建筑中由于普遍要针对某气候环境进行微气候设计，一般极易遇到由于壁面温度差别较大而产生结露，所以必须有一定的技术措施加以解决。

2.3 建筑节能设计中常用的基本术语

2.3.1 导热系数（λ）Coefficient of thermal conductivity

稳态传热条件下，1m 厚的物体两侧表面温差为 1K 时，单位时间内通过单位面积传递的热量，单位 W/（m·K）。

2.3.2 比热容（C）Specific heat

1kg 的物质，温度升高或降低 1K 时，所需吸收或放出的热量，单位 kJ/(kg·K)。

2.3.3 材料蓄热系数（S）Coefficient of thermal storage

当某一足够厚的单一材料层一侧收到谐波热作用时，表面温度将按同一周期波动，通过表面的热流波幅与表面温度波幅的比值，其值越大，材料的热稳定性越好，单位 W/（m²·K）。材料的蓄热系数可通过计算确定，或从《民用建筑热工设计规范》GB 50176—93 附录 4 附表 4.1 中查取。

2.3.4 围护结构 Building envelope

建筑物及房间各面的围挡物。它分透明和不透明两部分：不透明围护结构有墙、屋顶、楼板和地面等；透明围护结构有窗户、天窗和阳台门等。按是否同室外空气直接接触以及在建筑物中的位置，又可分为外围护结构和内围护结构。

2.3.5 表面换热系数（α）Surface heat transfer coefficient

表面与附近空气之间的温差为 1K，1h 内通过 1m² 表面传递的热量，在内表面，称为内表面换热系数；在外表面，称为外表面换热系数，单位 W/（m²·K）。

2.3.6　表面换热阻（R_i、R_e）Surface heat transfer resistance

围护结构两侧表面空气边界层阻抗传热能力的物理量，为表面换热系数的倒数。在内表面，称为内表面换热阻（R_i）；在外表面，称为外表面换热阻（R_e）。具体数值可按国家标准《民用建筑热工设计规范》GB 50176—93 取用。在一般情况下，外围护结构的内表面换热阻可取 R_i=0.11m^2·K/W，外表面换热阻可取 R_e=0.04m^2·K/W（冬季情况）或 R_e=0.04m^2·K/W（夏季情况）。

2.3.7　建筑物体型系数（S）Shape coefficient of building

建筑物与室外大气接触的外表面面积 F_0 与其所包围的体积 V_0 的比值。外表面面积中不包括地面和不采暖楼梯间隔墙与户门的面积。

2.3.8　围护结构传热系数（K）Overall heat transfer coefficient of building

在稳定条件下，围护结构两侧空气温度差为 1K，单位时间内通过单位面积传递的热量。单位：W/（m^2·K）。

2.3.9　围护结构传热系数的修正系数（ε_i）Correction factor for overall heat transfer coefficient of building envelope

有效传热系数与传热系数的比值。即 ε_i=K_{eff}/K_0。ε_i 实际上是围护结构因受太阳辐射和天空辐射影响而使传热量改变的修正系数。

2.3.10　热阻（R）Heat transfer resistance

表征围护结构本身或其中某层材料阻抗传热能力的物理量。单一材料围护结构热阻 R=d/λ_c。d 为材料层厚度（m），λ_c 为材料的导热系数计算值 [W/（m·K）]。多层材料围护结构热阻 R=Σ（d/λ_c），单位：m^2·K/W。

2.3.11　围护结构传热阻（R_0）Thermal resistance of building envelope

表征围护结构（包括两侧表面空气边界层）阻抗传热能力的物理量，为结构材料层热阻（ΣR）与两侧表面换热阻之和。单位：m^2·K/W。

2.3.12　围护结构热惰性指标（D）Index of thermal of building envelope

表征围护结构对温度波衰减快慢程度的无量纲指标。单一材料围护结构热惰性指标 D=RS；多层材料围护结构热惰性指标 D=Σ（RS）。式中 R、S 分别为围护结构材料层的热阻和对应材料层的蓄热系数。

2.3.13　窗墙面积比 Ratio of window area to wall area

窗户洞口面积与房间立面单元面积（即建筑层高与开间定位线围成的面

积）的比值。

2.3.14　平均窗墙面积比（*CM*）Mean ratio of window area to wall area

整栋建筑外墙面上的窗及阳台门的透明部分的总面积与整栋建筑的外墙面的总面积（包括其上的窗及阳台门的透明部分面积）之比。

2.3.15　外窗的遮阳系数 Shading coefficient of window

表征窗玻璃在无其他遮阳措施情况下对太阳辐射投射得热的减弱程度。其数值为透过窗玻璃的太阳辐射得热与透过 3mm 厚普通透明窗玻璃的太阳辐射得热之比值。

2.3.16　外窗的综合遮阳系数（S_w）Overall shading coefficient of window

考虑窗本身和窗口的建筑外遮阳装置综合遮阳效果的一个系数，其值为窗本身的遮阳系数（*SC*）与窗口的建筑外遮阳系数（*SD*）的乘积。

2.3.17　采暖期室外平均温度（t_c）Outdoor mean air temperature during heating period

在采暖期起止日期内，室外逐日平均温度的平均值。

2.3.18　采暖度日数（HDD18）Heating degree day based on 18℃

一年中，当某天室外日平均温度低于18℃时，将低于18℃的度数乘以1d，并将此乘以累加，单位：℃·d。

2.3.19　空调度日数（CDD26）Cooling degree day based on 26℃

一年中，当某天室外日平均温度高于26℃时，将高于26℃的度数乘以ld，并将此乘积累加，单位：℃·d。

2.3.20　建筑物耗冷量指标 Index of cool loss of building

按照夏季室内热环境设计标准和设定的计算条件，计算出的单位建筑面积在单位时间内消耗的需要由空调设备提供的冷量。

2.3.21　建筑物耗热量指标（q_H）Index of heat loss of building

在采暖期室外平均温度条件下，为保持室内计算温度，单位建筑面积在单位时间内消耗的、需由室内采暖设备供给的热量。

2.3.22 建筑物耗煤量指标（q_c）Index of coal consumption for heating

在采暖期室外平均温度条件下，为保持室内计算温度，单位建筑面积在一个采暖期内消耗的标准煤量，单位：kg/m^2。

2.3.23 空调年耗电置 Annual cooling electricity consumption

按照夏季室内热环境设计标准和设定的计算条件计算出的单位建筑面积空调设备每年所要消耗的电能。

2.3.24 采暖年耗电量 Annual heating electricity consumption

按照冬季室内热环境设计标准和设定的计算条件计算出的单位建筑面积采暖设备每年所要消耗的电能。

2.3.25 采暖能耗（Q）Energy consumed for heating

用于建筑物采暖所消耗的能量，其中包括采暖系统运行过程中消耗的热量和电能，以及建筑物耗热量。

2.3.26 空调、采暖设备能效比（EER）Energy efficiency ratio

在额定工况下，空调、采暖设备提供的冷量或热量与设备本身所消耗的能量之比。

2.3.27 计算采暖期天数（Z）Heating period for calculation

采用滑动平均法计算出的累年日平均温度低于或等于5℃的天数。计算采暖期天数仅供建筑节能设计时使用，与当地法定的采暖期天数不一定相等，单位：d。

2.3.28 计算采暖期室外平均温度（t_e）Mean outdoor temperature during heating period

计算采暖期室外日平均温度的算术平均值，单位：℃。

2.3.29 典型气象年（TMY）Typical Meteorological Year

以近30年的月平均值为依据，从近10年的资料中选取一年各月接近30年的平均值作为典型气象年。由于选取的月平均值在不同的年份,资料不连续,还需要进行月间平滑处理。

2.3.30 热桥 Thermal bridge

围护结构中包含金属、钢筋混凝土或混凝土梁、柱、肋等部位，在室内外温差作用下，形成热流密集、内表面温度较低的部位。这些部位形成传热的桥梁，故称热桥。

2.3.31 热桥的传热系数（Ψ）Linear heat transfer coefficient of thermal bridge

用来表征热桥截面传热状况的参数，即当围护结构的两侧空气温差为 1K（1℃）时，在单位时间内单位长度热桥部位的附加传热量，单位：W/（m·K）。

2.3.32 周边地面 Surrounding ground

建筑物内距外墙内表面 2m 以内的地面。

2.3.33 室外管网输送效率（η_1）Efficiency of network

管网输出总热量与输入管网的总热量的比值。无因次。

2.3.34 锅炉运行效率（η_2）Efficiency of boiler

采暖期内锅炉实际运行工况下的效率。无因次。

2.3.35 耗电输热比（EHR）Ratio of electricity consumption to transferred heat quantity

在采暖室内外计算温度下，全日理论水泵输送耗电量与全日系统供热量比值。无因次。

2.3.36 可见光透射比 Visible transmittance

透过透明材料的可见光光通量与投射在其表面上的可见光光通量之比。

2.3.37 围护结构热工性能权衡判断 Building envelope trade-off option

当建筑设计不能完全满足规定的围护结构热工设计要求时，计算并比较参照建筑和所设计建筑的全年采暖和空气调节能耗，判定围护结构的总体热工性能是否符合节能设计要求。

2.3.38 可再生能源 Renewable energy

从自然界获取的、可以再生的非化石能源，包括风能、太阳能、水能、生物质能、地热能和海洋能等。

2.3.39 空气源热泵 Air-source heat pump

以空气为低位热源的热泵。通常有空气／空气热泵、空气／水热泵等形式。

2.3.40 水源热泵 Water-source heat pump

以水为低位热源的热泵。通常有水／水热泵、水／空气热泵等形式。

2.3.41 地源热泵 Ground-source heat pump

以土壤或水为热源、水为载体在封闭环路中循环进行热交换的热泵。通常有地下埋管、井水抽灌和地表水盘管等系统形式。

2.3.42 所设计建筑 Designed building

正在设计的、需要进行节能设计判定的建筑。

2.3.43 参照建筑 Reference building

对围护结构热工性能进行权衡判断时，作为计算全年采暖和空气调节能耗用的假想建筑。参照建筑的形状、大小、朝向与设计建筑完全一致，但围护结构热工参数应符合相关标准的规定值。

2.3.44 对比评定法 Custom budget method

将所设计建筑物的空调采暖能耗和相应参照建筑物的空调采暖能耗作对比，根据对比的结果来判定所设计的建筑物是否符合节能要求。

2.3.45 换气体积 Volume of air circulation

需要通风换气的房间体积。

2.3.46 换气次数 Rate of air circulation

单位时间内室内空气的更换次数。

单元思考题

1.北京和成都，哪里更适合使用太阳能技术？

2.通风除了调节室内空气温度，还能调节室内空气的什么？

3.日照能在冬天给房间带来温暖，但在夏天房间日照太多会非常炎热，试着考虑一下，什么样的功能需要日照，什么样的功能不需要日照呢？

3

教学单元 3　建筑规划节能设计

教学目标

　　熟练掌握建筑物日照间距的概念，建筑群体的通风措施。掌握严寒和寒冷地区、夏热冬冷地区、夏热冬暖地区和温和地区建筑物的最佳朝向、适宜朝向和不宜朝向。掌握夏热冬冷地区、夏热冬暖地区和温和地区的绿化和水环境设计方法。熟悉严寒和寒冷地区、夏热冬冷地区、夏热冬暖地区和温和地区包含的省份和区域。了解建筑总体布局形式与气流的关系，冷巷、骑楼的空间组织形式。

3.1　严寒和寒冷地区规划节能设计

3.1.1　严寒和寒冷地区的地理分布与气候特征

　　我国严寒地区地处长城以北，新疆北部，青藏高原北部。包括我国建筑气候区划的Ⅰ区全部，Ⅵ区中的ⅥA、ⅥB和Ⅶ区中的ⅦA、ⅦB、ⅦC。严寒地区包括黑龙江、吉林全境，辽宁大部，内蒙古中部、西部、北部及陕西、山西、河北、北京北部的部分地区，青海大部，西藏大部，四川西部，甘肃大部，新疆南部部分地区。严寒地区的主要气候特征为：冬季漫长寒冷、气温年较差大、极端最低气温很低、年降水量较少、太阳辐照量大、日照丰富。

　　我国寒冷地区地处长城以南，秦岭、淮河以北，新疆南部，青藏高原南部。寒冷地区主要包括天津，山东、宁夏全域，北京、河北、山西、陕西大部，辽宁南部，甘肃中东部、河南、安徽、江苏北部，以及新疆南部、青藏高原南部、西藏东南部、青海南部、四川西部的部分地区。寒冷地区的主要气候特征为：冬季较长且寒冷干燥、气温年较差大、极端最低气温较低。

　　进行严寒和寒冷地区的规划设计，除满足一般的规划设计条件之外，还应结合严寒和寒冷地区的气候特征，争取日照、防御寒风、减少能源消耗、提高能源利用率。从气候类型和规划设计的基本要求来讲，严寒地区和寒冷地区的设计要求和设计手法基本一致，具体应考虑以下几个方面。

3.1.2　选择最佳朝向，充分利用太阳能

　　建筑物的朝向是指建筑物正立面墙面的法线与正南方向间的夹角（图3-1）。选择合理的建筑物朝向有利于降低建筑能耗。在不同的地区和气候条件下，同一朝向建筑的日照时数和日照面积是不同的。严寒和寒冷地区选择建筑物的朝向首先应考虑当地气候特点（表3-1），满足以下三个条件：①建筑物冬季能获得尽可能多的太阳辐射；②主要使用房间避开当地的冬季主导风向；③夏季尽量减少太阳辐射得热。

　　从太阳辐射的角度确定严寒和寒冷地区建筑物的朝向，应使其在最冷月有较长日照时间和较大日照面积，而在最热月有较少的日照时间和较小的日照

面积。下面以北京地区为例，通过分析当地太阳辐射量图来选择利于建筑节能的朝向。从图 3-2 可以看出冬季北京地区建筑物各朝向墙面上受到太阳直接辐射热量最高的是南向，其次是东南和西南向，东、西向较少。夏季北京地区建筑物受到太阳辐射热量最高的是东、西向，其次是南向，北向最少。太阳直接辐射照度一般为上午低于下午，所以无论冬季还是夏季，建筑物墙面上接收的太阳辐射量都是偏西比偏东稍高一些。因此，北京地区建筑物的朝向应首选正南向，其次南偏东、南偏西向，以降低建筑能耗。

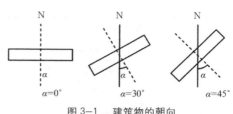

图 3-1　建筑物的朝向

尤其需要注意的是严寒地区的建筑物冬季能耗。这部分能耗主要是围护结构传热失热和通过门窗缝隙的空气渗透失热，减去通过围护结构和透过窗户进入的太阳辐射得热构成。出于建筑节能的考虑，整个采暖期内这部分太阳辐射得热应充分加以利用，而太阳辐射得热与建筑朝向有很大的关系。研究结果表明，同样的多层住宅（层数、轮廓尺寸、围护结构、窗墙面积比等均相同），东西向比南北向的建筑物能耗要增加 5.5% 左右。各朝向墙面上可能接受的太阳辐射热量，取决于建筑物墙面上的日照时间、日照面积和太阳照射角度，同时还与日照时间内的太阳辐射强度有关。以哈尔滨为例，冬季 1 月各朝向墙面上接受的太阳辐射照度最高的是南

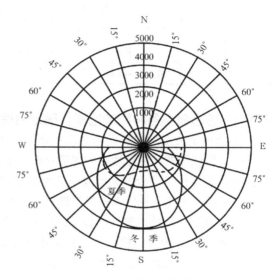

图 3-2　北京地区太阳辐射量图

向，其次是东西向，最低的是北向。此外，在各朝向墙面上获得的日照时间的变化幅度很大。所以，为了冬季最大限度地获得太阳辐射，在严寒地区以选择南向、南偏西、南偏东为最佳。部分严寒和寒冷地区建议建筑朝向见表 3-1。

部分严寒和寒冷地区建议建筑朝向　　　　　　　　　　　　　　　　表 3-1

地区	最佳朝向	适宜朝向	不宜朝向
北京地区	正南至南偏东30° 以内	南偏东45° 范围内、南偏西35° 范围内	北偏西35° ～60°
石家庄地区	南偏东15°	南至南偏东30°	西
太原地区	南偏东15°	南偏东至东	西北
呼和浩特地区	南至南偏东、南至南偏西	东南、西南	北、西北
哈尔滨地区	南偏东15° ～20°	南至南偏东15° 、南至南偏西15°	西北、北

地区	最佳朝向	适宜朝向	不宜朝向
长春地区	南偏东30°、南偏西10°	南偏东25°、南偏西10°	北、东北、西北
沈阳地区	南、南偏东	南偏东至东、南偏西至西	东北东至西北西
济南地区	南、南偏东10°~15°	南偏东30°	西偏北5°~10°
郑州地区	南偏东15°	南偏东25°	北、西
西安地区	南偏东10°	南、南偏西	西、西北
银川地区	南至南偏东23°	南偏东34°、南偏西20°	西、北
西宁地区	南至南偏西30°	南偏东30°至南偏西30°	北、西北
乌鲁木齐地区	南偏东40°、南偏西30°	东南、东、西	北、西北
拉萨地区	南偏东10°、南偏西5°	南偏东15°、南偏西10°	西、北
旅大地区	南、南偏西15°	南偏东45°至南偏西至西	北、西北、东北
青岛地区	南、南偏东5°~15°	南偏东15°至南偏西15°	西、北

3.1.3 综合考虑各种影响因素，确定合理日照间距

在选择了合适的建筑朝向之后，还应该确定建筑物之间合理的间距，只有这样才能使严寒和寒冷地区的建筑物在冬季充分获得太阳辐射，并在夏季避免太阳辐射得热。这个间距就是建筑物的日照间距（图3-3）。在规划设计过程中，应综合考虑各种因素以确定建筑日照标准。

影响建筑间距的因素有很多，如日照时间、日照质量、节约用地等。

严寒和寒冷地区相较其他气候区更加需要长时间日照，而且冬季的日照要求较高。北半球太阳高度角全年的最小值是在冬至日。因此，居住建筑日照时间一般以冬至日或大寒日的有效日照时数为标准，每套住宅至少应有一个居住房间能获得日照，且日照标准应符合表3-2的规定。老年人住宅不应低于冬至日日照2小时的要求，旧区改建的项目内新建住宅日照标准可酌情降低，但不应低于大寒日日照时数1小时的时数要求。

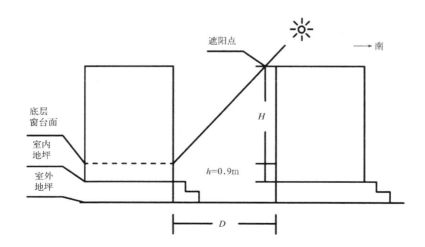

图3-3 建筑物的日照间距

建筑气候区划	Ⅰ、Ⅱ、Ⅲ、Ⅶ气候区		Ⅵ气候区		Ⅳ、Ⅴ气候区
	大城市	中小城市	大城市	中小城市	
日照标准日	大寒日				冬至日
日照时数（h）	≥2	≥3			≥1
有效日照时间	8～16小时				9～15小时
日照时间计算起点	底层窗台面				

住宅建筑日照标准 　　　　　　　表3-2

注：底层窗台面是指距室内地坪0.9m高的外墙位置。

为保证日照质量，严寒和寒冷地区居住建筑的日照时间应在上午9时至下午3时之间，因为在冬季这段时间的阳光中，紫外线辐射强度较高，适量的紫外线对人体有益。另外，射入室内的阳光应具有一定的照射面积，达到满窗或半窗日照。在规划中，这些要求都应通过精心的设计来实现。

在严寒和寒冷地区，虽然建筑间距越大越容易满足日照要求，但考虑到我国土地资源紧张的实际情况及土地利用的经济性问题，无限加大建筑间距是不实际的。根据严寒和寒冷地区所处地理位置、气候状况以及居住区规划实践表明：在严寒和寒冷地区，只要满足日照要求，其他要求基本都能达到。因此，严寒和寒冷地区确定建筑间距，应主要以满足日照要求为基础，综合考虑采光、通风、消防、管线埋设与空间环境等要求为原则。

3.1.4 注重冬季防风，适当考虑夏季通风

我国严寒和寒冷地区受季风影响，冬夏风向变化明显。冬季气流来自高纬度大陆，盛行偏北风，气候干冷、风大。冬季风能增加冷风对建筑的渗透、围护结构的散热量和建筑的采暖能耗。夏季气流来自低纬度海洋，以偏南风为主，气候湿热、多雨。夏季风能加强热传导和对流，有利于建筑的通风散热，便于夏季的房间及围护结构散热和改善室内空气品质。从建筑节能角度考虑，在规划设计时应避开不利风向，减少冬季寒冷气流对建筑物的侵袭。

严寒地区不合理的建筑布局往往会造成局部风速过大，不仅严重影响居民冬季的户外活动，还会增加建筑的冷风渗透，降低室内热环境质量。因此，对于严寒地区的建筑，做好冬季防风是非常必要的。具体措施有以下两种。

（1）选择建筑基地时，应避免过冷、过强的风。一般来说，基地不宜选在隘口地形，隘口地形气流集中，风速成倍增加，容易形成急流，成为风口。还要避开山顶、山脊，这些地方风速往往很大。

（2）建筑总体布局要利于冬季避风。建筑长轴不应与当地冬季主导风向正交，或尽量减小冬季主导风向与建筑物长边的入射角度，以避开冬季寒流风向，避免使建筑大面积外表面朝向冬季主导风向。

不同的建筑布置形式对风速有明显影响：在平行于主导风向的行列式布置的建筑小区内，由于狭管效应，风速比无建筑地区增加15%～30%；在周

边式布置的建筑小区内，风速则减少 40% ~ 60%。因此在冬季风较强的地区，可考虑使建筑围合，选择周边式的建筑布局，同时要合理地选择建筑布局的开口方向和位置，避免形成局地疾风。这种周边式的布置形式形成近乎封闭的空间，具有一定的空地面积，也便于组织公共绿化休息园地，组成比较完整的院落。周边布置的形式还有利于节约用地，但是这种布置形式有相当一部分住宅的房间为东、西向，朝向较差。

3.2 夏热冬冷地区规划节能设计

3.2.1 夏热冬冷地区的地理分布与气候特征

按建筑气候分区来划分，夏热冬冷地区包括上海、浙江、江苏、安徽、江西、湖北、湖南、重庆、四川、贵州 10 省市大部分地区，以及河南、陕西、甘肃南部，福建、广东、广西 3 省区北部，共 16 个省、市、自治区，约 4 亿人口，是中国人口最密集，经济发展速度较快的地区。

该地区最热月平均气温 25 ~ 30℃，平均相对湿度 80% 左右，炎热潮湿是夏季的基本气候特点。夏季，连续晴热高温，白天日照强、气温高、风速大，热风横行。夜间静风率高，带不走白天积蓄的热量，气温和物体表面温度都居高难降。此外，长江下游夏初的梅雨季节也使人感到很不舒适。由于持续阴雨，空气湿度大、气压低，相对湿度持续 80% 以上，使人感到闷湿难受，室内细菌繁殖迅速。冬季的气候特点是阴冷潮湿，气温虽然比北方高，但日照率远远低于北方，整个冬季天气阴沉，雨雪绵绵，几乎不见阳光。

3.2.2 通过组织自然通风，降低夏季太阳热辐射

冬冷夏热地区夏季炎热，需要加强住宅的自然通风，潮湿地区良好的自然通风可以使空气干燥，在规划设计中，给当地组织自然通风是为居民创造良好生活环境的重要措施之一。建筑的自然通风不仅受到大气环流引起的大范围风向变化的影响，而且还受到局部地形特点造成的风向变化的影响。

建筑组群的自然通风与建筑的间距大小、排列方式以及通风的方向（即风向对组群入射角大小）等有关。建筑间距越大，后排房屋受到的风压也越强。当间距相同时，风的入射角由 0°~ 60° 逐渐增大，风速也相应增大；当风的入射角为 30°~ 60° 时对通风较为有利（图 3-4）。间距较小时，不同风的入射角对通风的影响不明显。

建筑间距越大，自然通风效果越好，但为了节约城市用地，建筑间距不可能很大，一般在满足日照的要求下考虑通风的需要。为了提高通风效果，住宅需要选择合适的朝向，在夏季迎主导风向，保证风路畅通。

建筑群体布置方式也是影响自然通风的重要因素，主要分为以下几种方式（图 3-5）。

（1）行列式布置

调整住宅朝向引导气流进入住宅群内，使气流从斜方向进入建筑群体内部，从而减小阻力，改善通风效果。

（2）周边式布置

在群体内部和背风区以及转角处会出现气流停滞区，旋涡范围较大，但在严寒地区则可阻止冷风的侵袭。

（3）点群式布置

由于单体挡风面较小，点群式布置比较有利于通风。但当建筑密度较高时也会影响群体内部的通风效果。

（4）混合式布置

自然气流较难到达中心部位，要采取增加或扩大缺口的办法，适当加进一些点式单元或塔式单元，不仅可提高土地利用率，而且能够改善建筑群体的通风效果。

3.2.3 采用合理朝向，尽量利用冬季日照

建筑朝向对降低建筑能耗和提高室内舒适度有着非常重要的作用。好的规划方位可以使建筑更多的房间朝南，充分利用冬季太阳辐射热，降低采暖能耗；也可以减少建筑东、西向的房间，减弱夏季太阳辐射热的影响，降低制冷能耗。

夏热冬冷地区要想降低夏季太阳热辐射，充分利用冬季日照，必须在选择朝向时考虑日照和通风这两个主要问题。

就日照而言，南北朝向是最有利的建筑朝向。从建筑单体夏季自然通风的角度看，建筑的长边最好与夏季主导风向垂直；但从建筑群体通风的角度看，建筑的长边与夏季主导风向垂直将影响后排建筑的夏季通风；故建筑朝向与夏季主导季风方向一般控制在30°～60°之间。实际设计时可以先根据日照和太阳入射角确定建筑朝向范围后，再按当地季风主导方向进行优化。优化时应从建筑群整体通风效果来考虑，使建筑物的迎风面与季风主导方向形成一定的角度，保证各建筑都有比较满意的通风效果；这样也可以使室内的有效自然通风区域更大，效果更好。

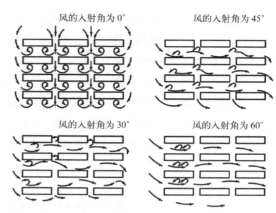

图 3-4 不同入射角影响下的气流示意图

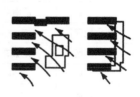

住宅错列布置增大迎风面，利用山墙的间距，将气流导入住宅群内部。

高低层住宅间隔布置，或将低层住宅、低层公建布置在迎风面一侧利于进风。

(a)

低层住宅或公建布置在多层住宅群之间以改善通风效果。

住宅疏密相间布置，密度大处风速加大，改善群体内部通风。

(b)

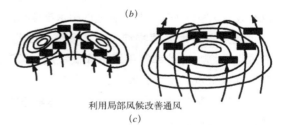

利用局部风候改善通风

(c)

图 3-5 规划设计中住宅群体通风措施
(a) 行列式布置；*(b)* 周边式布置；*(c)* 点群式布置

建筑的主朝向宜选择本地区最佳朝向或接近最佳朝向（表3-3），尽量避免东西向日晒。朝向选择的原则是冬季能获得足够的日照并避开主导风向，夏季能利用自然通风和遮阳措施来防止太阳辐射。然而建筑的朝向、方位和建筑总平面设计应考虑多方面的因素，尤其是公共建筑受到社会历史文化、地形、城市规划、道路、环境等条件的制约，要想使建筑物的朝向对夏季防晒和冬季保温都很理想是有困难的。因此，只能权衡各个因素之间的得失轻重，选择出这一地区建筑的最佳朝向和较好朝向，通过多方面的因素分析、优化建筑的规划设计。

部分夏热冬冷地区建议建筑朝向表　　　　　　　　　表3-3

地区	最佳朝向	适宜朝向	不宜朝向
上海地区	正南至南偏东15°	南偏东30°、南偏西15°	北、西北
南京地区	南、南偏东15°	南偏东25°、南偏西10°	西、北
杭州地区	南偏东10°~15°	南、南偏东30°	北、西
合肥地区	南偏东5°~15°	南偏东15°、南偏西5°	西
武汉地区	南、南偏西15°	南偏东15°	西、西北
长沙地区	南偏东9°左右	南	西、西北
南昌地区	南、南偏东15°	南偏东25°、南偏西10°	西、西北
重庆地区	南、南偏东10°	南偏东15°南偏西5°、北	东、西
成都地区	南偏东45°至南偏西15°	南偏东45°至东偏北30°	西、北

3.2.4　利用绿化调节微气候

在夏季，植被能够直接反射太阳辐射，并通过光合作用大量吸收辐射热，蒸腾作用也能吸收掉部分热量。此外，合适的绿化植物可以提供遮阳效果，降低微环境温度。冬季阳光又会透过稀疏枝条射入室内。墙壁的垂直绿化和屋顶绿化可以有效阻隔室外的辐射热；合适的树木高度和排列可以疏导地面通风气流。

夏热冬冷地区植物种类丰富多样。因此，在规划设计中可以利用设置集中绿地、增加绿地率等手段来降低气温、调节空气湿度、减少夏季太阳辐射、疏导通风气流，从而有效地调节微气候环境，削弱热岛效应。夏热冬冷地区传统民居中就常常种植高大落叶乔木和藤蔓植物，调节庭院微气候，夏季引导通风，为建筑提供遮阳。

在绿化环境设计中应做到：

（1）规划设计尽可能提高绿地率；

（2）绿化植物尽量选用适应当地气候和土壤条件、维护少、耐候性强、病虫害少、对人体无害的乡土植物；

（3）铺装场地上尽可能多种植树木，减少硬质地面直接暴露的面积；

（4）低层、多层房屋墙壁，栽种爬墙虎之类的攀藤植物，进行垂直绿化；

（5）将草坪、灌木丛、乔木合理搭配，形成多层次的竖向立体绿化布置形式；

(6) 在建筑物需要遮阳部位的南侧或东西侧配置树冠高大的落叶树，北侧宜以耐阴常绿乔木为主，乔灌木结合，形成绿化屏障；

(7) 绿化灌溉用水尽量利用回收的雨水。

3.2.5 注重水环境设计

夏热冬冷地区在进行规划设计时可以利用水体调整环境的微气候。在夏季，水体的蒸发不但会吸收部分热量；而且，由于水体具有一定的热稳定性，会造成昼夜间水体和周边区域空气温差的波动，导致两者之间产生热风压，形成空气流动，进而缓解热岛效应。

夏热冬冷地区降雨充沛的区域，在进行水景规划时，可以结合绿地设计和雨水回收利用设计，设置喷泉、水池、水面和露天游泳池，利于在夏季降低室外环境温度，调节空气湿度，形成良好的局部小气候环境。水景的设计应尽可能模拟天然水环境，配置本土水生植物、动物，使水体提高自净能力。

3.3 夏热冬暖地区规划节能设计

3.3.1 夏热冬暖地区的地理分布与气候特征

夏热冬暖地区地处我国南岭以南，即海南、台湾全境，福建南部，广东、广西大部以及云南西南部和元江河谷地区，夏热冬暖地区与建筑气候区划图中的Ⅳ区完全一致。夏热冬暖地区大多是热带和亚热带季风海洋性气候，长夏无冬，温高湿重，夏季非常炎热，而且雨量丰沛，多热带风暴和台风袭击，易有大风暴雨天气，很多城市有显著的高温高湿气候特征。气温年较差和日较差均小；太阳高度角大，日照时间长，太阳辐射强烈。

夏热冬暖地区的规划设计应满足夏季防热、通风、防雨要求，冬季可不考虑防寒、保温。总体规划、单体设计和构造处理宜开敞通透，充分利用自然通风；建筑物应避西晒，宜设遮阳设施；应注意防暴雨、防洪、防潮、防雷击。最主要的应做到以下两点：

(1) 通过日照调节手段，减少太阳辐射的热量；

(2) 重视建筑群与城市的通风组织，建筑布局迎合夏季主导风向，并在迎风一侧留出开放空间，布置绿化、水面等景观。

3.3.2 借鉴传统建筑空间组织，形成舒适的荫凉区域

在夏热冬暖地区，我国传统建筑有着应对炎热气候的宝贵经验。岭南、闽南等地的民居有冷巷、骑楼的空间组织形式，能够产生自身阴影，使建筑之间的庭院或巷道形成"荫凉"的区域，这些荫凉区域同时为人们提供了舒适的开放空间。冷巷和骑楼是被动降温适宜技术，由于其技术门槛很低，具有极佳的推广性。而且它的实现手段是空间布局与设计，不存在与当代建筑结合的障碍。

1.冷巷

冷巷一般指传统聚落中具有遮阳效果的窄巷道。中国传统聚落中，窄巷的应用非常普遍。通过实测研究，冷巷在热调节上能起到削峰作用，在建筑内部与室外环境之间充当热缓冲层。冷巷降温的主要技术策略为：自遮阳、墙地蓄冷和夜间通风。三者需协同作用才能充分发挥冷巷降温的作用。遮阳是冷巷发挥降温作用的重要因素，高宽比大的窄巷自遮阳效果好，降温效果明显优于高宽比小的巷道。大地和重质墙体作为良好的蓄冷体，是冷巷实现降温的冷源所在。蓄冷体通过夜间通风蓄积冷量、白天吸收热量，达到降温的作用。应当重视的是，内部冷巷在夜间应保持通风良好状态，否则无法发挥冷巷的降温作用。

图 3-6　民居中冷巷的降温机制
(a) 外部自遮阳冷巷剖面；
(b) 仿传统民居布局平面；
(c) 夜晚内廊冷巷气流变化；
(d) 白天内廊冷巷气流变化

民居冷巷的降温原理在建筑空间组织中具有很实用的借鉴价值：

（1）夏热冬暖地区的建筑外部应设置自遮阳效果好的外部窄巷，窄巷两侧设计可以开启的窗，使巷内的预冷空气进入建筑内部。有窄巷的当代建筑并不鲜见，但多数是从形式上向传统致意，如果重视巷道两侧墙体的蓄热性能以及开窗设置，就可以很好地发挥窄巷的降温作用（图 3-6a）。

（2）夏热冬暖地区的低层与多层建筑可以利用传统民居中的重质墙廊道与天井等设计元素，通过引入夜间温度较低的风实现降温（图 3-6b）。

（3）虽然很多建筑不能模仿传统民居布局，但多数建筑可以利用贯通廊道作为冷巷，廊道两侧设重质墙作为蓄冷体，廊道尽头开窗来充分引入夜间通风，冷却墙体结构，白天则减小开口面积以减少与外部热交换，利用结构降温（图 3-6c、图 3-6d）。

2.骑楼

骑楼是一种近代商住建筑，在两广、福建、海南等地曾经是城镇建筑的主要形式。骑楼得名于它沿街部分的建筑形态。其二层以上出挑至街道红线处，用立柱支撑，形成内部的人行道，在立面形态上骑跨人行道。骑楼是集商业、居住、交通、休息、娱乐为一体的混合型建筑，适宜于炎热、多雨、潮湿的气候特征，给人提供舒适的空间环境。骑楼街下面是连续的长廊，具有夏季遮阳的功能，加上高大绿色乔木对太阳光的遮挡，使得室内温度不至于太高。骑楼的室内外有一定的温差，即使在风静闷热的时候，由于气温差的因素，也会形成局部的热压通风。夏天的白天室内、廊道、街道三个空间的空气温度形成梯度变化，气流得到进一步交换，使人有凉爽的感觉，到了傍晚，气流则反向流动，同样可以感受到丝丝清爽的凉风。街巷风还可以将区域外部东南风引向街道两旁。长长架空的廊道，还具有避雨的功能，购物的人们不会受到天气的影响。

3.3.3 综合考虑冬夏主导风向，在防风和通风之间取得平衡

建筑的主朝向宜选择本地区最佳朝向或适宜朝向（表3-4）。针对夏热冬暖地区高温高湿的气候特点，在规划设计中应注意太阳辐射，在夏季及过渡季节充分有效利用自然通风，适当考虑防止冬季冷风渗透；建筑应选择避风基址建造，同时顺应夏季的主导风向以尽可能获取自然通风。由于冬夏两季主导风向不同，建筑群体的选址和规划布局则需要协调，在防风和通风之间取得平衡。

部分夏热冬暖地区建议建筑朝向表 表3-4

地区	最佳朝向	适宜朝向	不宜朝向
广州地区	南偏东15°、南偏西5°	南偏东22°30′、南偏西5°至西	
南宁地区	南、南偏东15°	南偏东15°~25°、南偏西5°	东、西

住宅建筑除了迎合夏季主导风向，利用风压、热压作用结合风井、风帽、导风板，在多层住宅底层和顶层设计通风架空层等方式导入凉风自然降温，还要重视作为住宅存在背景的住区与城市的通风组织，将低层住宅布置在夏季主导风的迎风面，避免产生"热岛效应"等不利现象。在规划设计中，应注意利用以下几种方式来组织空间。

（1）利用建筑之间贯通的道路形成风道作用，引导空气流动，避免热量积聚。建筑界面应整体相连，以保持风道的连续性和平壁性。

（2）使建筑外部空间形成上大下小的"漏斗"形状，比如通过尖塔式的造型，使建筑立面逐层收缩，可以有效促进热量向上扩散。

（3）在夏季主导风向的迎风一侧留出开放空间，使气流加速，减轻热量的堆积。开放空间可以结合绿化、水景以及活动场地等景观要素进行布置。

（4）密集的高层建筑尽量避免板式或点状联列式的布局，可以将其进行"散点"方式布局，以减少室外风阻。

3.4 温和地区规划节能设计

3.4.1 温和地区的地理分布与气候特征

根据《建筑气候区划标准》GB 50178—93 对我国 7 个主要建筑气候区划的特征描述，温和地区建筑气候类型应属于第 V 区划。温和地区气候舒适，通风条件优越，冬季温暖、夏季凉快，年平均湿度不大，但是昼夜温差大。自然通风是温和地区建筑夏季降温的主要手段。这一地区太阳辐射资源丰富，太阳辐射强烈，部分地区冬季气温偏低。我国属于这一区域的有云南省大部分地区、四川省、壮族自治区西昌市和贵州省部分地区。

3.4.2 创造具有良好自然通风条件的空间布局

在温和地区，由于其室外气候条件比较舒适，而自然风作为一种绿色资源，

能够疏通空气气流、传递热量，为室内提供新鲜空气，创造舒适健康的室内环境，因此，充分利用自然通风是温和地区规划设计的重点。

　　建筑间距对建筑群的自然通风有很大影响。要根据风向投射角对室内风环境的影响来选择合理的建筑间距。在温和地区，应结合地区的日照间距和风向资料来确定合理的建筑间距，具体的做法是首先满足日照间距，再满足通风间距；当通风间距小于日照间距时，应按日照间距来确定；当通风间距大于日照间距时，可按通风间距来确定。

　　除了通风和日照的因素外，节约用地也是确定建筑间距时必须遵守的原则。例如，昆明地区为满足冬至日至少能获得1小时的日照，采用了日照间距系数为0.9～1.0的标准，即日照间距 $D=(0.9～1.0)H$，H 为建筑计算高度。考虑到为获得良好的室内通风条件，选择风的投射角在45°左右较为适合，据此，建筑的通风间距以1.3～1.5H 为宜。分析日照间距和通风间距的关系可知通风间距大于日照间距，因此昆明地区的居住建筑间距可按通风间距来确定。但是，高层建筑不能单纯地按日照间距和通风间距来确定建筑间距，因为1.3～1.5H 对于高层建筑来说是一个非常大的建筑间距，在现实情况中采用这样的间距明显是不可行的。这就需要从建筑的其他设计方面入手解决这个问题，如利用建筑的各种平面布局和空间布局来实现高层建筑通风和日照的要求。

　　建筑的布局方式不仅会影响建筑进行通风的效果，而且还关系到土地的节约问题。有时候通风间距比较大，按其确定的建筑间距也就偏大，这样势必造成土地占用量过多，与节约用地原则相矛盾。利用建筑平面布局就可以在一定程度上解决这一矛盾。例如，采用错列式的平面布局，相当于加大了前、后建筑物之间的距离。因此，当建筑采用错列式布局时，可适当地缩小前、后建筑物之间的距离，这样既保证了通风的要求又节约了用地（图3-7）。因此，在温和地区，从自然通风角度来看，建筑物的平面布局以错列式布局为宜。

　　温和地区在建筑空间布局上也要为自然通风创造条件，合理地利用建筑地形，做到"前低后高"和有规律的"高低错落"的处理方式。例如，利用向阳的坡地使建筑顺其地形高低排列一栋比一栋高，在平地上建筑应采取"前低后高"的排列方式，使建筑逐渐加高。也可采用建筑之间"高低错落"的建筑群体排列（图3-7），使高的建筑和较低的建筑错开布置。这些布置方式，使建筑之间挡风少，尽量不影响后面建筑的自然通风和视线，同时也减少建筑之间的距离，节约土地。

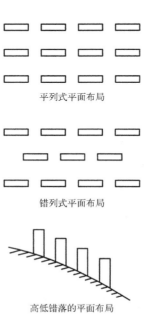

平列式平面布局

错列式平面布局

高低错落的平面布局

图3-7　建筑群的空间布局形式

3.4.3　选择能够满足自然采光的朝向

　　温和地区的建筑物朝向不但要考虑自然通风，还应综合考虑自然采光的需求，充分利用丰富的太阳能资源。在昆明地区，除冬季的阴、雨天（约15天）之外，其他时候都有良好的通风条件，全年均能看作通风季节，考虑到全年主导风为西南风，因此南向和西南向是有利于通风的朝向。同时注意到昆明地区有利于自然采光的朝向为正南、南偏东30°、南偏西30°，所以建筑物选择南向、西南向，这样不仅有利于自然通风，而且也满足了自然采光的需求。

　　当自然通风的朝向与自然采光的朝向相矛盾时，需要对优先满足哪个进行权衡判断。例如，某建筑有利通风的朝向虽然是西晒比较严重的朝向，但是在温和地区仍然可以将此朝向作为建筑朝向。因为虽然夏季此朝向的太阳辐射强烈，但是室外空气的温度不高，在二者的共同作用下，致使室外综合温度并不高，这就意味着决定外围护结构传热量的传热温差小，所以通过围护结构传入室内的热量并不多。这也可以解释为什么温和地区虽然室外艳阳高照，太阳辐射十分强烈，但是在室内却很凉快。在此朝向上只要采取遮阳措施就可以改善西晒的问题。另一方面，由于有良好的通风可以进一步带走传入室内的热量，这样非但不会因为西晒而造成过多的热量进入到室内，而且还创造了良好的通风条件。

单元思考题

1. 了解永续发展思想的形成。
2. 认识建筑规划节能设计的最终目标——低碳城市、生态城市与绿色城市。

建筑节能设计与软件应用

4

教学单元 4　建筑单体节能设计

教学目标

了解严寒和寒冷地区节能构造设计和夏热冬冷地区建筑单体节能构造设计，掌握建筑体型、平面调整等与建筑单体节能设计的关系，掌握建筑墙体、屋顶、外门、外窗、底层及楼层地面、围护结构防潮等节能技术，掌握建筑单体通风、采光等设计技术，了解被动式太阳能建筑的基本概念及设计关键。

4.1　严寒和寒冷地区建筑节能构造设计

4.1.1　严寒地区建筑节能构造设计

建筑节能设计应在满足建筑功能、造型等基本需求条件下，注重地域性，尊重民族习俗，考虑节能、节地、节水、节材、保护环境和减少污染，为人们提供健康、适用、高效和舒适的使用空间，与自然和谐共生的建筑。严寒节能建筑设计除满足传统建筑的一般要求，以及《绿色建筑技术导则》和《绿色建筑评价标准》GB/T 50378—2014 的要求外，尚应注意结合严寒地区的气候特点、自然资源条件进行设计。具体设计时，应根据气候条件合理布置建筑，控制体型参数，平面布局宜紧凑，平面形状宜规整，功能分区兼顾热环境分区，合理设计入口，围护结构注重保温节能设计。

1. 控制体形系数

严寒地区的节能建筑的体形设计不仅要考虑建筑物的外部形象，更应注重建筑与环境的关系，尽可能减少建筑对环境的影响，促进建筑节能及减少 CO_2 排放。因此，建筑体形应在满足建筑功能与美观的基础上，尽可能降低体形系数。所谓体形系数，即建筑物与室外空气接触的外表面积与建筑体积的比值，即 $S=F_0/V_0$。它的物理意义是单位建筑体积占有多少外表面积（散热面）。由于通过围护结构的传热耗热量与传热面积成正比，显然，体形系数越大，说明单位建筑空间的热散失面积越大，能耗就越高；反之，体形系数较小的建筑物，建筑物耗热量必然较小。当建筑物各部分围护结构传热系数和窗墙面积比不变时，建筑耗热量指标是随着建筑体形系数的增长而线性增长的（图4-1）。

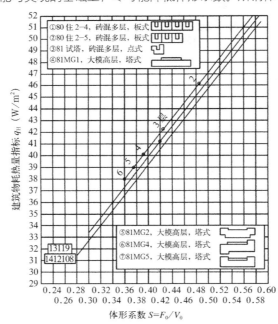

图 4-1　建筑物耗热量指标随体形系数的变化

有资料表明，体形系数每增大 0.01，能耗指标约增加 2.5%。可见，体形系数是影响建筑能耗最重要的因素。从降低建筑能耗的角度出发，应该将体形系数控制在一个较低的水平。

2．平面布局宜紧凑，平面形状宜规整

平面形状对建筑能耗影响很大，因为平面形状决定了相同建筑底面积下建筑外表面积。相同建筑底面积下，建筑外表面积的增加，意味着建筑由室内向室外的散热面积的增加。假设各种平面形式的底面积相同，建筑高度为 H，此时的建筑平面形状与建筑能耗的关系见表 4-1。由表可看出，平面为正方形的建筑周长最小、体形系数最小。如果不考虑太阳辐射，且各面的平均传热系数相同时，正方形是最佳平面形式。但当各面的平均有效传热系数不同，且考虑建筑在白昼将获得大量太阳能时，综合建筑的得热、散热分析，则传热系数相对较小，获得太阳辐射量最多的一面应作为建筑的长边，此时正方形将不再是建筑节能的最佳平面形状。

建筑平面形状与能耗的关系   表4-1

平面形状					
平面周长	$16a$	$20a$	$18a$	$20a$	$18a$
体形系数	$1/a+1/H$	$5/4a+1/H$	$9/8a+1/H$	$5/4a+1/H$	$9/8a+1/H$
增加	0	$1/4a$	$1/8a$	$1/4a$	$1/8a$

可见，平面凹凸过多，进深小的建筑物，散热面（外墙）较大，对节能不利。因此，严寒地区的节能建筑应在满足功能、美观等其他需求基础上，尽可能紧凑平面布局，规整平面形状，加大平面进深。

3．功能分区兼顾热环境分区

空间布局在满足功能合理的前提下，应进行热环境的合理分区。

建筑中的不同房间的使用要求及人在其中的活动状况各不相同，因而对这些房间室内热环境的需求也各异。在设计中，应根据使用者对热环境的需求而合理分区，即将热环境质量要求相近的房间相对集中布置。这样做，既有利于对不同区域分别控制，又可将对热环境质量要求较高的主要使用房间（如楼梯间、卫生间、储藏室等）集中设于平面中温度相对较低的区域，把热环境质量要求较高的主要使用房间集中设于温度较高的区域，从而获得对热能利用的最优化。

严寒地区冬季北向房间得不到日照，是建筑保温的不利房间；与此同时，南向房间因白昼可获得大量的太阳辐射，导致在同样的供暖条件下同一建筑产生两个高低不同的温度区间：北向区间与南向区间。在空间的布局中，显然应把主要活动使用的房间布置于南向区间，而将阶段性使用的辅助房间布置于北向区间。这样，不仅在白昼可以充分获得日照，而且节省了为提高整个建筑室温所需要的能源。辅助房间由于使用时间短，对温度要求降低，置于北侧并不影响使用效果，可以说位于北向的辅助空间形成了建筑外部与主要使用房间之间的"缓冲区"，从而构成南向主要使用房间的防寒空间，使南向主要房间在冬季能获得舒适的热环境。

4. 合理设计入口

入口是建筑的主要开口之一，它是指包括外门在内的整个外入口空间，是使用频率最高的部位。严寒地区冬季，建筑的入口成为唯一开口部位。伴随着入口门的开启势必会带入大量的冷空气，因此，对入口的设计应以减少对流热损失为主要目标。在入口的设计中应既不使室外冷空气直接吹入建筑中，又要最大限度地防止建筑室内热量的散失。

（1）入口的位置与朝向

入口在建筑中的位置应结合平面的总体布局，它是建筑的枢纽，通常处于建筑的功能中心。同时因它是连接室外空间与室内空间的桥梁，是室内外的过渡空间，它既是室内外空间相互渗透的"眼"，也是"进风口"，其特殊的位置及功能决定了它在整个建筑节能中的地位。严寒地区建筑入口的朝向应避开当地冬季的主导风向，以减少冷风渗透，同时又要考虑创造良好的热工环境，因此在满足功能要求基础上，应根据建筑物周围风速分布布置建筑入口，从而减少建筑的冷风渗透，减少建筑能耗。

（2）入口的形式

从节能的角度讲，严寒地区建筑入口的设计主要应注意采取防止冷风渗透及保温的措施，可采取以下做法：

1）设门斗

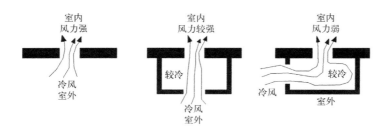

图 4-2　外门的位置对入口热工环境的影响与气流的关系

门斗可以改善入口处的热工环境。首先，门斗本身形成室内外的过渡空间，其墙体与其空间具有很好的保温功能。其次，它能避免冷风直接吹入室内，减少风压作用下形成空气流动而损失的热量，由于门斗的设置，大大减弱了风力，门斗外门的位置与开启方向对于气流的流动有很大的影响（图4-2）。此外，门的开启方向与风的流向角度不同，所起的作用也不相同。

例如：当风的流向与门扇的方向平行时，具有导风作用；当风的流向与门扇垂直或成一定角度时，具有挡风作用，并以垂直时的挡风作用为最大（图

4-3）。因此，设计门斗时应根据当地冬季主导风向，确定外门在门斗的位置和朝向以及外门的开启方向，以达到使冷风渗透最小的目的。

　　2）设挡风门廊

　　挡风门廊适于冬季主导风向与入口成一定角度的建筑，显然，其角度越小效果越好（图4-4）。

　　此外，在风速大的区域以及建筑的迎风面，建筑应做好防止冷风渗透的措施。例如在迎风面上应尽量少开门窗和严格控制窗墙面积比，以防止冷风通过门窗口或其他孔隙进入室内，形成冷风渗透。

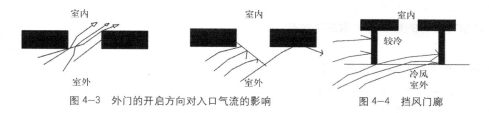

图4-3　外门的开启方向对入口气流的影响　　　　图4-4　挡风门廊

　　5．围护结构注重保温节能设计

　　气候对建筑物影响甚大。气温直接决定着建筑物外围结构保温或隔热设计，决定着建筑室内通风或空调的设计等，建筑设计只有同当地气候条件相适应，才能避免使用中出现的不合理与浪费现象。

　　建筑围护结构包括墙、门窗、屋顶、地面等。严寒地区建筑围护结构不仅要满足强度、防潮、防水、防火等基本要求，还应考虑保温防寒的要求。

　　建筑保温是严寒地区节能建筑设计十分重要的内容之一。严寒地区建筑中空调和采暖的很大一部分负荷，是由于围护结构传热造成的，冬季采暖设备的运行是为了补偿通过建筑围护结构由室内传到外界的热量。围护结构保温隔热性能的好坏，直接影响到建筑能耗的多少。可见，对围护结构进行节能保温设计，将降低空调或采暖设备的负荷，减少设备的容量或缩短设备的运行时间，既节省日常运行费用、节省能源，又使室内温度要求得到满足，改善建筑的热舒适性，这正是建筑节能设计的一个重要方面。

　　（1）合理选材及确定构造形式

　　选择密度小、导热系数小的材料，如聚苯乙烯泡沫塑料、岩棉、玻璃棉、陶粒混凝土、膨胀珍珠岩及其制品、膨胀蛭石为骨料的轻混凝土等可以提高围护构件的保温性能。其中轻混凝土具有一定强度，可做成单一材料保温构件，这种构件构造简单、施工方便；也可采用复合保温构件提高热阻，它是将不同性能的材料加以组合，各层材料发挥各自不同的功能。通常用聚苯板、聚氨酯、岩棉板等容重轻、导热系数小的材料起保温作用；而强度高，耐久性好的材料，如砖、混凝土等作承重或护面层，让不同性质的材料各自发挥其功能作用（图4-5）。在这种结构中，保温材料设置的位置是构造设计必须考虑的问题。

　　严寒地区建筑，在保证围护结构安全的前提下，优先选用外保温结构，但是不排除内保温结构及夹芯墙的应用。由于内保温的结构墙体与保温层之间

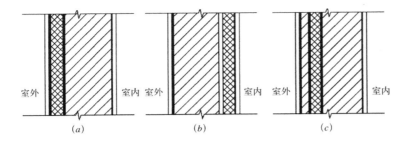

図 4-5　复合墙体构造
(a) 外保温复合构造；
(b) 外保温复合构造；
(c) 夹芯保温复合构造

的构造界面容易结露，因此采用内保温时，应在围护结构内适当位置设置隔气层、并保证结构墙体依靠自身的热工性能做到不结露。

(2) 防潮防水

冬季由于外围护构件两侧存在温度差，室内高温一侧水蒸气分压力高于室外，水蒸气就向室外低温一侧渗透，遇冷达到露点温度时就会凝结成水，构件受潮。此外雨水、使用水、土壤潮等也会侵入构件，使构件受潮受水。

围护结构表面受潮、受水时会使室内装修变质损坏，严重时会发生霉变，影响人体健康。构件内部受潮、受水会使多孔的保温材料充满水分，导热系数提高，降低围护材料的保温效果。在低温下，水分在冰点以下结晶，进一步降低保温能力，并因冻融循环而造成冻害，严重影响建筑物的安全和耐久性。

为防止构件受潮、受水，除应采取排水措施外，在靠近水、水蒸气和潮气一侧应设置防水层、隔气层和防潮层。组合构件一般在受潮一侧布置密实材料层。

(3) 避免热桥

在外围护构件中，由于结构要求，经常设有导热系数较大的嵌入构件，如外墙中的钢筋混凝土梁和柱、过梁、圈梁、阳台板、雨棚板、挑檐板等。这些部位的保温性能要比主体结构差，热量容易从这些部位传递出去。散热大，其内表面温度也较低，当低于露点温度时将出现凝结水，这些部位通常称为围护构件中的"热桥"（图 4-6）。为了避免和减轻热桥的影响，首先应避免嵌入构件内外贯通，其次应对这些部位采取局部保温措施，如增设保温材料等，以切断热桥（图 4-7）。

(4) 防止冷风渗透

当围护构件两侧空气存在压力差时，空气将从高压一侧通过围护构件流向低压一侧，这种现象称为空气渗透。空气渗透可由室内外温度差（热压）引起，也可由风压引起。由热压引起的渗透，热空气由室内流向室外，室内热量损失。风压则使冷空气向室内渗透，使室内变冷，为避免冷空气渗入和热空气直接散失，应尽量减少外围护结构构件的缝隙，例如墙体砌筑砂浆饱满，改进门窗加工和构造，提高安装质量，缝隙采取适当的构造措施等。

提高门窗气密性的方法主要有两种：

1) 采用密封盒密闭措施。框和墙间的缝隙密封可用弹性软型材料（如毛

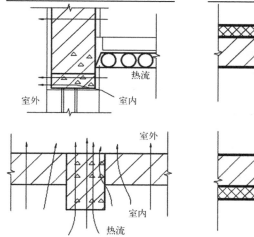

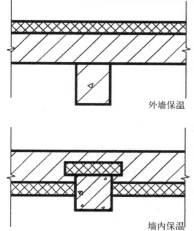

图 4-6　热桥现象（左）
图 4-7　热桥保温处理
　　　　（右）

毡）、聚乙烯泡沫、密封膏以及边框设灰口等。框与扇间的密闭可用橡胶条、橡塑条、泡沫密闭条，以及高低缝、回风槽等。扇与扇之间的密闭可用密闭条、高低缝及缝外压条等。窗扇与玻璃之间的密封可用密封膏、各种弹性压条等。

　　2）减少缝的长度。门窗缝隙是冷风渗透的根源，以严寒地区传统住宅窗为例，一个 1.8m×1.5m 的窗，其各种接缝的总长度达 11m 左右。因此为减少冷风渗透，可采用大窗扇，扩大单块玻璃面积以减少门窗缝隙；同时合理减少可开窗扇的面积，在满足夏季通风的条件下，扩大固定窗扇的面积。

　　（5）合理缩小门窗洞口面积

　　窗的传热系数远远大于墙的传热系数，因此窗户面积越大，建筑的传热耗热量也越大。对严寒地区建筑的设计应在满足室内采光和通风的前提下，合理限定窗面积的大小，这对降低建筑能耗是非常必要的。我国严寒地区传统民居南向开窗较大，北向往往开小窗或不开窗，显然，这是利用太阳能改善冬季白天室内热环境与光环境及节省采暖燃料的有效方法。

　　我国《严寒和寒冷地区居住建筑节能设计标准》JGJ 26—2010 中限定了窗墙面积比，严寒地区北向的窗墙面积比限值为 0.25；东、西向窗墙面积比限值为 0.3；南向窗墙面积比限值为 0.45。

　　在国外，欧美一些国家为了让建筑师在决定窗口面积时有一定灵活性，他们不直接硬性规定窗墙面积比，而是规定整幢建筑窗和墙的总耗热量。如果设计人员要开窗大一些，即窗户耗热量多一些，就必须以加大墙体的保温性能来补偿。若墙体无法补偿时，就必须减少窗户面积，显然也是间接地限制窗面积。

　　门洞的大小尺寸，直接影响着外入口处的热工环境，门洞的尺寸越大，冷风的侵入量越大，就越不利于节能。从这个意义上讲，门洞的尺寸应越小越好。但是外入口的功能又要求门洞应具有一定大的尺寸，以满足居民日常使用及搬运家具等要求。所以，门洞的尺寸设计应该是在满足使用功能的前提下，尽可能地缩小尺寸，已达到节能的要求。

(6) 合理设计建筑首层地面

在围护结构中，地面的热工质量对人体健康的影响较大，已引起国内外建筑界和医务界的广泛重视。我国目前大量应用的普通水泥地面具有坚固、耐久、整体性强、造价较低、施工方便等优点，但是其热工性能很差，存在着"凉"的缺点。所谓"凉"有两个方面：一是地面表面温度低；二是当人们在地面上瞬间或较长时间停留时，地面表面从脚部吸热量多而人体感觉凉。根据实测发现，在温度为 23℃的普通水泥地面（凉性）上的失热量，等于温度为 18℃木地面的失热量；温度为 15℃的木地面比温度为 23℃的普通水泥地面的吸热量大。可见，地面温度是衡量地面热工性能的又一重要指标。因此，对于严寒地区建筑的首层地面，还应进行保温与防潮设计。

严寒地区，建筑外墙内侧 0.5 ~ 1.0m 范围内，由于冬季受室外空气及建筑周围低温土壤的影响，将有大量的热量从该部位传递出去，这部分地面温度往往很低，甚至低于露点温度，不但增加采暖能耗，而且有碍卫生，影响使用和耐久性。因此在外墙内侧 0.5 ~ 1.0m 范围内应铺设保温层。为避免分区设置保温层造成的地面开裂问题，建议地面全部保温，有利于提高底层用户的地面温度，由于周边地面传热较大，因此规定全部保温时，周边地面保温材料热阻应满足当地节能标准规定的对周边地面的要求。为避免采暖地沟在非采暖期造成底层地层结雾，要求地沟盖板上部保温。地下室保温需要根据地下室用途确定是否设置保温层，当地下室作为车库时，其与土壤接触的外墙可不保温。当地下水位高于地下室地面时，地下室保温需要采取防水措施。

4.1.2　寒冷地区建筑节能构造设计

从气候类型和建筑基本要求方面，寒冷地区节能建筑与严寒地区的设计要求和设计手法基本相同，一般情况下寒冷地区可以直接套用严寒地区的节能建筑。除满足传统建筑的一般要求，以及《绿色建筑技术导则》（建科 [2005]199号）和《绿色建筑评价标准》GB/T 50378—2014 的要求外，尚应结合寒冷地区的气候特点、自然资源条件进行设计，具体设计应考虑以下几个方面：

1. 建筑节能设计方面（表 4-2）

建筑围护结构节能设计，例如建筑体形系数、窗墙面积比、围护结构热工性能、外窗气密性、屋顶透明部分面积比等，达到国家和地方节能设计标准的规定，是保证建筑节能的关键，在节能建筑中更应该严格执行。

由于我国寒冷地区有一定地域气候差异，各地经济发达水平也很不平衡，节能设计的标准在各地也有一定差异；此外，公共建筑和住宅建筑在节能特点上也有差别，因此体形系数、窗墙面积比、外围护结构热工性能、外窗气密性、屋顶透明部分面积比的规定限值应参照各地以及建筑类型的要求。

鼓励节能建筑的围护结构比国家和地方规定的节能标准更高，这些建筑在设计时应利用软件模拟分析的方法计算其节能率，以便判断其是否可以达到《绿色建筑评价标准》GB/T 50378—2014 中优选项的标准。

	Ⅱ区	ⅦC区	ⅦD区
平面布局	单体设计应满足冬季日照并防御寒风的要求，主要房间宜避西晒	单体设计应注意防寒风与风沙	单体设计应以防寒风与风沙，争取冬季日照为主
体形系数	应减小体形系数	应减小体形系数	应减小体形系数
建筑物冬季保温要求	应满足防寒、保温、防冻等要求	应充分满足防寒、保温、防冻等要求	应充分满足防寒、保温、防冻等要求
建筑物夏季防热要求	部分地区应兼顾防热，ⅡA区应考虑夏季防热，ⅡB区可不考虑	无	应兼顾夏季防热要求，特别是吐鲁番盆地，应注意隔热、降温、外围护结构宜厚重
构造设计的热桥影响	应考虑	应考虑	应考虑
构造设计的防潮、防雨要求	注意防潮、防暴雨，沿海地带尚应注意防盐雾侵蚀	无	无
建筑的气密性要求	加强冬季密闭性，且兼顾夏季通风	加强冬季密闭性	加强冬季密闭性
太阳能利用	应考虑	应考虑	应考虑
气候因素对结构设计的影响	结构上应考虑气温年较差大、大风的不利影响	结构上应注意大风的不利作用	结构上应考虑气温年较差和日较差均大以及大风等的不利作用
冻土影响	无	地基及地下管道应考虑冻土的影响	无
建筑物防雷措施	宜有防冰雹和防雷措施	无	无
施工时注意事项	应考虑冬季寒冷较长和夏季多暴雨的特点	应注意冬季严寒的特点	应注意冬季低温、干燥多风沙以及温差大的特点

2. 根据气候条件合理布局方面

寒冷地区节能建筑设计时应综合考虑场地内外建筑日照、自然通风与噪声要求等方面，在设计中仅仅孤立地考虑形体因素本身是不够的，需要与其他因素综合考虑，才有可能处理好节能、节地、节材等问题。建筑形体的设计应充分利用场地的自然条件、综合考虑建筑的朝向、间距、开窗位置和比例等因素，使建筑获得良好的日照、通风采光和视野。在规划与建筑单体设计时，宜通过场地日照、通风、噪声等模拟分析确定最佳的建筑形体。

（1）控制体形系数

寒冷地区节能建筑设计更应注重建筑与环境的关系，尽可能减少建筑对环境的影响，建筑应在满足建筑功能与美观的基础上，尽可能降低体形系数。

体形系数对建筑能耗影响较大，据统计，依据寒冷地区的气候条件，建筑物体形系数在0.3的基础上每增加0.01，该建筑物能耗约增加2.4% ~ 2.8%；每减少0.01，能耗约减少2% ~ 3%。如寒冷地区建筑的体形系数放宽，围护结构传热系数限值将会变小，使得围护结构传热系数限值在现有的技术条件下实现的难度增大，同时投入的成本太大。适当地将低层建筑的体形系数放大到0.52左右，将大量建造的4 ~ 8层建筑的体形系数控制在0.33左右，有利于控制居住建筑的总体能耗。高层建筑的体形系数一般控制在0.23左右。为了给建筑师更灵活的空间,将寒冷地区体形系数适当放宽控制在 0.26（≥ 14 层）。

体形系数对建筑耗热量指标的影响　　　　　　表4-3

体形系数	0.366	0.341	0.324	0.313	0.304	0.297	0.291	0.287
耗热量指标（W/m²）	23.24	22.04	21.24	20.67	20.24	19.9	19.64	19.42
体形系数减少量	0.025	0.017	0.011	0.009	0.007	0.006	0.004	0.004
耗热量指标减少量（W/m²）	1.2	0.8	0.57	0.43	0.34	0.26	0.22	0.18
体形系数每减少0.01，耗热量减少百分比	2.1%	2.1%	2.4%	2.3%	2.4%	2.2%	2.8%	2.3%
体形系数	0.283	0.28	0.277	0.275	0.273	0.271	0.266	0.261	0.258
耗热量指标（W/m²）	19.24	19.08	18.95	18.84	18.74	18.65	18.44	18.2	18.04
体形系数减少量	0.003	0.003	0.002	0.002	0.002	0.005	0.005	0.003	
耗热量指标减少量（W/m²）	0.16	0.13	0.11	0.1	0.09	0.21	0.24	0.16	—
体形系数每减少0.01，耗热量减少百分比	2.8%	2.3%	2.9%	2.7%	2.4%	2.3%	2.6%	2.9%	平均值 2.5%

以北京地区为例,通过计算典型多层建筑模型的耗热量指标,来研究体形系数对居住建筑耗热量指标的影响。改变体形系数是通过增减建筑模型的层数得到的（表4-3）。

从表4-3数据可以看出：建筑的耗热量指标随着体形系数的减小而减小,并且体形系数每减少0.01,建筑的耗热量指标就会减少2.1%～2.9%,平均减少2.5%。并且通过数据拟合发现,建筑的耗热量指标与体形系数的线性关系较强,其拟合曲线如图4-8所示。

一旦所涉及的建筑超过规定的体形系数时,则要求提高建筑围护结构的保温性能,并进行围护结构热工性能的权衡判断,审查建筑物的采暖能耗是否能控制在规定的范围内。

（2）合理确定窗墙面积比,大幅度提高窗户热工性能

当前和近期内,普通窗户（包括阳台门的透明部分）的保温隔热性能比外墙差很多,夏季白天通过窗户进入室内的太阳辐射热也比外墙多得多,窗墙面积比越大,则采暖和空调能耗也越大。因此,从节约的角度出发,必须限制窗

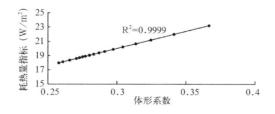

图 4-8　建筑耗热量指标与体形系数的关系

墙面积比。在一般情况下，应以满足室内采光要求作为窗墙面积比的确定原则。

　　寒冷地区人们无论是在过渡季节还是在冬、夏两季普遍有开窗加强房间通风的习惯。一是自然通风改善了室内空气品质；二是夏季在阴雨降温或夜间，室外气候凉爽宜人，加强房间通风能带走室内余热和积蓄冷量，可以减少空调运行时的能耗。这都需要较大的开窗面积。此外，南窗大有利于冬季通过窗口直接获得太阳辐射热。参考近年小康住宅小区的调查情况和北京、天津等地标准的规定，窗墙面积比一般宜控制在0.35以内；如窗的热工性能好，窗墙面积比可适当提高。寒冷地区中部和东部，冬季一般室外平均风速都大于2.5m/s，西部冬季室外气温比严寒地区高3～7℃，室外风速小，尤其是夏季夜间静风率高，如果南北向窗墙面积比相对过大，则不利于夏季穿堂风的形成。另外窗口面积过小，容易造成室内采光不足。西部冬季平均日照率≤25%，阴雨天很多，这一地区增大南窗的冬季太阳辐射所提供的热量对室内采暖的作用有限，而且经过DOE-2程序计算和工程实测，单位面积的北窗热损失明显大于南窗。窗口面积大小，所增加的室内照明用电能耗，将超过节约的采暖能耗。因此，寒冷地区西部进行围护结构节能设计时，不宜过分依靠减少窗墙面积比，重点是提高窗的热工性能。

　　近年来，居住建筑的窗墙面积比有越来越大的趋势，这是因为商品住宅的购买者大都希望自己的住宅更加通透明亮。考虑到临街建筑立面美观的需要，窗墙面积比适当大些是可以的。但在增大窗墙面积比的同时，首先考虑减小窗户（含阳台透明部分）的传热系数，如采用单框双玻或中空玻璃窗，并增设活动遮阳；其次才是考虑减小外墙的传热系数。要避免进一步增大窗墙热工性能的差距。大量的调查和测试表明，太阳辐射通过窗户直接进入室内热量是造成夏季室内过热的主要原因。日本、美国等国家以及中国香港地区都把提高窗的热工性能和遮阳控制作为夏季防热、降低住宅空调负荷的重点，居住建筑普遍窗外安装有遮阳设施。因此，应该把窗的遮阳作为夏季节能的一个重点措施来考虑。

　　因为夏季太阳辐射西（东）向最大。不同朝向墙面太阳辐射强度的峰值，以西（东）向墙面为最高，西南（东南）向墙面次之，西北（东北）向又次之，北向墙为最小。因此，严格控制西（东）向窗面积比限值、尽量做到东西向不开窗是合理的。

　　对外窗的传热系数和窗户的遮阳太阳辐射透过率做严格的限制，是寒冷地区建筑节能设计的特点之一。在放宽窗墙面积比限值的情况下，必须提供对外窗热工性能的要求，才能真正做到住宅的节能。技术经济分析也表明，提高外窗热工性能，所需资金不多，每平方米建筑面积约10～20元，比提高外墙热工性能的资金效益高3倍以上。同时，放宽窗墙面积比，提高外窗热工性能，给建筑师和开发商提供了更大的灵活性，更好地满足这一地区人们提高居住建筑水平的要求。

　　另外，门窗还是建筑立面隔声薄弱环节，而当前随处可见的大面积外凸飘窗不利于保温和隔绝噪声，应综合立面造型、外界噪声情况、采光通风要求等确定窗口大小。只要能满足规定的采光、通风要求，门窗应尽量开小。建筑师在立面设计中常用通长带形窗，但往往到施工完毕才发现由于带形窗横跨相邻房间，噪声不能被完全阻断造成互相影响，因此要做好此处的隔声构造设计。由于噪声传播有方向性，所以将开窗方向避开噪声源形成锯齿状、波浪状窗也可以减少噪声传入。

寒冷地区住宅的南向的房间大都是起居室、主卧室，常常开设比较大的窗户，夏季透过窗户进入室内的太阳辐射热构成了空调负荷的主要部分。因此，部分寒冷地区建筑的南向外窗（包括阳台的透明部分）宜设置水平遮阳或活动遮阳。在南窗的上部设置水平外遮阳，夏季可减少太阳辐射热进入室内，冬季由于太阳高度角比较小，对进入室内的太阳辐射影响不大。有条件的最好在南窗设置卷帘式或百叶窗式的外遮阳。东西窗也需要遮阳，但由于当太阳东升西落时其高度角比较低，设置在窗口上沿的水平遮阳几乎不起遮挡作用，宜设置展开或关闭后可以全部遮蔽窗户的活动式外遮阳。

冬夏两季透过窗户进入室内的太阳辐射对降低建筑能耗和保证室内环境的舒适性所起的作用是截然相反的。活动式外遮阳容易兼顾建筑冬夏两季对阳光的不同需求，所以设置活动式的外遮阳更加合理。窗外侧的卷帘、百叶窗等就属于"展开或关闭后可以全部遮蔽窗户的活动式外遮阳"，虽然造价比一般固定外遮阳（如窗口上部的外挑板等）高，但遮阳效果好，最能兼顾冬夏，应当鼓励使用。

有些建筑由于体形过于追求形式新颖，造成结构不合理、空间浪费或构造过于复杂等情况，引起建造材料大量增加或运营费用过高。为片面追求美观而以巨大的资源消耗为代价，不符合节能建筑的基本理念。在设计中应控制造型要素中没有功能作用的装饰构件的应用。

应用没有功能作用的装饰构件主要指：

（1）不具备遮阳、导光、导风、载物、辅助绿化等作用的飘板、格栅和构架等，且作为构成要素在建筑中大量使用；

（2）单纯为追求标志性效果，在屋顶等处设立塔、球、曲面等异形构件；

（3）女儿墙高度超过规范要求2倍以上；

（4）不符合当地气候条件，不利于节能的双层外墙（含幕墙）的面积超过外墙总建筑面积的20%。

总之，建筑造型应简约，应符合建筑功能和技术的要求，结构及构造合理，同时不宜采用纯装饰性构件。不符合节能建筑原则的做法，应该在建筑设计中避免。这一原则不仅仅在寒冷地区建筑设计中需要注意，也适用于其他气候区。

3. 围护结构保温节能设计方面的考虑

建筑保温是寒冷地区节能建筑设计十分重要的内容之一。寒冷地区建筑中空调和采暖的很大一部分负荷，是由于围护结构传热造成的，冬季采暖设备的运行是为了补偿通过建筑围护结构由室内传到外界的热量。围护结构保温隔热性能的好坏，直接影响到建筑能耗的多少。对围护结构进行节能保温设计，将降低空调或采暖设备的负荷，减小设备的容量或缩短设备的运行时间，既节省日常运行费用、节省能源，又使室内温度要求得到满足，改善建筑的热舒适性，这正是节能建筑设计的一个重要方面。建筑围护结构包括墙、门窗、屋顶、地面等。寒冷地区建筑围护结构不仅要满足强度、防潮、防水、防火等基本要求，还应考虑保温防寒的要求。

另外，从节能的角度出发，居住建筑不应设置凸窗，但节能并不是居住建筑设计所要考虑的唯一因素，因此设置凸窗时，凸窗的保温性能必须予以保证，否则不仅造成能源浪费，而且严寒地区冬季室内外温差大，凸窗更加容易发生结露现象；寒冷地区北向的房间冬季凸窗也容易发生结露现象，影响房间的正常使用。

凸窗热工缺陷的存在往往会破坏围护结构整体的保温性能，更为严重的热工缺陷和热桥还有导致室内结露的危险。这些特殊的构造部位都是潜在的热桥，在做外保温的时候要格外注意。

通过数值模拟分析，住房和城乡建设部标准定额研究所对不同保温情况下的凸窗热桥部位的温度场分布进行比较。因此建筑节能标准要求建筑构造部位的潜在热工缺陷及热桥部位必须加强，进而采取相关的技术措施以保证最终的围护结构热工性能。

4.2　夏热冬冷地区建筑节能构造设计

1.建筑平面设计

合理的建筑平面设计符合传统生活习惯，有利于组织夏季穿堂风，冬季被动利用太阳能采暖以及自然采光。例如，居住建筑在户型规划设计注意平面布局要紧凑、实用，空间利用合理充分、见光、通风。必须保证使一套住房内主要的房间在夏季有流畅的穿堂风，卧室、起居室一般为进风房间，厨房和卫生间为排风房间，满足不同空间的空气品质要求。住宅的阳台能起到夏季遮阳和引导通风的作用；如果把西、南立面的阳台封闭起来，可以形成室内外热交换过渡空间。如将电梯、楼梯、管道井、设备房和辅助用房等布置在建筑物的南侧或西侧，可以有效阻挡夏季太阳辐射；与之相连的房间不仅可以减少冷消耗，同时可以减少大量的热量损失。

在此前计算机模拟技术对日照和区域风环境辅助设计和分析后，可以继续用计算机对具体的建筑、建筑的某个特定房间进行日照、采光、自然通风模拟分析，从而改进建筑平面、户型设计。

2.体形系数控制

体形系数是建筑物接触室外大气的外表面积与其所包围的体积的比值。空间布局紧凑的建筑体形系数小，建筑体形复杂、凹凸面过多的点使低、多层及塔式高层住宅等空间布局分散的建筑外表面积和体形系数大。对于相同体积的建筑物，其体形系数越大，说明单位建筑空间的热散失面积越高。因此，出于节能的考虑，在建筑设计时应尽量控制建筑物的体形系数，尽量减少立面不必要的凹凸变化。但如果出于造型和美观的要求需要采用较大的体形系数时，应尽量增加围护结构的热阻。

具体选择建筑节能体形时需考虑多种因素，如冬季气温、日照辐射量与照度、建筑朝向和局部风环境状况等，权衡建筑得热和失热的具体情况。一般控制体形系数的方法有：加大建筑体量，增加长度与进深；体形变化尽可能少，尽量规整；设置合理的层数和层高；单独的点式建筑尽可能少用或尽量拼接以减少外墙面。

3．日照与采光设计

绿色建筑的规划与建筑单体设计时，应满足现行国家标准《城市居住区规划设计规范》GB 50180—93 对日照的要求，应使用日照软件模拟进行日照分析。控制建筑间的间距是为了保证建筑的日照时间。按计算，夏热冬冷地区建筑的最佳日照间距是 1.2 倍邻近南向建筑的高度。

不同类型的建筑如住宅、医院、中小学校、幼儿园等设计规范都对日照有具体明确的规定，设计时应根据不同气候区的特点执行相应的规范、国家和地方法规。

应充分利用自然采光，房间的有效采光面积和采光系数除应符合国家现行标准《民用建筑设计通则》GB 50352—2005 和《建筑采光设计标准》GB 50033—2013 的要求外，尚应符合下列要求：

（1）居住建筑的公共空间宜自然采光，其采光系数不宜低于 0.5%；

（2）办公、宾馆类建筑 75% 以上的主要功能空间室内采光系数不宜低于现行国家标准《建筑采光设计标准》GB 50033—2013 的要求；

（3）地下空间宜自然采光，其采光系数不宜低于 0.5%；

（4）利用自然采光时应避免产生眩光；

（5）设置遮阳措施时应满足日照和采光标准的要求。

《建筑采光设计标准》GB 50033—2013 和《民用建筑设计通则》GB 50352—2005 规定了各类建筑房间的采光系数最低值。一般情况下住宅各房间采光系数与窗地面积比密切相关，因此可利用窗地面积比的大小调节室内自然采光。房间采光效果还与当地的天空条件有关，《建筑采光设计标准》GB 50033—2013 根据年平均总照度的大小，将我国分成 5 类光气候区，每类光气候区有不同的光气候系数 K，K 值小说明当地的天空比较"亮"，因此达到同样的采光效果，窗墙面积比可以小一些，反之亦然。

4．围护结构设计

建筑围护结构主要由外墙、屋顶和门窗、楼板、分户墙、楼梯间隔墙构成。建筑外围护结构与室外空气直接接触，如果具有良好的保温隔热性能，便可减少室内、室外的热量交换，从而减少所需要提供的采暖和制冷能量。

（1）建筑外墙

夏热冬冷地区面对冬季主导风向的外墙，表面冷空气气流速大，单位面积散热量高于其他三个方向外墙。因此在设计外墙保温隔热构造时，宜加强其保温性能，提高传热阻。

要使外墙取得好的保温隔热效果，不外乎设计合适的外墙保温构造、选用传热系数小且蓄热能力强的墙体材料两个途径。

1）建筑常用的外墙保温构造为外墙外保温。外保温与内保温相比，保温隔热效果和室内热稳定性更好，也有利于保护主体结构。常见的外墙外保温种类有聚苯颗粒保温砂浆、粘贴泡沫塑料（EPS、XPS、PU）保温板、现场喷涂或浇注聚氨酯硬泡保温装饰板等。其中，聚苯颗粒保温砂浆由于保温效果偏低、质量不易控制等原因，其使用将逐步减少。

2）自保温能使围护结构的围护和保温的功能合二为一，而且基本能与建筑同寿命；随着很多高性能的、本地化的新型墙体材料（如江河淤泥烧结节能砖、蒸压轻质加气混凝土砌块、页岩模数多孔砖、自保温混凝土砌块）的出现，外墙采用自保温形式的设计越来越多。

（2）屋面

冬季屋面散热在围护结构热量总损失中占有相当的比例，夏季来自太阳的强烈辐射又会造成顶层房间过热，使制冷能耗加大。在夏热冬冷地区，夏季放热是主要任务，因此对屋面隔热要求较高。要想得到理想的屋面保温隔热性能，可综合采取以下措施：

1）选用合适的保温材料，其导热系数、热惰性指标应满足标准要求；

2）采用架空形保温屋面或倒置式屋面等；

3）采用屋顶绿化屋面、蓄水屋面、浅色坡屋顶等；

4）采用通风屋顶、阁楼屋顶和吊顶屋顶等。

（3）外门窗、玻璃幕墙

外门窗、玻璃幕墙是建筑物与外界热交换、热传导最活跃、最敏感的部位。冬季，其保温性能和气密性能对采暖能耗有重大影响，是墙体失热损失的 5～6 倍；夏季，大量的热辐射直接进入室内，大大提高了制冷能耗。因此外门窗、幕墙设计应该是外围护结构设计的关键部位。

减少外门窗、幕墙设计能耗的设计可以从如下几个方面着手：

1）合理控制窗墙面积比、尽量少用飘窗。综合考虑建筑采光、通风、冬季被动采暖的需要，从地区、朝向和房间功能等方面合理控制窗墙面积比。如北墙窗，应在满足居室采光环境质量要求和自然通风的条件下适当减少窗墙面积比，其传热阻要求也可适当提高，减少冬季热损失；南墙窗在选择合适玻璃层数及采取有效措施减少热耗的前提下可适当增加窗墙面积比，更利于冬季日照采暖。不能随意开设落地窗、飘窗、多角窗、低窗台等。

2）选择热工性能和气密性能良好的窗户。窗户良好的热工性能来源于型材和玻璃；型材的种类有断桥隔热铝合金、PVC 塑料、铝木复合型材等；玻璃的种类有普通中空玻璃、Low-E玻璃、中空玻璃、真空玻璃等。其中，遮阳系数较低的Low-E中空玻璃可能会影响冬季日照采暖。一般而言，平开窗的气密性能优于推拉窗。

3）合理设计建筑遮阳。建筑遮阳可以降低太阳辐射、削弱眩光，提高室内热舒适性和视觉舒适性，降低制冷能耗。因此，夏热冬冷地区的南、东、西窗都应该进行遮阳设计。

建筑的遮阳技术由来已久，形式多样。夏热冬冷地区的传统建筑常采用藤蔓植物，深凹窗、外廊、阳台、挑檐、遮阳板等遮阳措施。

建筑遮阳设计首选外遮阳，其隔热效果远好于内遮阳。如果采用固定式建筑构件遮阳时，可以借鉴传统民居中常见外挑的屋檐和檐廊设计，辅以计算机模拟技术，做到冬季满足日照、夏季遮阳隔热。

活动式外遮阳设施夏季隔热效果好，冬季可以根据需要关闭，也可兼顾冬季日照和夏季遮阳的需求。

4.3 建筑体型、平面调整等与建筑节能设计的关系

4.3.1 建筑平面形状与节能的关系

建筑物的平面形状主要取决于建筑的功能及建筑物用地地块的形状，但从建筑热工的角度看，一般说来过于复杂的平面形状势必增加建筑物的外表面积，带来采暖能耗的大幅度增加，因此从建筑节能的角度出发，在满足建筑功能要求的前提下，平面设计应注意使外围护结构表面积 F_0 与建筑体积 V_0 之比尽可能地小，以减少散热面积及散热量（在室内散热量较小的前提下，体形系数越小，夏季空调房间的得热凉越小）。当然对空调房间，应对其得热和散热状况进行具体分析。下面假定面积为 40m×40m，高为17m的建筑物耗热量为100%，相同体积下不同平面形式的建筑物采暖能耗的相对比值见表4-4。

建筑平面形状与能耗关系   表4-4

	正方形	长方形	细长方形	L形	回字形	U形
F_0/V_0	0.16	0.17	0.18	0.195	0.21	0.25
能耗（100%）	100	106	114	124	136	163

4.3.2 建筑长度与节能的关系

在高度及宽度一定的条件下，对南北朝向建筑来说，增加居住建筑物的长度对节能是有利影响的，长度小于100m，能耗增加较大。例如，从100m减至50m，能耗增加8%～10%。从100m减至25m，对5层住宅能耗增加25%，对9层住宅能耗增加17%～20%。建筑长度与建筑能耗的关系见表4-5。

建筑长度与能耗的关系（%）					表4-5
室外计算温度（℃）	住宅建筑长度（m）				
	25	50	100	150	200
-20	121	110	100	97.9	96.1
-30	119	109	100	98.3	96.5
-40	117	108	100	98.3	96.7

4.3.3　建筑宽度与节能的关系

在高度及长度一定的条件下，居住建筑的宽度与能耗的关系见表4-6。从表中可以看出，对于9层的住宅，如宽度从11m增加到14m，能耗可减少6%～7%，如果增大到15～16m，则能耗可减少12%～14%。

建筑宽度与能耗的关系（%）								表4-6
室外计算温度（℃）	住宅建筑宽度（m）							
	11	12	13	14	15	16	17	18
-20	100	95.7	92	88.7	86.2	83.6	81.6	80
-30	100	95.2	93.1	90.3	88.3	86.6	84.6	83.1
-40	100	96.7	93.7	91.1	89.0	87.1	84.3	84.2

4.3.4　建筑平面布局与节能的关系

合理的建筑平面布局会给建筑在使用上带来极大的方便，同时也可有效地改善室内的热舒适度和有利于建筑节能。在节能建筑设计中，主要应从合理的热环境分区及设置温度阻尼区两个方面来考虑建筑平面的布局。

不同的房间可能有不同的使用要求，因而，其对室内热环境的要求可能也各异。在设计中，应根据房间对热环境的要求而合理分区，将对温度要求相近的房间相对集中布置。如对冬季室温要求稍高、夏季室温要求稍低的房间设于核心区；将对冬季室温要求稍低、夏季室温要求稍高的房间设于平面中紧邻外围护结构的区域，作为核心区和室外空间的温度缓冲区（或称温度阻尼区），以减少供热能耗。在夏季将温湿度要求相同（或接近）的房间相邻布置。

为了保证主要使用房间的室内热环境质量，可在该类房间与室外空间之间，结合使用情况，设置各式各样的温度热阻尼区。这些阻尼区就像是一道"热闸"，不但可使房间外墙的传热（传冷）损失减少，而且大大减少了房间的冷风渗透，从而也减少了建筑物的渗透热（冷）损失。冬季设于南向的日光间、封闭阳台、外门（或门厅）设置门斗（在夏季附加合适的遮阳、通风设施）等都具有温度阻尼区作用，是冬（夏）季减少耗热（冷）的一个有效措施。

4.4 建筑墙体、屋顶、外门、外窗、底层及楼层地面、围护结构防潮等节能技术

4.4.1 建筑墙体节能技术

1. 建筑物外墙保温设计

外墙按其保温材料及构造类型，主要有单一材料保温墙体、单设保温层复合保温墙体。常见的单一材料保温墙体有加气混凝土保温墙体、各种多孔砖墙体、空心砌块墙体等。在单设保温层复合保温墙体中，根据保温层在墙体中的位置又分为内保温墙体、外保温墙体及夹心保温墙体见图4-9。

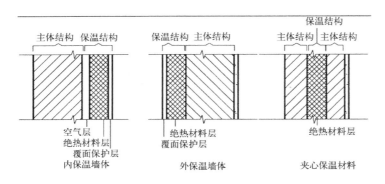

图 4-9 保温节能墙体的几种类型

随着节能标准的提高，大多数单一材料保温墙体难以满足包括节能在内的多方面技术指标的要求。而单设保温层的复合墙体由于采用了新型高效保温材料而具有更优良的热工性能且结构层、保温层都可充分发挥各自材料的特性和优点，既不使墙体过厚又可满足保温节能要求，也可满足抗震、承重及耐久性等多方面的要求。

在三种单设保温层的复合墙体中，因外墙外保温系统技术合理、有明显的优势性、且适用范围广，不仅适用于新建建筑工程，也适用于旧楼的节能改造，从而成为住建部在国内重点推广的建筑保温技术。外墙外保温技术具有七大技术优势：保护主体结构，大大减小了因温度变化导致结构变形所产生的应力，避免了雨、雪、冻、融、干、湿循环造成的结构破坏，减少了空气中有害气体和紫外线对围护结构的侵蚀，延长了建筑物的寿命；基本消除了"热桥"影响，也防止了"热桥"部位产生的结露；使前提潮湿状况得到改善，墙体内部一般不会发生冷凝现象；有利于室温保持稳定；可以避免装修对保温层的破坏；便于旧建筑物进行节能改造；增加房屋使用面积。

下面介绍4种住房和城乡建设部在《外墙外保温工程技术规程》JGJ 144—2004中重点推广的外墙外保温系统。这4种外保温系统保温材料性能优越、技术先进成熟、工程质量可靠稳定，而且应用较为广泛。

(1) EPS板薄抹灰外墙外保温系统

EPS板薄抹灰外墙外保温系统（简称EPS板薄抹灰系统）由EPS板保温层、薄抹面层和饰面涂层构成，EPS板用胶粘剂固定在基层上，薄抹面层中满铺抗

碱玻纤网，见图4-10。

EPS板薄抹灰外墙外保温系统在欧洲使用最久的实际工程已接近40年。大量工程实践证实，EPS板薄抹灰外墙外保温系统技术成熟完备，工程质量稳定，保温性能良好，使用年限可超过25年。

1）基层墙体：可以是混凝土墙体，也可以是各种砌体墙体。但基层墙体表面应清洁，无油污，无凸起、空鼓、疏松等现象。

2）胶粘剂：将EPS板粘贴与基层上的一种专用黏结胶料。EPS板的粘贴方法有点框粘法和满粘法。点框粘法应保证黏结面积大于40%。胶粘剂的性能指标应符合表4-7的要求。

胶粘剂的性能指标   **表4-7**

试验项目	性能指标	
拉伸黏结强度/MPa（与水泥砂浆）	原强度	≥0.60
	耐 水	≥0.40
拉伸黏结强度/MPa（与膨胀聚苯板）	原强度	≥0.10破坏界面在膨胀聚苯板上
	耐 水	≥0.10破坏界面在膨胀聚苯板上
可操作时间/h	1.5~4.0	

3）EPS板：是一种应用较为普通的阻燃型保温板材。其设计厚度经过计算应满足相关节能标准对该地区墙体的保温要求。不同地区居住建筑和公共建筑各部分围护结构传热系数限值见相关节能标准。EPS板性能指标应符合表4-8的要求。EPS板的粘贴排列要求见图4-11。

膨胀聚苯板（EPS）主要性能指标   **表4-8**

试验项目	性能指标
导热系数/[W/（m·K）]	≤0.041
表观密度/（kg/m³）	18.0~22.0
垂直于板面方向的抗拉强度/MPa	≥0.10
尺寸稳定性/（%）	≤0.30
压缩性能（形变10%）/MPa	≥0.10

图4-10 EPS板薄抹灰系统（左）

图4-11 EPS板排列示意图（右）

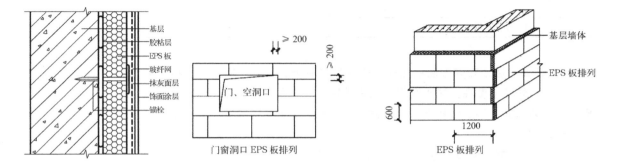

门窗洞口EPS板排列

EPS板排列

4）玻纤网：耐碱涂塑玻璃纤维网格布。为使抹面层有良好的耐冲击性及抗裂性，在薄抹面层中要求满铺玻纤网。因为保温材料密度小，质量轻，内含大量空气，在遇温度和湿度变化时，保温层体积变化较大，在基层发生变形时，抹面层中会产生很大的变形应力，当应力大于抹面层材料的抗拉强度时边产生裂缝。满铺耐碱玻纤网后，能使所受的变形应力均匀向四周分散，既限制沿平行耐碱网格布方向变形的同时，又可获得垂直耐碱网格布方向的最大变形量，从而使抹面层中的耐碱网格布长期稳定地起到抗裂和抗冲击的作用。所以，玻纤网成为抗裂防护层中的软钢筋。耐碱玻纤网格布的主要性能指标应符合表4-9的要求。

耐碱网格布主要性能指标   表4-9

试验项目	性能指标
单位面积质量／（g/m²）	≥130
耐碱断裂强度（经、纬向）／（N/50mm）	≥750
耐碱断裂强力保留率（经、纬向）／（%）	≥50
断裂应变（经、纬向）／（%）	≤5.0

5）薄抹面层：抹在保温层上、中间夹有玻纤网、保护保温层并起防裂、防水、抗冲击作用的构造层。为了解决保温层受温度和湿度变化影响造成的体积、外形尺寸的变化，抹面层要用抗裂水泥砂浆，这种砂浆使用了弹性乳液和助剂。弹性乳液使水泥砂浆具有柔性变形性能，改变水泥砂浆易开裂的弱点。助剂和不同长度、不同弹性模量的纤维可以控制抗裂砂浆的变形量，并使其柔韧性得到明显提高。抹面砂浆的性能指标应符合表4-10的要求。

抹面砂浆的性能指标   表4-10

试验项目		性能指标
拉伸黏结强度/MPa（与膨胀聚苯板）	原强度	≥0.10，破坏界面在膨胀聚苯板上
	耐　水	≥0.10，破坏界面在膨胀聚苯板上
	耐冻融	≥0.10，破坏界面在膨胀聚苯板上
柔韧性	抗压强度/抗折强度（水泥基）	≤3.0
	开裂应变（非水泥基）（%）	≥1.5
可操作时间/h		1.5～4.0

6）饰面涂层：在弹性底层涂料、柔性耐水腻子上刷的外墙装饰涂料。柔性耐水腻子黏结强度高，耐水性好，柔韧性好，特别适合在各种保温及水泥砂浆易产生裂缝的基层上做找平、修补材料，可有效防止面层装饰材料出现龟裂或有害裂缝。

7）锚栓：建筑物高度在20m以上时，在受负风压作用较大的部位，或在不可预见的情况下为确保系统的安全性而起辅助固定作用。

（2）胶粉 EPS 颗粒保温浆料外墙外保温系统胶粉 EPS 颗粒保温浆料外墙外保温系统（简称保温浆料系统）由界面层、胶粉 EPS 颗粒保温浆料保温层、抗裂砂浆抹面层和饰面层组成见图 4-12。该系统采用逐层渐变、柔性释放应力的无空腔的技术工艺，可广泛适用于不同气候区、不同基层墙体、不同建筑高度的各类建筑外墙的保温与隔热。

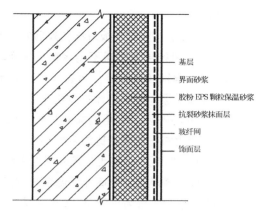

图 4-12　保温浆料系统

右侧标注：
基层
界面砂浆
胶粉 EPS 颗粒保温砂浆
抗裂砂浆抹面层
玻纤网
饰面层

1）基层：适用于混凝土墙体、各种砌块墙体。但基层表面应清洁、无油污，剔除影响黏结的附着物和空鼓、疏松部位。

2）界面砂浆：由基层界面剂、中细砂和水泥混合制成，用于提高胶粉 EPS 颗粒保温浆料与基层墙体的黏结力。对要求做界面处理的基层应满涂界面砂浆。基层界面砂浆的主要性能指标应符合表 4-11 的要求。

基层界面砂浆的主要性能指标　　　　　　　　　　　　　表4-11

试验项目	性能指标		
拉伸黏结强度/MPa（与胶粉EPS颗粒保温浆料）	原强度	≥0.10	破坏界面位于胶粉EPS颗粒保温浆料
	耐　水	≥0.10	
	耐冻融	≥0.10	

3）胶粉 EPS 颗粒保温浆料：有胶粉料和 EPS 颗粒组成，胶粉料由无机胶凝材料与各种外加剂在工厂采用预混合干拌技术制成。施工时加水搅拌均匀，抹在基层墙面上形成保温材料层，其设计厚度经过计算应满足相关节能标准对该地区墙体的保温要求。胶粉 EPS 颗粒保温浆料宜分层抹灰，每层操作间隔时间应在 24h 以上，每层厚度不宜超过 20mm。胶粉 EPS 颗粒保温浆料性能指标应符合表 4-12 的要求。

胶粉EPS颗粒保温浆料主要性能指标　　　　　　　　　表4-12

试验项目	性能指标
导热系数/[W/（m·K）]	≤0.060
压缩性能（MPa）（形变10%）	≥0.25（养护28d）
抗拉强度/MPa	≥0.10
线性压缩率/%	≤0.3
干密度/（kg/m³）	180~250

4）抗裂砂浆薄抹面层：抗裂砂浆的作用、构造做法、性能要求同 EPS 板薄抹灰外墙外保温系统中的抗裂砂浆薄抹面层。

5）玻纤网：其作用、目的、性能要求同 EPS 板薄抹灰外墙外保温系统中的玻纤网。

6）饰面层：同 EPS 板薄抹灰外墙外保温系统中的饰面涂层。

本系统中如果饰面层不用涂料而采用墙面砖时，就要将抗裂砂浆中的玻纤网用热镀锌钢丝网代替，热镀锌钢丝网用塑料锚栓双向 @500mm 锚固，以确保面砖饰面层与基层墙体的有效连接，见图 4-13。

面砖的粘贴要用专用的面砖黏结砂浆。面砖黏结砂浆由面砖专用胶液与中细砂、水泥按一定质量比混合配制而成，可有效提高面砖的黏结强度。

（3）EPS 板现浇混凝土外墙外保温系统

EPS 板现浇混凝土外墙外保温系统（简称无网现浇系统）以现浇混凝土外墙作为基层，EPS 板为保温层。EPS 板内表面（与现浇混凝土接触的表面）沿水平方向开有矩形齿槽，内、外表面均满涂界面砂浆。在施工时将 EPS 板置于外模板内侧，并安装尼龙锚栓作为辅助固定件。浇注混凝土后，墙体与 EPS 板以及锚栓结合为一体。EPS 板表面抹抗裂砂浆薄抹面层，外表以涂料为饰面层，薄抹面层中满铺玻纤网，见图 4-14。

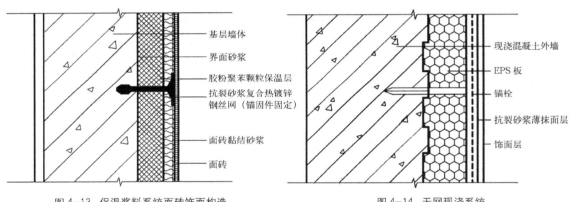

图 4-13　保温浆料系统面砖饰面构造　　　　　图 4-14　无网现浇系统

本系统是用于现浇混凝土剪力墙的外保温体系，采用阻燃型 EPS 板作外保温材料。施工时在绑扎完墙体钢筋后将保温板和穿过保温板尼龙锚栓与墙体钢筋固定，然后安装内外钢模板，并将保温板置于墙体外侧钢模板内侧。浇注墙体混凝土时，外保温板与墙体有机结合在一起，拆模后外保温与墙体同时完成。其优点是：施工简单、安全、省工、省力、经济、与墙体结合好，并能进行冬季施工。摆脱了人贴手抹、手工操作的安装方式，实现了外保温安装的工业化，减轻了劳动强度，有很好的经济效益和社会效益。

为了确保 EPS 板与现浇混凝土和面层局部修补、找平材料等能够牢固地黏结以及保护 EPS 板不受阳光和风化作用的破坏，要求 EPS 板两面必须预涂 EPS 板界面砂浆。此砂浆由 EPS 板专用界面剂与中细砂、水泥混合制成，施工时均匀涂刷在 EPS 板两面，形成黏结性能良好的界面层，以增强 EPS 板与混凝土、抹面层的黏结能力。要求 EPS 板内表面要开水平矩形齿槽或燕尾槽。

EPS 板宽度 1.2m，高度宜为建筑物层高，厚度按设计要求满足相关节能标准对该地区墙体的保温要求。

施工时，混凝土一次浇筑高度不宜大于 1m，避免混凝土产生过大的侧压力而使 EPS 板出现较大的压缩形变。

抗裂砂浆薄抹面层、饰面层的材料性能、作用、施工要求等同 EPS 板薄抹灰系统中对抗裂砂浆薄抹面层、饰面层的要求也一致。

主要节点窗口的保温做法见图 4-15。EPS 板薄抹灰等外保温系统窗口保温做法也可参照此图。

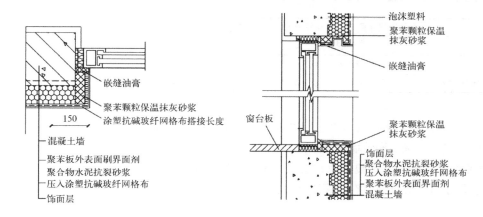

图 4-15 窗口保温做法

（4）EPS 钢丝网架板现浇混凝土外墙外保温系统

EPS 钢丝网架板现浇混凝土外墙外保温系统（简称有网现浇系统）以现浇混凝土为基层，EPS 单面钢丝网架板置于外墙外模板内侧并安装 $\phi 6$ 钢筋作为辅助固定件。浇筑混凝土后，EPS 单面钢丝网架板挑头钢丝和 $\phi 6$ 钢筋与混凝土结合为一体，EPS 单面钢丝网架板表面抹掺入外加剂的水泥砂浆形成厚抹面层，外表做饰面层。以涂料做饰面层时，应加抹玻纤网抗裂砂浆薄抹面层，见图 4-16。

该系统用于建筑剪力墙结构体系，施工时，当外墙钢筋绑扎完毕后，将由工厂预制的保温板构件放在墙体钢筋外侧（这种构件是外表面有横向齿形槽的聚苯板，中间斜插若干 $\phi 2.5$ 穿过板材的镀锌钢丝，这些斜插镀锌钢丝与板材外的一层 $\phi 2$ 钢丝网片焊接，构件两面喷有界面剂，构件由工厂预制。EPS 单面钢丝网架板质量应符合表 4-13 的要求）并与墙体钢筋固定。为确保保温板与墙体之间结合的可

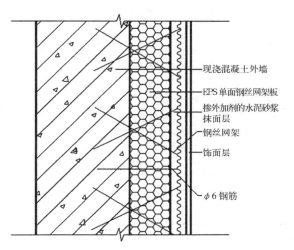

图 4-16 有网现浇系统

靠性，在聚苯板保温构件上除有镀锌斜插丝伸入混凝土墙内，并通过聚苯板插入经过防锈处理的 ϕ 6L 形钢筋与墙体钢筋绑扎，或插入 ϕ 10 塑料胀管，每平方米 3～4 个，再支墙体内外钢模板（此时保温板位于外钢模板内侧），然后浇筑混凝土墙。为避免混凝土产生过大的侧压力而使保温板出现较大的压缩变形，混凝土一次浇筑高度不宜大于 1m。拆模后保温板和混凝土墙体结合在一起，牢固可靠。然后在钢丝网架上抹抗裂砂浆厚抹面层。

EPS单面钢丝网架板质量标准 表4—13

项目	质量要求
外观	界面砂浆涂敷均匀，与钢丝和EPS板附着牢固
焊点质量	斜丝脱焊点不超过3%
钢丝挑头	穿透EPS板挑头不小于30mm
EPS板对接	板长3000mm范围内EPS板对接不得多于两处，且对接处需用胶粘剂粘牢

如果表面做涂料饰面，应加抹抗裂砂浆复合耐碱玻纤网薄抹面层，涂弹性底层涂料、柔性耐水腻子，最后刷外墙装饰涂料。

由于这种外保温构造系统有大量腹丝埋在混凝土中，与结构墙体的连接比较可靠，目前大多用于做面砖饰面，在抗裂砂浆厚抹面层上，用专用面砖黏结砂浆粘贴面砖。

保温板厚度应满足相关节能标准对该地区墙体的保温要求。考虑到大量穿过聚苯板插入混凝土墙体的腹丝对保温板热工性能的影响，在实际计算保温板厚度时，其导热系数应乘以 1.2 的修正系数。

无论采取何种外墙外保温系统，都应包覆门窗框外侧洞口、女儿墙、封闭阳台及突出墙面的出挑部位等热桥部位（构造做法可参照相应图集）；不得随便更改系统构造和组成材料；不但外墙外保温系统组成材料的性能要符合要

外墙外保温系统性能要求 表4—14

检验项目	性能要求
耐候性	耐候性试验后，不得出现起泡、空鼓或脱落，不产生渗水裂缝。抗裂防护层与保温层的拉伸黏结强度 $\geqslant 0.1MPa$，破坏部位应位于保温层
抗风荷载性能	系统抗风压值R_d不小于风荷载设计值。EPS板薄抹灰外墙外保温系统、胶粉EPS颗粒保温浆料外墙外保温系统、EPS板现浇混凝土外墙外保温系统和EPS钢丝网架板现浇混凝土外墙外保温系统安全系数K应不小于1.5，机械固定系统安全系数K应不小于2
抗冲击性	建筑物首层墙面以及门窗口等易受碰撞部位：10J级；建筑物二层以上墙面等不易受碰撞部位：3J级
吸水量	水中浸泡1h，只带有抹面层和带有全部保护层的系统的吸水量均不得大于或等于1.0kg/m²
耐冻融性能	30次冻融循环后，保护层无空鼓、脱落，无渗水裂缝；保护层与保温层的拉伸黏结强度不小于0.1MPa，破坏部位应位于保温层
热阻	复合墙体热阻复合设计要求
抹面层不透水性	2h不透水
保护层水蒸气渗透阻	符合设计要求

注：水中浸泡24h，只带有抹面层和带有全部保护层的系统的吸水量均小于0.5kg/m²时，不检验耐冻融性能。

求，而且外墙外保温系统整体性能应符合表 4-14 的要求。

2. 建筑物楼梯间内墙保温设计

楼梯间内墙泛指住宅中楼梯间与住户单元间的隔墙，同时一些宿舍楼内的走道墙也包含在内。在一般设计中，楼梯间及走道间不采暖，所以，此次的隔墙即成为由住户单元内向楼梯间传热的散热面，这些部位也应做好保温节能处理。我国《严寒和寒冷地区居住建筑节能设计标准》JGJ 26—2010 中规定：采暖居住建筑的楼梯间和外廊应设置门窗；在采暖期室外平均温度为 -0.1 ~ -6.0℃的地区，楼梯间不采暖时，楼梯间隔墙和户门应采取保温措施；-6.0℃以下地区，楼梯间应采暖，入口处应设置门斗等避风设施。不同地区采暖居住

不同地区居住建筑围护结构传热系数限制/[W／(m²·K)] 表4-15

| 采暖期室外平均温度/℃ | 代表性城市 | 屋顶 | | 外墙 | | 不采暖楼梯间 | | 窗户(含阳台门上部) | 阳台门下部门芯板 | 外门 | 地板 | | 地面 | |
		体形系数≤0.3	体形系数>0.3	体形系数≤0.3	体形系数>0.3	隔墙	户门				接触室外空气地板	不采暖地下室上部地板	周边地面	非周边地面
2.0~1.0	郑州、洛阳宝鸡、徐州	0.80	0.60	1.10 1.40	0.80 1.10	1.83	2.70	4.70 4.00	1.70		0.60	0.65	0.52	0.30
0.9~0.0	西安、拉萨济南、青岛安阳	0.80	0.60	1.00 1.28	0.70 1.00	1.83	2.70	4.70 4.00	1.70		0.60	0.65	0.52	0.30
-0.1~-1.0	石家庄、德州晋城、天水	0.80	0.60	0.92 1.20	0.60 0.85	1.83	2.00	4.70 4.00	1.70		0.60	0.65	0.52	0.30
-1.1~-2.0	北京、天津大连、阳泉平凉	0.80	0.60	0.90 1.16	0.55 0.82	1.83	2.00	4.70 4.00	1.70		0.50	0.55	0.52	0.30
-2.1~-3.0	兰州、太原唐山、阿坝喀什	0.70	0.50	0.85 1.10	0.62 0.78	0.94	2.00	4.70 4.00	1.70		0.50	0.55	0.52	0.30
-3.1~-4.0	西宁、银川丹东	0.70	0.50	0.68	0.65	0.94	2.00	4.00	1.70		0.50	0.55	0.52	0.30
-4.1~-5.0	张家口、鞍山、酒泉、伊宁、吐鲁番	0.70	0.50	0.75	0.60	0.94	2.00	3.00	1.35		0.50	0.55	0.52	0.30
-5.1~-6.0	沈阳、大同本溪、阜新哈密	0.60	0.40	0.68	0.56	0.94	1.50	3.00	1.35		0.40	0.55	0.30	0.30
-6.1~-7.0	呼和浩特、抚顺、大柴旦	0.60	0.40	0.65	0.50			3.00	1.35	2.50	0.40	0.55	0.30	0.30
-7.1~-8.0	延吉、通辽通化、四平	0.60	0.40	0.65	0.50			2.50	1.35	2.50	0.40	0.55	0.30	0.30

采暖期室外平均温度/℃	代表性城市	屋顶 体形系数≤0.3	屋顶 体形系数>0.3	外墙 体形系数≤0.3	外墙 体形系数>0.3	不采暖楼梯间 隔墙	不采暖楼梯间 户门	窗户(含阳台门上部)	阳台门下部门芯板	外门	地板 接触室外空气地板	地板 不采暖地下室上部地板	地面 周边地面	地面 非周边地面
−8.1~−9.0	长春、乌鲁木齐	0.50	0.30	0.56	0.45			2.50	1.35	2.50	0.30	0.50	0.30	0.30
−9.1~−10.0	哈尔滨、牡丹江、克拉玛依	0.50	0.30	0.52	0.40			2.50	1.35	2.50	0.30	0.50	0.30	0.30
−10.1~−11.0	佳木斯、安达、齐齐哈尔、富锦	0.50	0.30	0.52	0.40			2.50	1.35	2.50	0.30	0.50	0.30	0.30
−11.1~−12.0	海伦、博克图	0.40	0.25	0.52	0.40			2.00	1.35	2.50	0.25	0.45	0.30	0.30
−12.1~−14.5	伊春、呼玛、海拉尔、满洲里	0.40	0.25	0.52	0.40			2.00	1.35	2.50	0.25	0.45	0.30	0.30

注：1. 表中外墙的传热系数限值系指考虑周边热桥影响后的外墙平均传热系数。有些地区外墙的传热系数限值有两行数据，上行数据与传热系数为4.70的单层塑料窗相对应；下行数据与传热系数为4.00的单框双玻金属窗相对应。

2. 表中周边地面一栏中0.52为位于建筑物周边的不带保温层的混凝土地面的传热系数；0.30为带保温层的混凝土地面的传热系数。非周边地面一栏中0.30为位于建筑非周边的不带保温层的混凝土地面的传热系数。

建筑楼梯间隔墙传热系数限制见表4—15。

计算表明，一栋多层住宅，楼梯间采暖比不采暖耗热量要减少5%左右；楼梯间开敞比设置门窗，耗热量要增加10%左右。所以有条件的建筑应在楼梯间内设置采暖装置并做好门窗的保温措施，否则，就应按节能标准要求对楼梯间内墙采取保温节能措施。

根据住宅选用的结构形式，承重砌块结构体系，楼梯间内墙厚多为240mm厚砖结构或190mm厚承重混凝土空心砌块。这类形式的楼梯间内的保温层常置于楼梯间一侧，保温材料多选用保温砂浆类产品或保温浆料系统。图4—17是保温浆料系统用于不采暖楼梯间隔墙时的保温构造做法。因保温层多为松散材料组成，施工时要注意其外部保护层的处理，防止搬动大件物品时碰伤楼梯间内墙的保温层。在图4—17中采取双层耐碱网格布，

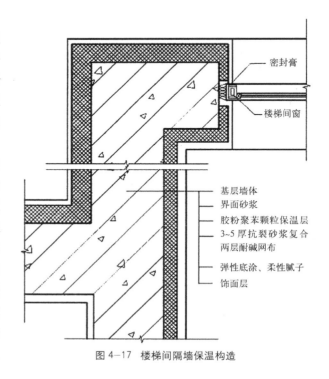

密封膏
楼梯间窗

基层墙体
界面砂浆
胶粉聚苯颗粒保温层
3~5厚抗裂砂浆复合两层耐碱网布
弹性底涂、柔性腻子
饰面层

图4—17 楼梯间隔墙保温构造

以增强保护层强度及抗冲击性。

对钢筋混凝土高层框架－剪力墙结构体系建筑，其楼梯间常与电梯间相邻，这些部位通常作为钢筋混凝土剪力墙的一部分，对这些部位也应提高保温能力，以达到相关节能标准的要求。

3. 建筑物变形缝保温设计

建筑物中的变形缝常见的有伸缩缝、沉降缝、抗震缝等，虽然这些部位的墙体一般不会直接面向室外寒冷空气，但这些部位的墙体散热量也是不应忽视的。尤其是建筑物外围护结构其他部位提高保温能力后，这些构造缝就成为突出的保温薄弱部位，散热量相对更大，所以，必须对其进行保温处理。保温浆料系统变形缝保温做法见图4－18（伸缩缝、沉降缝、抗震缝用聚苯条塞紧，填塞深度不小于300mm，聚苯条密度应不大于10kg/m³，金属盖缝板可用1.2mm厚铝板或0.7mm厚不锈钢板，两边钻孔固定），其他保温系统变形缝保温做法

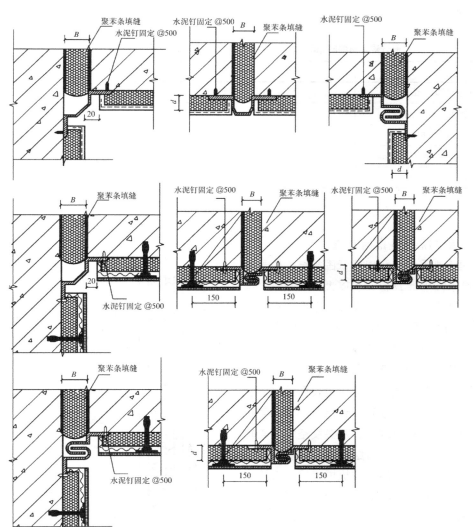

图4－18 保温浆料系统变形缝保温做法

可参照此图（也可参阅相关建筑构造图中的保温做法）。

4．建筑物外墙隔热设计

外墙、屋顶的隔热效果是用其内表面温度的最高值来衡量和评价的。所以，利于降低外墙、屋顶内表面温度的方法都是隔热的有效措施。通常，外墙、屋顶的隔热设计按以下思路采取具体措施：减少对太阳辐射热的吸收；减弱室外综合温度波动对围护结构内表面温度的影响；材料、构造利于散热；将太阳辐射等热能转化为其他形式的能量，减少通过围护结构传入室内的热量等。

（1）采用浅色外饰面，减小太阳辐射热的当量温度

当量温度反映了围护结构外表面吸收太阳辐射热使室外热作用提高的程度。要减少热作用，就必须降低外表面对太阳辐射热的吸收系数。建筑墙体外饰面材料品种很多，吸收系统值差异也较大（部分材料对太阳辐射热的吸收系数 ρ_s 值见表4-16），合理选择材料和构造对外墙的隔热是非常有效的（类似的实例见建筑物屋顶隔热设计）。

<table>
<tr><td colspan="2">部分建筑材料的 ρ_s 值</td><td>表4-16</td></tr>
<tr><td>材料</td><td colspan="2">ρ_s</td></tr>
<tr><td>黑色非金属表面（如沥青、纸等）</td><td colspan="2">0.85~0.98</td></tr>
<tr><td>红砖、红瓦、混凝土、深色油漆</td><td colspan="2">0.65~0.80</td></tr>
<tr><td>黄色的砖、石、耐火砖等</td><td colspan="2">0.50~0.70</td></tr>
<tr><td>白色或淡奶油色砖、油漆、粉刷、涂料</td><td colspan="2">0.30~0.50</td></tr>
<tr><td>铜、铝镀锌铁皮、研磨铁板</td><td colspan="2">0.40~0.65</td></tr>
</table>

（2）增大传热阻 R_0 与热惰性指标 D 值

增大围护结构的传热阻 R_0，可以降低围护结构内表面的平均温度，增大热惰性指标 D 值，可以大大衰减室外综合温度的谐波振幅，减小围护结构内表面的温度波幅，两者对降低结构内表面温度的最高值都是有利的。

这种隔热构造方式的特点是，不仅具有隔热性能，在冬季也有保温作用，特别适合于夏热冬冷地区。不过，这种构造方式的墙体，屋面夜间散热较慢，内表面的高温区段时间较长，出现高温的时间也较晚，若用于办公、学校等以白天使用为主的建筑物较为理想。对昼夜空气温差较大的地区，白天可紧闭门窗（通过有组织换气以满足卫生要求）使用空调夜间打开门窗自然（或机械通风）排除室内热量并储存室外新风冷量，以降低房间次日的空调负荷，因此也可用于节能空调建筑。

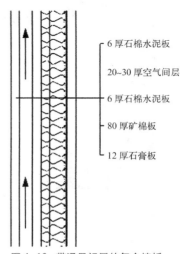

6厚石棉水泥板

20~30厚空气间层

6厚石棉水泥板

80厚矿棉板

12厚石膏板

图4-19　带通风间层的复合墙板

(3) 采用有通风间层的复合墙板

这种墙板比单一材料制成的墙板如加气混凝土墙板构造复杂一些，但它将材料区别使用，可采用高效的隔热材料，能充分发挥各种材料的特长，墙体较轻，而且利用间层的空气流动及时带走热量，减少了通过墙板传入室内的热量，且夜间降温快，特别适用于湿热地区住宅、医院、办公楼等多层和高层建筑。复合墙板的构造及热工效果见图4-19及表4-17。

复合墙板的隔热效果　　　　　　表4-17

名称		砖墙（内抹灰）	有通风层复合墙板
总厚度/mm		260	124
质量/（kg/m²）		464	55
内表面温度/℃	平均	27.80	26.9
	振幅	1.90	0.9
	最高	29.70	27.8
热阻/（m²·K/W）		0.468	1.942
室外气温/℃	最高	28.9	
	平均	23.3	

(4) 外墙绿化

外墙绿化具有美化环境、降低污染、遮阳隔热等功能。在建筑周围种树架棚，可以利用树荫遮挡照射到房屋及地面的太阳辐射，改善室外热环境。

通过外墙绿化达到遮阳隔热效果，一种是种植攀缘植物覆盖墙面，另一种是在外墙周围种植密集的树木，利用树荫遮挡阳光。攀缘植物遮阳隔热效果与植物叶面对墙面覆盖的疏密程度有关，覆盖越密，遮阳隔热效果越好。植树遮阳隔热效果与投射到墙面的树荫疏密程度有关，由于树林与墙面有一定距离，墙面通风比攀缘植物的情况好。

外墙绿化具有隔热和改善室外热环境双重效果。被植物遮阳的外墙，其外表温度与空气温度相近，而直接暴露于阳光下的外墙，其外表面温度最高可比空气温度高15℃以上。

与建筑遮阳构件相比，外墙绿化遮阳的隔热效果更好。各种遮阳构件，不管是水平的还是垂直的，它在遮挡阳光的同时也成为太阳能集热器，吸收了大量的太阳辐射热，大大提高了自身的温度，然后再辐射到被它遮阳的外墙上。因此被它遮阳的外墙表面温度仍比空气温度高。而绿化遮阳的情况则不然，对于有生命的植物，具有温度调节、自我保护功能。在日照下，植物把从根部吸收的水分输送到叶面蒸发，犹如人体出汗，使自身保持较低的温度，而不会对周围环境造成过强的热辐射。因此，被植物遮阳的外墙表面温度低于被遮阳构件遮阳的墙面温度，外墙绿化的遮阳隔热效果优于遮阳构件。

植物覆盖层所具有的良好生态隔热性能来源于它的热反应机理。研究表明，太阳辐射投射到植物叶片表面后，约有 20% 被反射，80% 被吸收。由于植物叶面朝向天空，反射到天空的比率较大。在被吸收的热量中，通过一系列复杂的物理化学生物反应后，很少部分储存起来，大部分以显热和潜热的形式转移出去，其中很大部分是通过蒸腾作用转变为水分的汽化潜热。潜热交换的结果是增加空气的湿度，显热交换的结果是提高空气的温度。所以说，外墙绿化具有增湿降温、保持环境生态热平衡的作用。

4.4.2 建筑物屋顶节能设计

屋顶作为建筑物外围护结构的组成部分，由于冬季存在比任何朝向墙面都大的长波辐射散热，再加之对流换热，降低了屋顶的外表面温度；夏季所接收的太阳辐射热也最多，导致室外综合温度最高，造成其室内外温差传热在冬、夏季都大于各朝向外墙。因此，提高建筑物屋面的保温、隔热能力，可有效减少能耗，改善顶层房间内的热环境。

1. 建筑物屋顶保温设计

屋面保温设计绝大多数为外保温构造，这种构造受周边热桥影响较小。为了提高屋面的保温能力，屋顶的保温节能设计要采用导热系数小、轻质高效、吸水率低（或不吸水）、有一定抗压强度、可长期发挥作用且性能稳定可靠的保温材料作为保温隔热层。

保温层厚度按屋面保温种类、保温材料性能及构造措施以满足相关节能标准对屋面传热系数限值要求为准。

（1）胶粉 EPS 颗粒屋面保温系统

该系统采用胶粉 EPS 颗粒保温浆料对平屋顶或坡屋顶进行保温，用抗裂砂浆复合耐碱网格布进行抗裂处理，防水层采用防水涂料或防水卷材。保护层可采用防紫外线涂料或块材等。胶粉 EPS 颗粒屋面保温系统构造见图 4-20。

防紫外线涂料由丙烯酸树脂和太阳光反射率高的复合颜料配制而成，具有一定的降温功能，用于屋顶保护层，其性能指标除应符合《溶剂型外墙涂料》GB/T 9757—2001 的要求外，还应符合表 4-18 要求。

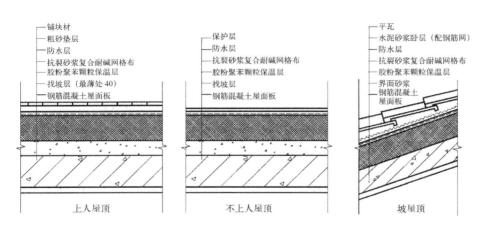

图 4-20 胶粉 EPS 颗粒屋顶保温构造

防紫外线涂料性能　　　　　　　　　　表4-18

项目	指标
干燥时间/h	表干≤1 实干≤12
透水性/mL	≤0.1
太阳光反射率/（%）	≥90

胶粉EPS颗粒保温浆料作为屋面保温材料，不但要求保温性能好，还应满足抗压强度的要求。

（2）现场喷涂硬质聚氨酯泡沫塑料屋面保温系统

该保温系统采用现场喷涂硬质聚氨酯泡沫塑料对平屋顶或坡屋顶进行保温，采用轻质砂浆对保温层进行找平及隔热处理，并用抗裂砂浆复合耐碱网布进行抗裂处理，保护层采用防紫外线涂料或块材等。现场喷涂硬质聚氨酯泡沫塑料屋面保温系统构造见图4-21。

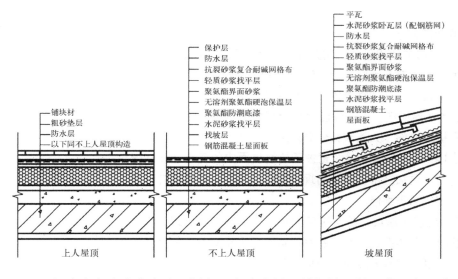

平瓦
水泥砂浆卧瓦层（配钢筋网）
防水层
抗裂砂浆复合耐碱网格布
轻质砂浆找平层
聚氨酯界面砂浆
无溶剂聚氨酯硬泡保温层
聚氨酯防潮底漆
水泥砂浆找平层
钢筋混凝土屋面板

保护层
防水层
抗裂砂浆复合耐碱网格布
轻质砂浆找平层
聚氨酯界面砂浆
无溶剂聚氨酯硬泡保温层
聚氨酯防潮底漆
水泥砂浆找平层
找坡层
钢筋混凝土屋面板

铺块材
粗砂垫层
防水层
以下同不上人屋顶构造

上人屋顶　　　　不上人屋顶　　　　坡屋顶

图4-21 现场喷涂硬质聚氨酯泡沫塑料屋面保温系统构造

聚氨酯防潮底漆由高分子树脂、多种助剂、稀释剂配制而成，施工时用滚筒、毛刷均匀涂刷在基层材料表面，可有效防止水迹水蒸气对聚氨酯发泡保温材料产生不良影响。

硬质聚氨酯泡沫塑料是一种性能良好的保温材料，其性能指标见表4-19。

硬质聚氨酯泡沫塑料性能指标　　　　　　表4-19

项目	指标
干密度/（kg/m³）	30~50
导热系数/[W/（m·K）]	≤0.027
蓄热系数/[W/（m·K）]	≥0.36
压缩强度/MPa	≥0.15

聚氨酯界面砂浆由与聚氨酯具有良好黏结性能的合成树脂乳液、多种助剂等制成的界面处理剂与水泥、砂混合制成。涂覆于聚氨酯保温层上以增强保温层与找平层的黏结能力。

（3）倒置式保温屋面

所谓倒置式屋面就是将传统屋面构造中保温隔热层与防水层颠倒，将保温隔热层设置在防水层上面，是一种具有多种优点的保温隔热效果较好的节能屋面构造形式，其上的卵石层也可换成30mm厚钢筋混凝土板，见图4-22。

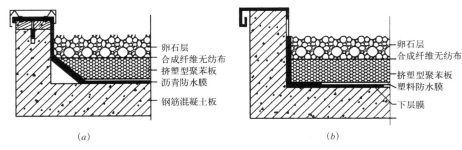

图 4-22 倒置式保温屋面构造
(a) 沥青防水处理；
(b) 塑料防水膜防水处理

倒置式屋面的主要优点如下：

1）可以有效延长防水层的使用年限。倒置式屋面将保温层设在防水层上，大大减弱了防水层受大气、温差及太阳光紫外线照射的影响，使防水层不易老化，因而能长期保持其柔软性、延伸性等性能，有效延长使用年限。

2）保护防水层免受外界损伤。由于保温材料组成的缓冲层，使卷材防水层不易在施工中受外界机械损伤，又能衰减外界对屋面的冲击。

3）施工简单，利于维修。倒置式屋面省去了传统屋面中的隔气层及保温层上的找平层，施工简化，更加经济。即使出现个别地方渗漏，只要揭开几块保温板，就可以进行处理，易于维修。

4）调节屋顶内表面温度。屋顶最外层可为卵石层、配筋混凝土现浇板或烧制方砖保护层，这些材料蓄热系数较大，在夏季可充分利用其蓄热能力强的特点，调节屋顶内表面温度，使其温度最高峰值向后延迟，错开室外空气温度最高值，有利于提高屋顶的隔热效果。

倒置式屋面的构造对保温材料性能的要求：导热系数小、蒸气渗透系数大；吸水率低（或具有憎水性）；反复冻融条件下性能稳定；材料内部无串通毛细孔现象；抗压强度较大；适用范围广，在 $-30 \sim 70℃$ 范围内均能安全使用等。挤塑聚苯板（XPS）就是一种满足上述要求的、适用于倒置屋面的保温隔热材料。

2．建筑物屋顶隔热设计

屋顶隔热的机理和设计思路与墙体是相同的，只是屋顶是水平或倾斜部件，在构造上有其特殊性。

（1）采用浅色饰面，减小当量温度

以武汉地区的平屋顶为例，说明屋面材料太阳辐射热吸收系数 ρ_s 值对当量温度的影响。武汉地区水平面太阳辐射照度最大值 $I_{max}=961W/m^2$，平均值

$I=312W/m^2$。几种不同屋面的当量温度比较见表 4—20。从表中数据可以看出，屋面材料的 ρ_s 值对当量温度的影响很大。当采用太阳辐射热吸收系数较小的屋面材料时，降低了室外热作用，从而达到隔热的目的。

几种不同类型屋面的当量温度比较/℃

表4—20

	油毡屋面 $\rho_s=0.85$	混凝土屋面 $\rho_s=0.70$	陶瓷隔热板屋面 $\rho_s=0.40$
平均值	14.0	11.5	6.6
最大值	43.0	35.4	20.5
振幅	29.0	23.9	13.9

(2) 通风隔热屋顶

通风隔热屋顶的原理是在屋顶设置通风间层，一方面利用通风间层的上表面遮挡阳光、阻断了直接照射到屋顶的太阳辐射热，起到遮阳板的作用；另一方面利用风压和热压作用将上层传下的热量带走，使通过屋面板传入室内的热量大为减少，从而达到隔热降温的目的。这种屋顶构造方式较多，既可用于平屋顶，也可用于坡屋顶；既可在屋面防水层之上组织通风，也可在防水层之下组织通风，基本构造见图 4—23。

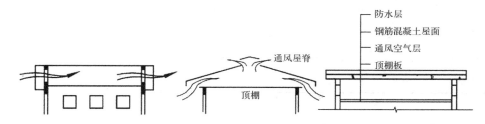

图 4—23　通风屋顶几种构造方式

通风隔热屋顶的优点很多，省料、质轻、材料层少、防雨防漏、构造简单，适宜自然风较丰富的地区。沿海地区和部分夏热冬暖地区具备这种有利条件，无论白天、还是夜晚，都会因陆地与水面的气温差而形成气流，间层内通风流畅，不但白天隔热好，而且夜间散热快，隔热效果较好。此种屋顶不适宜在长江中下游地区及寒冷地区采用。

在通风隔热屋顶的设计中应考虑以下问题。

1) 通风屋面的架空层设计应根据基层的承载能力，构造形式要简单，架空板便于生产和施工。

2) 通风屋面和风道长度不宜大于 15m，空气间层以 200mm 左右为宜。

3) 通风屋面基层上面应有满足节能标准的保温隔热基层，一般应按相关节能标准要求对传热系数和热惰性指标限值进行验算。

4) 架空隔热板的位置在保证使用功能的前提下应考虑利于板下部形成良好的通风状况。

5）架空隔热板与山墙间应留出 250mm 的距离。

6）架空隔热层在施工过程中，应做好对已完工防水层的保护工作。

（3）蓄水隔热屋顶

蓄水屋顶就是在屋面上蓄一层水来提高屋顶的隔热能力。水之所以能起到隔热作用，主要是水的热容量大，而且水在蒸发时要吸收大量的汽化潜热，而这些热量大部分从屋顶所吸收的太阳辐射热中摄取，这样大大减少了经屋顶传入室内的热量，降低了屋顶的内表面温度，是一种有效的隔热措施。蓄水屋顶的隔热效果与蓄水深度有关，热工测试数据见表 4-21。

不同厚度蓄水层屋面热工测定数据 表4-21

测试项目	蓄水层厚度/mm			
	50	100	150	200
外表面最高温度/℃	43.63	42.90	42.90	41.58
外表面温度波幅/℃	8.63	7.92	7.60	5.68
内表面最高温度/℃	41.51	40.65	39.12	38.91
内表面温度波幅/℃	6.41	5.45	3.92	3.89
内表面最低温度/℃	30.72	31.19	31.51	32.42
内外表面最高温差/℃	3.59	4.48	4.96	4.86
室外最高温度/℃	38.00	38.00	38.00	38.00
室外温度波幅/℃	4.40	4.40	4.40	4.40
内表面热流最高值/（W/m²）	21.92	17.23	14.46	14.39
内表面热流最低值/（W/m²）	−15.56	−12.25	−11.77	−7.76
内表面热流平均值/（W/m²）	0.5	0.4	0.73	2.49

用水隔热是利用水的蒸发耗热作用，而蒸发量的大小与室外空气的相对湿度和风速之间的关系最密切。相对湿度的最低值在每日的 14：00 ～ 15：00 时附近。我国南方地区中午前后风速较大，故在 14 时左右水的蒸发作用最强烈，从屋面吸收而用于蒸发的热量最多。而这个时段内屋顶室外综合温度恰恰最高，即适逢屋面传热最强烈的适合。因此，在夏季气候干热，白天多风的地区，用水隔热的效果必然显著。

蓄水屋面具有良好的隔热性能，且能有效保护刚性防水层，有如下特点。

1）蓄水屋顶可大大减少屋顶吸收的太阳辐射热，同时，水的蒸发要带走大量的热。因此屋顶的水起到了调节室内温度的作用，在干热地区其隔热效果十分显著。

2）刚性防水层不干缩。长期在水下的混凝土不但不会干缩反而有一定程度的膨胀，避免出现开裂性透水毛细管的可能性而不至于渗漏水。

3）刚性防水层变形小。由于水下防水层表面温度较低，内外表面温差小，昼夜内外表面温度波幅小，混凝土防水层及钢筋混凝土基层产生的温度应力也小，由温度应力而产生的变形相应也小，从而避免了由于温度应力而产生的防水层和屋面基层开裂。

4）密封材料使用寿命长。在蓄水屋顶中，用于填嵌分格缝的密封材料，由于被空气的氧化作用和紫外线照射程度减轻，所以不易老化，可延长使用年限。

蓄水屋顶也存在一些缺点，在夜里屋顶外表面温度始终高于无水屋面，这时很难利用屋顶散热。且屋顶蓄水也增加了屋顶荷重，为防止渗水，还要加强屋面的防水措施。

现有被动式利用太阳能的新型蓄水屋顶，白天用黑度比较小的铝板、铝箔或浅色板材遮盖屋顶，反射太阳辐射热，而蓄水层则吸收顶层房间内的热量；夜间打开覆盖物，利于屋顶散热。

当屋面防水等级为 I 级时，或在严寒和寒冷地区、地震地区和振动较大的建筑物上，不宜采用蓄水屋面。

蓄水隔热屋顶的设计应注意以下问题。

1）混凝土防水层应一次浇筑完毕，不得留施工缝，这样每个蓄水区混凝土整体防水性好，立面与平面的防水层应一次做好，避免因接头处理不好而裂缝。工程实践证明，防水层的做法采用 40mm 厚、C20 细石混凝土加水泥用量 0.05% 的三乙醇胺，或水泥用量 1% 的氯化铁，1% 的亚硝酸钠（浓度98%），内设 $\phi 4@200mm \times 200mm$ 的钢丝网，防渗漏性能最好。

2）泛水质量的好坏，对渗透水影响很大。应将混凝土防水层沿女儿墙内墙上升，高度应超出水面不小于 100mm。由于混凝土转角处不易密实，必须拍成斜角，也可抹成圆弧形，并填设如油膏之类的嵌缝材料。

3）分隔缝的设置应符合屋盖结构的要求，间距按板的布置方式而定。对于纵向布置的板，分格缝内的无筋细石混凝土面积应小于 $50m^2$，对于横向布置的板，应按开间尺寸不大于 4m 设置分格缝。

4）屋顶的蓄水深度以 50 ~ 150mm 为合适，因水深超过 150mm 时屋面温度与相应热流值下降不很明显，实际水层深度以小于 200mm 为宜。

5）屋盖的荷载能力应满足设计要求。

（4）种植隔热屋面

在屋顶上种植植物，利用植物的光合作用，将热能转化为生物能，利用植物叶面的蒸腾作用增加蒸发散热量，均可大大降低屋顶的室外综合温度；同时，利用植物栽培基质材料的热阻与热惰性，降低屋顶内表面的平均温度与温度波动振幅，综合起来，达到隔热的目的。这种屋顶屋面温度变化小，隔热性能优良，且是一种生态型的节能屋面。

种植屋顶分覆土种植和无土种植：覆土种植

图 4-24 无土种植屋顶构造示意图

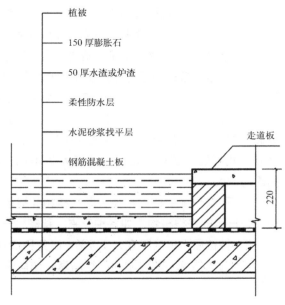

- 植被
- 150 厚膨胀石
- 50 厚水渣或炉渣
- 柔性防水层
- 水泥砂浆找平层
- 钢筋混凝土板
- 走道板
- 220

以土为栽培介质。因土壤密度大，现已较少使用。无土种植具有自重轻、屋面温差小、有利于防水防渗的特点，它是采用蛭石、水渣、泥炭土、膨胀珍珠岩粉料或者木屑代替土壤，重量减轻了，隔热性能反而有所提高，且对屋面构造没有特殊要求，只是在檐口和走道板处须防止蛭石等材料在雨水外溢时被冲走。无土种植屋顶构造如图4-24所示。

种植层的厚度一般根据植物的种类而定：草本15～30mm，花卉小灌木30～45mm，大灌木45～60mm，浅根乔木60～90mm，深根乔木90～150mm。为保持较好隔热效果，栽培介质厚度宜为200mm（或250mm厚）。

种植屋顶不仅为建筑的屋面起到保温隔热效果，而且还有增加城市绿化面积、降低城市热岛效应、有效利用城市雨水、美化建筑和城市景观、点缀环境、改善室外热环境和空气质量的效果。表4-22是对种植屋面进行的热工测试数据。

有、无种植层的热工实测值/℃ 表4-22

项目	无种植层	有蛭石种植层	差值
外表面最高温度	61.6	29.0	32.6
外表面温度波幅	24.0	1.6	22.4
内表面最高温度	32.2	30.2	2.0
内表面温度波幅	1.3	1.2	0.1

注：室外空气最高温度36.4℃，平均温度29.1℃。

种植屋顶的设计应注意以下几个主要问题。

1）种植屋面一般由结构层、找平层、蓄水层、滤水层、种植层等构造层组成。

2）种植屋面应采用整体浇筑或预制装配的钢筋混凝土屋面板作为结构层、其质量应符合国家现行各相关规范的要求。在考虑结构层设计时，要以屋顶允许承载重量为依据。必须做到屋顶允许承载量大于一定厚度种植屋面最大湿度重量、一定厚度排水物质重量、植物重量、其他物质重量之和。

3）防水层应采用设置涂膜防水层和配筋细石混凝土刚性防水层两道防线的复合防水设防的做法，以确保其防水质量，做到不渗不漏。

4）在结构层上做找平层，找平层宜采用1：3水泥砂浆，其厚度根据屋面基层种类（按照屋面工程技术规范）规定为15～30mm，找平层应坚实平整。找平层宜留设分格缝，缝宽为20mm，并嵌填密封材料，分格缝最大间距为6m。

5）种植屋面的植土不能太厚，植物扎根远不如地面。因此，栽培植物宜选择长日照的浅根植物，如各种花卉、草等，一般不宜种植根深的植物。

6）种植屋面坡度不宜大于3%，以免种植介质流失。

7）四周挡墙下的泄水孔不得堵塞，应能保证排除积水，满足房屋建筑的使用功能。

(5) 蓄水种植隔热屋顶

蓄水种植隔热屋顶是将一般种植屋顶与蓄水屋顶结合起来，进一步完善其构造后所形成的一种新型隔热屋顶，其基本构造如图 4-25 所示。以下介绍其构造要点。

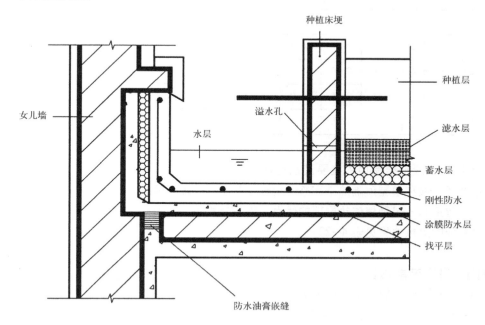

图 4-25 蓄水种植隔热屋顶的基本构造

1）防水层：蓄水种植屋顶由于有一蓄水层，故防水层应采用设置涂膜防水层和配筋细石混凝土防水层的符合防水设防做法，且应先做涂膜（或卷材）防水层，再做刚性防水层，以确保防水质量。

2）蓄水层：种植场内的水层靠轻质多孔粗骨料蓄积，粗骨料的粒径不应小于 25mm，蓄水层（包括水和粗骨料）的深度不小于 60mm。种植床以外的屋面也蓄水，深度与种植床内相同。

3）滤水层：考虑到保持蓄水层的畅通，不致被杂质堵塞，应在粗骨料的上面铺 60 ~ 80mm 厚的细骨料滤水层。细骨料按 5 ~ 20mm 粒径级配，下粗上细地铺填。

4）种植层：蓄水种植隔热屋顶的构造层次较多，为尽量减轻屋面板的荷载，栽培介质的堆积密度不宜大于 10kN/m³。

5）种植床埂：蓄水种植隔热屋顶应根据屋盖绿化设计用床埂进行分区，每区面积不宜大于 100m²。床埂宜高于种植层 60mm 左右，床埂底部每隔 1200 ~ 1500mm 设一个溢水孔，孔下口平水层面。溢水孔处应铺设粗骨料或安设滤网以防止细骨料流失。

6）人行架空通道板：架空板设在蓄水层上、种植床之间，供人在屋面活动和操作管理之用，兼有给屋面非种植覆盖部分增加一隔热层的功效。架空通道板应满足上人屋面的荷载要求，通常可支撑在两边的床埂上。

隔热方案	时间						内表面最高温度	优劣次序
	15:00	16:00	17:00	18:00	19:00	20:00		
蓄水种植屋面	31.3	31.9	32.0	31.8	31.7		32.0	1
架空小板通风屋面		36.8	38.1	38.4	38.3	38.2	38.4	5
双层屋面板通风屋面	34.9	35.2	36.4	35.8	35.7		36.4	4
蓄水屋面		34.4	35.1	35.6	35.3	34.6	35.6	3
一般种植屋面	33.5	33.6	33.7	33.5	33.2		33.7	2

　　蓄水种植隔热屋顶与一般种植屋顶的主要区别是增加了一个连通整个屋面的蓄水层，从而弥补了一般种植屋顶隔热不完整、对人工补水依赖较多等缺点，又兼具有蓄水隔热屋顶和一般种植隔热屋顶的优点，隔热效果更佳，但相对造价也较高。几种屋顶的隔热效果见表4-23。

4.4.3　建筑物外门、外窗节能设计

　　建筑外门窗是建筑物外围护结构的重要组成部分，除了具备基本的使用功能外，还必须具备采光、通风、防风雨、保温隔热、隔声、防盗、防火等功能，才能为人们的生活提供安全舒适的室内环境空间。但是，建筑外门窗又是整个建筑围护结构中保温隔热性能最薄弱的部分，是影响室内热环境质量和建筑耗能量的重要因素之一。此外，由于门窗需要经常开启，其气密性对保温隔热也有较大影响。据统计，在采暖或空调的条件下，冬季单层玻璃窗所损失的热量占供热负荷的30%～50%，夏季因太阳辐射热透过单层玻璃窗射入室内而消耗的冷量占空调负荷的20%～30%。因此，增强门窗的保温隔热性能，减少门窗的能耗，是改善室内热环境质量、提高建筑节能水平的重要环节。另一方面，建筑门窗还承担着隔绝与沟通室内外两种空间的互相矛盾的任务，因此，在技术处理上相对其他围护部件，难度更大，涉及的问题也更复杂。

　　衡量门窗性能的指标主要包括四个方面：阳光的热性能、采光性能、空气渗透防护性能和保温隔热性能等。建筑节能标准对门窗的隔热性能、窗户的气密性提出了明确具体的限值要求。建筑门窗的节能技术就是提高门窗的性能指标，主要是在冬季有效利用阳光，增加房间的得热和采光，提高保温性能、降低通过窗户传热和空气渗透所造成的建筑能耗；在夏季采用有效的隔热及遮阳措施，降低透过窗户的太阳辐射得热以及室内空气渗透所引起空调负荷增加而导致的能耗增加。

1. 建筑外门节能设计

这里讲的外门是指住宅建筑的户门和阳台门。户门和阳台门下部门芯板部位都应采取保温隔热措施,以满足节能标准要求。常用各类门的热工指标见表4—24。

门传热系数和传热阻 表4—24

门框材料	门的类型	传热系数 K_0/[W/（m^2·K）]	传热阻 R_0/[（m^2·K）/W]
木、塑料	单层实体门	3.5	0.29
	夹板门和蜂窝夹心门	2.5	0.40
	双层玻璃门（玻璃比例不限）	2.5	0.40
	单层玻璃门（玻璃比例<30%）	4.5	0.22
	单层玻璃门（玻璃比例30%~60%）	5.0	0.20
金属	单层实体门	6.5	0.15
	双层玻璃门（玻璃比例不限）	6.5	0.15
	单层玻璃门（玻璃比例<30%）	5.0	0.20
	单层玻璃门（玻璃比例30%~70%）	4.5	0.22
无框	单层玻璃门	6.5	0.15

可以采用双层板间填充岩棉板、聚苯板来提高户门的保温隔热性能,阳台门应使用塑料门。此外,提高门的气密性即减少空气渗透量对提高门的节能效果是非常明显的。

在严寒地区,公共建筑的外门应设门斗(或旋转门),寒冷地区宜设门斗或采取其他减少冷风渗透的措施。夏热冬冷和夏热冬暖地区,公用建筑的外门也应采取保温隔热节能措施,如设置双层门、采用低辐射中控玻璃门、设置风幕等。

2. 建筑物外窗节能设计

因为窗的保温隔热能力较差,还有经缝隙的空气渗透引起的附加冷热损失,所以窗的节能设计原则是在满足功能要求的基础上尽量减小窗户面积、提高窗框、玻璃部分的保温隔热性能、加强窗户的密封性以减少空气渗透。北方寒冷严寒及寒冷地区加强窗户的太阳能得热、夏热冬冷及夏热冬暖地区加强窗户对太阳辐射热的反射及对窗户的遮阳措施,以提高外窗的保温隔热能力,减少能耗。具体可采取以下措施。

(1) 控制窗墙面积比

窗墙面积比是指某一朝向的外窗总面积(包括阳台门的透明部分、透明幕墙)与同一朝向的外围护结构总面积之比。控制好开窗面积,可在一定程度上减少建筑能耗。

无论是严寒和寒冷地区,或是夏热冬冷地区、夏热冬暖地区,窗都是保温、隔热最薄弱的部件,我国在《严寒和寒冷地区居住建筑节能设计标准》JGJ 26—2010、《夏热冬冷地区居住建筑节能设计标准》JGJ 134—2010、《夏热冬暖地区居住建筑节能设计标准》JGJ 75—2012及《公共建筑节能设计标准》

GB 50189—2005 等标准中根据各地区的气候特点都提出了相应的控制窗墙面积比的规定。例如严寒和寒冷地区居住建筑的窗墙面积比限值见表4-25，夏热冬冷地区见表4-26，夏热冬暖地区见表4-27。

严寒和寒冷地区居住建筑的窗墙面积比限值　　　　　表4-25

朝向	窗墙面积比	
	严寒地区	寒冷地区
北	0.25	0.30
东、西	0.30	0.35
南	0.45	0.50

夏热冬冷地区居住建筑的窗墙面积比限值　　　　　表4-26

朝向	窗墙面积比
北	0.40
东、西	0.35
南	0.45
每套房间允许一个房间（不分朝向）	0.60

夏热冬暖地区居住建筑的窗墙面积比限值　　　　　表4-27

朝向	窗墙面积比
北	0.40
东、西	0.30
南	0.40

窗墙面积比的确定，是根据不同地区、不同朝向的墙面冬、夏日照情况、季风影响、室外空气温度、室内采光设计标准及开窗面积与建筑能耗所占的比例等因素确定的。窗墙面积比的确定，要考虑严寒、寒冷地区及夏热冬冷地区利于建筑物冬季透过窗户获得太阳辐射热、减少传热损失、兼顾保温和太阳辐射得热两方面，也要考虑南方地区利于自然通风、减少东、西向太阳辐射得热和窗口遮阳。

(2) 提高窗的保温隔热性能

1) 提高窗框的保温隔热性能。通过窗框的传热能耗在窗户的总传热能耗中占有一定比例，它的大小主要取决于窗框材料的导热系数。表4-28 给出了几种主要框料的热工指标。加强窗框部分保温隔热效果有三个途径：一是选择导热系数较小的框材，木材和塑料保温隔热性能优于钢和铝合金材料，但木窗耗用木材，且易变形引起气密性不良，导致保温隔热性能降低；而塑料自身强度不高且刚性差，其抗风压性能较差。二是采用导热系数小的材料截断金属框扇型材的热桥制成断桥式窗，效果很好，如铝合金材料经过喷塑、与 PVC 塑料复合等断热桥处理后，可显著降低其导热性能。塑料窗在型材内腔增加金属加强筋以提高其抗风压性能。三是利用框料内的空气腔室提高保温隔热性能。

几种主要框料的导热系数/[W/ (m·K)]　　　　　　表4-28

铝	松、杉木	PVC	空气	钢
174.45	0.17~0.35	0.13~0.29	0.04	58.2

2）提高窗玻璃部分的保温隔热性能。玻璃及其制品是窗户常用的镶嵌材料。然而单层玻璃的热阻很小，几乎就等于玻璃内外表面换热阻之和，即单层玻璃的热阻可忽略不计，单层玻璃窗内外表面温差只有0.4℃，所以通过窗户的热流很大，整个窗的保温隔热性能较差。

可以通过增加窗的层数或玻璃层数提高窗的保温隔热性能。如采用单框双玻窗、单框双扇玻璃窗、多层窗等，利用设置的封闭空气层提高窗玻璃部分的保温性能。双层窗的设置时一种传统的窗户保温做法，双层窗之间常有50～100mm厚的空间。我国采用的单框双玻构造绝大部分是简易型的，双玻形成的空气间层并非绝对密封，而且一般不作干燥处理，这样很难保证外层玻璃的内表面在任何阶段都不形成冷凝。

平板玻璃和中空玻璃的传热系数　　　　　　表4-29

材料名称	构造、厚度/mm	传热系数/[W/ (m²·K)]
平板玻璃	3	7.1
平板玻璃	5	6.0
双层中空玻璃	3+6+3	3.4
双层中空玻璃	3+12+3	3.1
双层中空玻璃	5+12+5	3.0
三层中空玻璃	3+6+3+6+3	2.3
三层中空玻璃	3+12+3+12+3	2.1

密封中空双层玻璃是国际上流行的第二代产品，密封工序在工厂完成，空气完全被密封在中间，空气层内装有干燥剂，不易结露，保证了窗户的洁净和透明度。

无论哪种节能窗型，空气间层的厚度与传热系数的大小有一定的规律性，通常空气间层的厚度在4～20mm之间可产生明显的阻热效果，在此范围内，随空气层厚度增加，热阻增大，当空气层厚度大于20mm后，热阻的增加趋缓。而且，空气间层数量越多，保温隔热性能越好，表4-29是几种不同中空玻璃性能指标。

此外，窗玻璃的选择对提高窗的保温隔热性能也很重要。低辐射玻璃是一种对波长范围2.5～40μm的远红外线有较高反射比的镀膜玻璃，具有较高的可见光透过率（大于80%）、可将室内80%以上的远红外辐射热反射回去和良好的热阻隔热性能，非常适合于北方采暖地区、尤其是采暖地区北向窗户的节能设计。采用遮阳型低辐射玻璃也可降低南方地区的空调能耗。

近几年发展的涂膜玻璃也是一种前景较好的隔热玻璃，它是在玻璃表面通过一定的工艺涂上一层透明隔热涂料，在满足室内采光需要的同时，又使玻璃具有一定的隔热功能（通过调整隔热剂在透明树脂中的配比及涂膜厚度，涂膜玻璃遮阳系数在 0.5 ~ 0.8 之间，可见光透过率在 50% ~ 80% 之间。日本已研制出可以过滤太阳辐射但不影响采光的高性能涂料）。

热反射玻璃、吸热玻璃、隔热膜玻璃都具有较好的隔热性能，但这些玻璃的可见光透过率都不高，会影响室内采光，可能导致室内照明能耗增加，设计时应权衡使用。

提高窗的保温隔热性能，目的是提高窗的节能效率，满足节能标准要求。窗户保温性能分级见表 4-30。

窗户保温性能分级　　　　　　　　　　表4-30

分级	1	2	3	4	5
分级指标值	$K \geqslant 5.5$	$5.5 > K \geqslant 5.0$	$5.0 > K \geqslant 4.5$	$4.5 > K \geqslant 4.0$	$4.0 > K \geqslant 3.5$
分级	6	7	8	9	10
分级指标值	$3.5 > K \geqslant 3.0$	$3.0 > K \geqslant 2.5$	$2.5 > K \geqslant 2.0$	$2.0 > K \geqslant 1.5$	$K < 1.5$

3）提高窗的气密性，减少空气渗透能耗。提高窗的气密性、减少空气渗透量是提高窗节能效果的重要措施之一。由于经常开去，要求窗框、门扇变形小。因为墙与框、框与扇、扇与玻璃之间都可能存在缝隙，会产生室内外空气交换。从建筑节能角度讲，空气渗透量越大，导热冷、热耗能量就越大。因此，必须对窗的缝隙进行密封。但是，在提高窗户气密性的同时，并非气密程度越高越好，过分气密对室内卫生状况和人体健康都不利（或安装可控风量的通风器来实行有组织换气）。

窗户气密性分级　　　　　　　　　　表4-31

分级	1	2	3	4	5	6	7	8
单位缝长分级指标值 q_1/[m^3/(m·h)]	$4.0 \geqslant q_1 > 3.5$	$3.5 \geqslant q_1 > 3.0$	$3.0 \geqslant q_1 > 2.5$	$2.5 \geqslant q_1 > 2.0$	$2.0 \geqslant q_1 > 1.5$	$1.5 \geqslant q_1 > 1.0$	$1.0 \geqslant q_1 > 0.5$	$q_1 \leqslant 0.5$
单位面积分级指标值 q_1/[m^3/(m·h)]	$12 \geqslant q_2 > 10.5$	$10.5 \geqslant q_2 > 9.0$	$9.0 \geqslant q_2 > 7.5$	$7.5 \geqslant q_2 > 6.0$	$6.0 \geqslant q_2 > 4.5$	$4.5 \geqslant q_2 > 3.0$	$3.0 \geqslant q_2 > 1.5$	$q_2 \leqslant 1.5$

注：空气渗透量 q_1 系指门窗试件两侧空气压力差为10Pa条件下，每小时通过每米缝长的空气渗透量。

我国现行国家标准《建筑外门窗气密、水密、抗风压性能分级及检测方法》

GB/T 7106—2008 中将窗的气密性能分为 8 级，具体标准见表 4-31，其中第 8 级最佳。建筑节能设计中窗户气密性应满足相关节能标准的要求。可以通过提高窗用型材的规格尺寸、准确度、尺寸稳定性和组装的精确度、采用密封条、改进密封方法或各种密封材料与密封方法配合的措施加强窗户的气密性，降低因空气渗透造成的能耗。

（3）选择适宜的窗型

目前，常用的窗型有平开窗、左右推拉窗、固定窗、上下悬窗、亮窗、上下推拉窗等，其中以推拉窗和平开窗最多。

窗的几何形式与面积以及窗扇开启方式对窗的节能效果也是有影响的。

因为我国南北方气候差异较大，窗的节能设计的重点也不同，所以，窗型的选择也不同。

南方地区窗型的选择应兼顾通风与排湿，推拉窗的开启面积只有 1/2，不利于通风。二平开窗则以通风面积大、气密性较好符合该地区的气候特点。

采暖地区窗型的设计应把握以下要点：

1）在保证必要的换气次数的前提下，尽量缩小可开窗扇面积；

2）选择周边长度与面积比小的窗扇形式，即接近正方形有利于节能；

3）镶嵌的玻璃面积尽可能大。

（4）提高窗保温性能的其他方法

为提高窗的节能效率，设计上还可以使用具有保温隔热特性的窗帘、窗盖板等构件。采用热反射织物和装饰布做成双层保温窗帘就是其中的一种，这种窗帘的热反射织物设置于里侧，反射面朝向室内，一方面组织室内热空气向室外流动；另一方面通过红外反射将热量保存在室内，从而起到保温作用。多层铝箔——密闭空气层——铝箔构成的活动窗帘有很好的保温隔热性能，但价格昂贵。在严寒地区夜间采用平开或推拉式窗盖板，内填沥青珍珠岩、沥青麦草、沥青谷壳或聚苯板等可获得较高的保温隔热性能及较经济的效果。

窗的节能措施是多方面的，既包括选用性能优良的窗用材料，也包括控制窗的面积、加强气密性、使用合适的窗型及保温窗帘、窗盖板等，多种方法并用，会大大提高窗的保温隔热性能，而且部分采暖和夏热冬冷地区的南向窗户完全有可能成为得热构件。

（5）窗口遮阳设计

在南方地区，太阳辐射热通过窗口直接进入室内是引起室内过热、空调能耗大的主要原因之一，同时，直射阳光还会影响室内照度分布、产生眩光不利于正常视觉工作、使室内家具、衣物、书籍等褪色、变质。窗口遮阳的目的就是阻断直射阳光进入室内、防止阳光过分照射，避免上述各种不利情况的产生，并起到调光、降低室温、改善室内热环境、光环境的作用。

窗口遮阳设计应根据环境气候、窗口朝向和房间用途来决定采用遮阳形式。遮阳的基本形式有水平式、垂直式、综合式、挡板式，详见教学单元 5 图

5—3～图5—6。水平式遮阳适用于南向及接近南向窗口,在北回归线以南地区,既可用于南向窗口,也可用于北向窗口;垂直式遮阳主要用于北向、东北向和西北向附近窗口;综合式遮阳适用于南向、东南向、西南向和接近此朝向的窗口;挡板式遮阳主要适用于东向、西向附近窗口。

遮阳构件遮挡了太阳辐射,使室内最高气温明显降低,而且室内温度波动小,室内出现高温的时间也较晚,起到了很好的隔热作用,减少了空调负荷,改善了室内热环境状况。

遮阳构件在遮阳的同时,也会对室内采光和通风产生不利的影响。设计上,既要满足遮阳要求,又要减少对采光和通风影响,最好能导风入室。

遮阳设施有固定式和活动式。活动式遮阳设施常见的有竹帘、百叶窗帘、遮阳篷等。这类遮阳设施的优点是经济易行、灵活,可根据阳光的照射变化和遮阳要求而调节,无阳光时可全部卷起或打开,对房间的通风、采光有利。

遮阳设施的隔热效果除与窗口朝向和遮阳形式有关外,还与遮阳设施的构造处理、安装位置、选材及颜色有很大关系。遮阳构件既要避免本身吸热过多,又要易于散热;宜采用浅色且蓄热系数小的轻质材料,因为颜色深及蓄热系数大的材料会吸收并储存较多的热量,影响隔热效果。

各种遮阳设施遮挡太阳辐射热量的效果以遮阳系数表示。遮阳系数是指在照射时间内,透进有遮阳窗口的太阳辐射热量与透进无遮阳窗口的太阳辐射热量的比值。遮阳系数越小,说明透进窗口的太阳辐射热量越小,防热效果越好。

有遮阳时,遮阳系数＝窗的遮阳系数 × 外遮阳的遮阳系数。

无外遮阳时,遮阳系数＝窗的遮阳系数。

4.4.4 建筑物底层及楼层地面节能设计

如果底层与土壤接触的地面热阻过小,地面的传热量就会很大,地表面就容易产生结露和冻脚现象,因此为减少通过地面的热损失、提高人体的热舒适性,必须分地区按相关标准对底层地面进行节能设计。底面接触室外空气的架空(如过街楼的楼板)或外挑楼板(如外挑的阳台板等),采暖楼梯间的外挑雨棚板、空调外机隔板等由于存在二维(或三维)传热,致使传热量增大,也应按照相关标准规定进行节能设计。

分隔采暖(空调)与非采暖(空调)房间(或地下室)的楼板存在空间传热损失。住宅户式采暖(空调)因邻里不用(或暂时无人居住)或间歇采暖运行制式不一致,而楼板的保温性能又很差而导致采暖(或空调)用户的能耗增大,因此也必须按相关标准对楼层地面进行节能设计。

1. 地面的种类及要求

地面按其是否直接接触土壤分为两类,见表4—32。

地面的种类		表4-32
种类	所处位置、状况	
地面（直接接触土壤）	周边地面 非周边地面	
地板（不直接接触土壤）	接触室外空气地板 不采暖地下室上部地板 存在空间传热的层间地板	

2. 地面的节能设计

(1) 地面的保温设计

周边地面是指由外墙内侧算起向内 2.0m 范围内的地面，其余为非周边地面。在寒冷的冬季，采暖房间地面下土壤的温度一般都低于室内气温，特别是靠近外墙的地面比房间中间部位的温度低 5℃ 左右，热损失也大得多（地面温度及热流分布见图 4-26），如不采取保温措施，则外墙内侧墙面以及室内墙角部位易出现结露，在室内墙角附近地面有冻脚现象，并使地面传热损失加大。鉴于卫生和节能的需要，我国采暖居住建筑相关节能标准规定：在采暖期室外平均温度低于 −5℃ 的地区，建筑物外墙在室内地坪以下的垂直墙面，以及周边直接接触土壤的地面应采取保温措施，在室内地坪以下的垂直墙面，其传热系数不应超过表 4-15 规定的周边地面传热系数限值。在外墙周边从外墙内侧算起 2.0m 范围内，地面传热系数不应超过 0.3W/$(m^2 \cdot K)$。

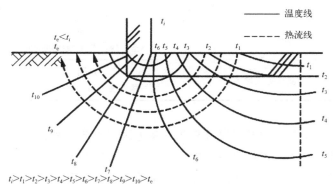

$t_i > t_1 > t_2 > t_3 > t_4 > t_5 > t_6 > t_7 > t_8 > t_9 > t_{10} > t_e$

图 4-26 地面周边温度、热流分布

在采暖期室外平均温度低于 −5℃ 的地区，建筑物外墙在室内地坪以下的垂直墙面满足这一节能标准的具体措施是在室内地坪以下垂直墙面外侧加 50 ~ 70mm 后聚苯板以及从外墙内侧算起 2.0m 范围内的地面下部加铺 70mm 厚聚苯板，最好是挤塑聚苯板等具有一定抗压强度、吸湿性较小的保温层。地面保温构造见图 4-27。非周边地面一般不需要采取特别的保温措施。

《公共建筑节能设计标准》GB

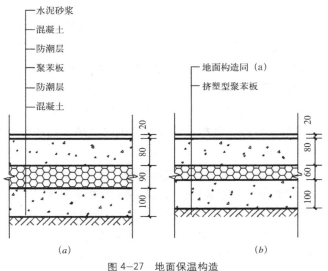

图 4-27 地面保温构造

(a) 普通聚苯板保温地面；(b) 挤塑型聚苯板保温地面

50189—2005 对地面也提出了具体保温要求，见表4-33。此外，夏热冬冷和夏热冬暖地区的建筑物底层地面，除保温性能满足节能要求外，还应采取一些防潮技术措施，以减轻或消除梅雨季节由于湿热空气产生的地面结露现象。

不同气候区地面和地下室外墙热阻限值R/[（$m^2·K$）/W]　表4-33

气候分区	围护结构部位	热阻R
严寒地区A区	地面：周边地面 非周边地面 采暖地下室外墙（与土壤接触的墙）	≥2.0 ≥1.8 ≥2.0
严寒地区B区	地面：周边地面 非周边地面 采暖地下室外墙（与土壤接触的墙）	≥2.0 ≥1.8 ≥1.8
寒冷地区	地面：周边地面 非周边地面 采暖、空调地下室外墙（与土壤接触的墙）	≥1.5 ≥1.5 ≥1.5
夏热冬冷地区	地面 地下室外墙（与土壤接触的墙）	≥1.2 ≥1.2
夏热冬暖地区	地面 地下室外墙（与土壤接触的墙）	≥1.0 ≥1.0

此外，夏热冬冷和夏热冬暖地区的建筑物底层地面，除保温性能满足节能要求外，还应采取一些防潮技术措施，以减轻或消除梅雨季节由于湿热空气产生的地面结露现象。

（2）地板的节能设计

采暖（空调）居住（公共）建筑接触室外空气的地板（如过街楼地板）、不采暖地下室上部的地板及存在空间传热的层间楼板等，应采取保温措施，是地板的传热系数满足相关节能标准的限值要求。聚苯板地板保温构造见图4-28。保温层设计厚度应满足相关节能标准对该地区地板的节能要求。

接触室外空气地板的保温构造做法及热工性能参数见表4-34。

由于采暖（空调）房间与非采暖（空调）房间存在温差，所以，必然存在通过分隔两种房间楼板的采暖（制冷）能耗。因此，对这类层间楼板也应采取保温隔热措施，以提高建筑物的能源利用效率。保温隔热层的设计厚度应满足相关节能标准对该地区层间楼板的节能要求。层间楼板保温隔热构造做法及热工性能参数见表4-35。

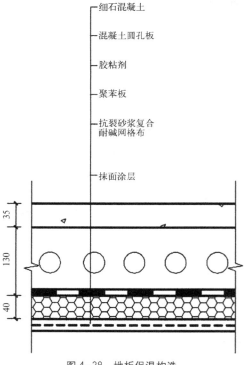

细石混凝土
混凝土圆孔板
胶粘剂
聚苯板
抗裂砂浆复合耐碱网格布
抹面涂层

图4-28　地板保温构造

接触室外空气地板的保温构造及热工性能参数   表4—34

简图	基本构造（由上至下）	保温材料厚度/mm	传热系数 K/[W/ $(m^2 \cdot K)$]
	20mm水泥砂浆找平层； 100mm现浇钢筋混凝土楼板； 挤塑聚苯板（胶粘剂粘贴）； 3mm聚合物砂浆（网格布）	15 20 20 25	1.32 1.13 1.13 0.98
	20mm水泥砂浆找平层； 100mm现浇钢筋混凝土楼板； 膨胀聚苯板（胶粘剂粘贴）； 3mm聚合物砂浆（网格布）	20 25 25 30	1.41 1.24 1.24 1.10
	18mm实木地板； 30mm矿（岩）棉或玻璃棉板； 30mm×40mm杉木龙骨@400； 20mm水泥砂浆找平层； 100mm现浇钢筋混凝土楼板	20 25 25 25 30	1.29 1.18 1.18 1.18 1.09
	12mm实木地板； 15mm细木工板； 30mm矿（岩）棉或玻璃棉板； 30mm×40mm杉木龙骨@400； 20mm水泥砂浆找平层； 100mm现浇钢筋混凝土楼板	20 25 25 25 25 30	1.10 1.02 1.02 1.02 1.02 0.95

层间楼板保温隔热构造及热工性能参数   表4—35

简图	构造层次（由上至下）	保温材料厚度/mm	传热系数K/[W/ $(m^2 \cdot K)$]
	20mm水泥砂浆找平层； 100mm现浇钢筋混凝土楼板； 保温砂浆； 5mm抗裂石膏（网格布）	20 25 25 30	1.96 1.79 1.79 1.64
	20mm水泥砂浆找平层； 100mm现浇钢筋混凝土楼板； 聚苯颗粒保温浆料； 3mm聚合物砂浆（网格布）	20 25 25 30	1.79 1.61 1.61 1.46
	12mm实木地板； 15mm 细木工板； 30mm×40mm杉木龙骨@400； 20mm水泥砂浆找平层； 100mm现浇钢筋混凝土楼板	—	1.39
	18mm实木地板； 30mm×40mm杉木龙骨@400； 20mm水泥砂浆找平层； 100mm现浇钢筋混凝土楼板	—	1.68
	20mm水泥砂浆找平层； 保温层： （1）挤塑聚苯板（XPS）； （2）高强度珍珠岩板； （3）乳化沥青珍珠岩板； （4）复合硅酸盐板； 20mm水泥砂浆找平及黏结层； 120mm现浇钢筋混凝土楼板	（1）20 （2）40 （3）40 （4）30	1.51 1.70 1.70 1.52

4.4.5　围护结构防潮设计

处于自然环境中的节能建筑，受热和湿的双重作用与影响。大气层中存在的水分会以不同的形态与途径渗入建筑围护结构内，导致围护结构材料受潮，保温能力降低，从而使通过围护结构的能耗增加；过高的湿度也会导致材料的强度降低、变形、腐烂与脱落，从而降低结构的使用质量，影响建筑物的耐久性。潮湿的材料还会孳生木菌、霉菌和其他微生物，危害室内卫生状况和人们的身体健康。因此，建筑师在围护结构设计中，既要注意改善其热状况，又要注意改善其湿状况。热与湿既有本质的区别，又有相互的联系和影响，是研究和处理围护结构热湿状况问题不可分割的两个方面。一般在节能建筑设计中主要应考虑通过围护结构的蒸汽渗透传湿和外保温层因雨水渗透所引起传湿问题的防护措施。

水蒸气在围护结构中的渗透过程与围护结构的传热过程有着本质上的区别。水蒸气渗透过程属于物质的迁移，其往往伴随着形态的变换，既可由气态变成液态再变成固态（冰），也有可能逆转换，且在这些变换过程中又伴随着热流或温度的变化与影响，而传热过程仅属于能量的传递，因此传湿过程要比传热过程复杂的多。

1.围护结构冷凝的检验

冬季在采暖节能房屋中，室内空气的温度和湿度都比室外高，使室内空气的水蒸气分压力高于室外空气的水蒸气分压力；同样在夏季高温高湿地区的空调房间中，室内空气温度和湿度都比室外空气低，使室内空气的水蒸气分压力低于室外空气的水蒸气分压力。因此，在围护结构中除存在传热现象外，还存在着水蒸气由分压力高的一侧向分压力低的一侧的渗透现象。如果围护结构热工性能不良或其构造层次设计不当，当水蒸气作用于围护结构时，将在围护结构内（外）表面或其内部结构材料的孔隙中凝结成水（在冬季甚至冻结成冰）。而这将直接影响房间的正常使用功能，损害围护结构的质量和耐久性，也会增大通过围护结构的能耗。所以，在设计中必须认真检验，并采取措施予以防止。

2.采暖节能建筑围护结构防潮设计

采暖节能建筑围护结构中所发生的冷凝按其位置可以分为表面冷凝和内部冷凝。

（1）表面冷凝的防止

凡属水蒸气在表面产生冷凝，由气态变成液态，必然是其所接触的表面的温度低于空气的露点温度。因此，检验房间内表面是否产生冷凝，实质上是检验该处的温度是否低于室内空气的露点温度。对正常湿度的房间，因节能建筑围护结构的传热阻都高于最小传热阻，故其主体部位一般不会产生表面冷凝，但对围护结构中的传热异常部位则需要认真检验并按相关标准规定进行保温处理。

（2）内部冷凝的防止和控制

在采暖节能房间中，由于房间内部空气的水蒸气分压力大于房间外部，水蒸气就会沿着围护结构从室内渗透到室外，当渗透过程中遇到围护结构中温度较低的层次则会出现冷凝现象，由于其隐蔽性致使其引起的危害更大。

由于围护结构内部湿迁移和水蒸气冷凝过程比较复杂，而影响围护结构构造的因素又较多，因而在设计中主要是根据计算结果，并借助一定的实践经验，采取必要的构造措施来改善围护结构的湿状况。

1）外保温墙体比之内保温不易出现内部冷凝

在同一气象条件下，且围护结构采用相同的材料时，仅由于材料构造层次的不同，一种构造方案可能会出现内部冷凝，而另一种方案则可能不会出现。图 4-29 （a）所示的内保温方案是将导热系数小，蒸汽渗透系数较大的保温材料层布置在水蒸气渗入的一侧，将比较密实、导热系数较大而蒸汽渗透系数较小的材料布置于另一侧。由于内层材料热阻大、温度降幅大，饱和水蒸气分压力 PS 曲线相应的降落也快，但该层透气性大，水蒸气分压力 P 曲线降落平缓；而外层情况正相反。这样 PS 线与 P 线很容易相交，说明容易出现内部凝结。图 4-29 （b）所示的外保温方案是把轻质材料的保温层布置在外侧，而将密实材料层布置在内侧。水蒸气难进易出，PS 线与 P 线不易相交，则围护结构内部出现冷凝的观点来看，图 4-29 （b）所示方案较为合理，这是在设计中应当遵循的。

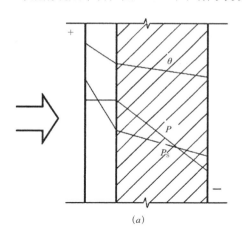

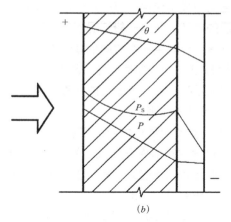

（a）　　　　　　　　　　　　　　　（b）

图 4-29　材料布置层次对内部冷凝的影响

（a）内保温水蒸气易进难出，有内部冷凝；
（b）外保温水蒸气难进易出，无内部冷凝

图 4-30　倒置屋面构造

2）倒置式屋面可避免内部冷凝

如图 4-30 所示的节能建筑常用的倒置式屋面（USD 屋面）中，将蒸汽渗透阻较大的防水层设在保温层之下，这样不仅避免了内部凝结，又使防水层得到保护，同时也避免了昼夜间的较大温差引起温度应力对结构层的不利作用，有效提高了结构的耐久性。

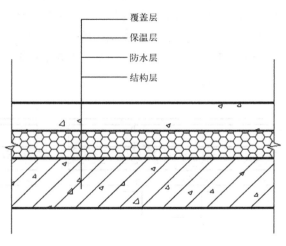

覆盖层
保温层
防水层
结构层

3）隔汽层设置

建筑节能设计是一项综合性较强的技术工作，尽管"难进易出"是隔汽层合理的设置原则，但有时却难以完全遵循。此时为了消除或减弱围护

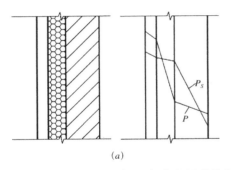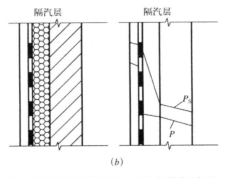

图 4-31　内保温设置
　　　　隔汽层防止
　　　　冷凝

(a) 未设隔汽层；

(b) 设置隔汽层

结构内部的冷凝现象，在内保温蒸汽渗入的一侧设置隔蒸汽层，使水蒸气分压力急剧下降，从而避免内部冷凝的产生。图 4-31 表示同一构造方案在有、无隔蒸汽层时内部的湿度状况。不难看出，图 4-31（b）方案由于设置隔蒸汽层内部 P 曲线急剧下降，不至于 PS 曲线相交，从而起到了防止内部冷凝的作用。

隔汽层应布置在水蒸气渗入的一侧，所以对采暖节能房屋应布置在保温层内侧。若在全年中出现双向的蒸汽渗透现象，则应根据具体情况决定是否在内、外侧都设置隔汽层。必须指出，对于采用双面设隔汽层一定要慎重。因为在这种情况下，施工中要保证保温材料不受潮及隔汽层施工层施工质量良好，否则在施工中保温层受潮或者使用中万一产生内部冷凝，冷凝水就不易蒸发出去，从而造成隔汽层的破坏，所以一般情况下应尽可能避免双面设隔汽层。对于虽存在双向蒸汽渗透，但其中一个方向的蒸汽渗透量大，且持续时间长；另一个方向较小，持续时间又短，这时可考虑前者。另一方向产生的渗漏凝结，待气候条件转变后即能排除出去，不致造成严重的不良后果。

　　4）设置通风间层或泄气沟道

设置隔汽层虽能改善围护结构内部的湿状况，但有时并不一定是最妥当的方法。因为在施工过程中难以保证隔汽层的施工质量和使保温材料不受潮。为此，在围护机构中设置通风间层或泄气沟道往往更为妥当，这样能让进入保温层的水分有出路，如图 4-32 所示。

这项措施特别适用于夏热冬冷及部分夏热冬暖地区的墙体以及屋顶结构。由于保温层外侧设有一层通风间层，从室内渗入的水蒸气可有不断与室外空气交换的气流带出，对围护结构中的保温层其风干的作用，在夏天还兼起降温作用，但对严寒、寒冷地区应慎用，要用必须要有冬天通风层的关闭措施，否则将导致采暖能耗的增加。

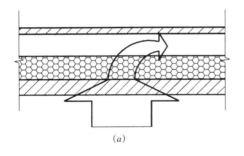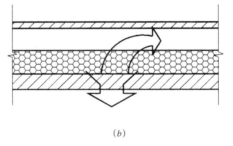

图 4-32　有通风间层
　　　　的围护结构

(a) 冬季冷凝受潮；

(b) 夏季蒸发干燥

5）设置密封空气层

在围护结构冷侧设置密封空气层，利用空气层的收汗效应，可使处于较高温度侧的保温层经常保持干燥。

3.空调节能建筑围护结构防潮设计

在某些高温高湿地区，夏季采用空调降温房间的围护结构，在其传热异常部位的外表面和主体部位也容易出现表面和内部冷凝，影响建筑物的使用质量和增大能耗。

在夏季围护结构内部防止内部冷凝额方法与冬季类似，不同之处在于应注意设置材料层次时的顺序应从外到内"难进易出"以及设置隔汽层的位置应在靠近室外的一侧。

然而，对于我国南方夏季高温高湿地区的空调房间而言，如果按照上述原则来设计的话，夏季的"难进易出"会变成冬季的"易进难出"，冬季的隔汽层会成为夏季围护机构内潮气散发的阻碍，但通过合理的墙体外保温设计则可有效地解决这一矛盾。

（1）防水性能良好的界面砂浆层会阻止冷凝水向主体墙体转移

对夏季南方高温高湿地区的空调房间，室外的水蒸气分压力往往大于室内的水蒸气分压力，在闭窗的空调房间内，水蒸气可能由墙体外部向内部渗透转移，使墙体的湿度增加。对于不做保温的钢筋混凝土类的重质墙体或其他墙体的传热异常部位，结露部位一般都处在外墙的外表面一侧，造成墙体外表面潮湿及冷凝水的滴落或流淌，使外饰面变脏，如图4-33所示。当采用外墙外保温系统时，主体墙体的内外表面温差较小，而外墙外保温层的外侧与内侧温差较大，冷凝区处在保温层中。而防水性能良好的界面砂浆会阻止凝结水向主体墙体转移。但在晴好天气时，由于保温层实际水蒸气分压力小于饱和水蒸气分压力，则不会发生结露现象，此时凝结在保温层中的水分会汽化形成水蒸气并向外部扩散，如图4-34所示。

当然也可在外保温墙体外侧设置通风空气层，使保温层内的凝结水汽化并由不断与室外空气交换的气流带出，对围护结构中的保温层起风干的作用，

图4-33 无保温墙体温度与水蒸气分压变化曲线和露点位置示意图（左）

图4-34 外保温墙体温度与水蒸气分压变化曲线和露点位置示意图（右）

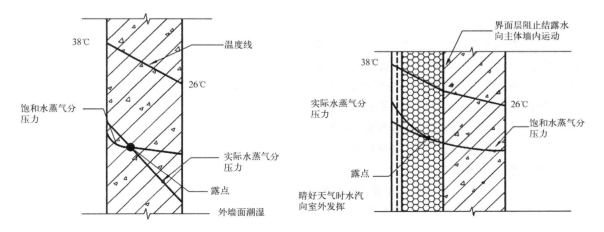

在夏天通风层兼起降温作用。

（2）外墙必须有防蒸汽和雨水渗透性能的防护层

在阴雨天，墙体长期直接暴露在雨水中，内保温墙体和不做保温的墙体面临室外的是重质材料构成的主体结构部分（混凝土或砖石砌体），会吸入大量的雨水，慢慢渗透进墙体，使整个墙体处于湿热状态，长期处于湿热状态的墙体就会发霉。水蒸气还会通过墙体扩散进入室内，增加室内的相对湿度并增加除湿能耗。而外保温墙体面临室外的是保温层外具有良好的憎水性和抗雨水渗透性的防护层，如采用 ZL 胶粉聚苯颗粒外墙外保温系统时，其外保温体系是具有良好的抗裂性能和防水性能的饰面材料及高分子乳液弹性防水底层涂料外层，可防止雨水的渗透，使大量的雨水被拒之墙体外，如图 4-35、图 4-36所示。对内保温墙体而言也必须有防蒸汽和雨水渗透性能的保护层。

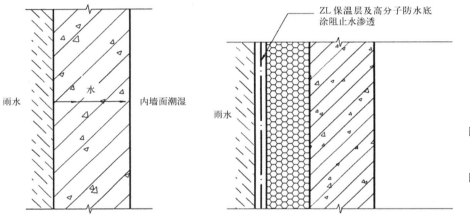

图 4-35 无保温墙体雨水渗透示意图（左）

图 4-36 外保温墙体防雨水渗透示意图（右）

4.5 建筑通风、采光等设计技术

4.5.1 通风技术路线

风在古代人的观念中是组成世界的基本元素之一。很早以前人类就在实践中发展了各种方法来防止风带来的负面影响以及充分利用风来使自己的生活环境更为舒适，其实这也是动物的本能之一，白蚁窝的自然通风系统都达到了惊人的完美程度。长久以来，风（即空气的流动）已经被广泛地用来使室内变得凉爽和舒适，可惜这方面很多的传统技术和方式在工业革命后被抛弃，但在环境问题日益严重和人与自然关系不断得到重视的今天，人们重新开始研究如何利用风——人类古老的朋友来取得降低能耗的效果，同时更大限度地使室内居住者和工作人员感到舒适并有益于健康。

1. 不同要求的通风方式

通风是指室内外空气交换，是建筑亲和室外环境的基本能力。通风的最大益处首先是建筑内部环境空气质量的改善。除了在污染非常严重以至于室外空气不能达到健康要求的地点，应该尽可能地使用通风来给室内提供新鲜空气，有效地减少"病态建筑综合征（SBS）"的发生。从通风要求上来区分，通风可以分为卫生通风和热舒适通风。卫生通风要求用室外的新鲜空气更新室内由于居住及生活过程而污染了的空气，使室内空气的清新度和洁净度达到卫生标准。从间隙通风的运行时间周期特点分析，当室外空气的温湿度超过室内热环境允许的空气温湿度时，按卫生通风要求限制通风；当室外空气温湿度低于室内空气所要求的热舒适温湿度时，强化通风，目的是降低围护结构的蓄热，此时的通风又叫热舒适通风。热舒适通风的作用是排除室内余热、余湿，使室内处于热舒适状态。当然，热舒适通风同时也排除室内空气污染物，保障室内空气品质起到卫生通风的作用。

2．不同动力的通风与应用

（1）自然通风

动力主要来自于室内外空气温差形成的热力和室外风具有的压力。热力和风力一般都同时存在，但两者共同作用下的自然通风量并不一定比单一作用时大。协调好这两个动力是自然通风技术的难点。自然通风的益处是能减低对空调系统的依赖，从而节约空调能耗，正是由于自然通风具有不消耗商品能源的特性，因此受到了建筑节能和绿色建筑的特别推荐。但自然通风保障室内热舒适的可靠性和稳定性差，技术难度大。

在自然通风的使用方面，工程实际中存在简单粗糙、轻率放弃自然通风的现象：当局部空间自然通风达不到要求时，就整个空间、整栋建筑都放弃自然通风；当某个时段自然通风达不到要求时，就全年8760h都放弃自然通风。实际上，通风大多数时间和空间，自然通风是可以满足要求的。通常认为自然通风没有风机等动力系统，可以节省投资。实际上，有的工程为满足自然通风的要求，土建建造费用增加是非常显著的。当然，综合初投资、运行费、节能和环保、自然通风无疑是应该优先使用的。

（2）机械通风

机械通风依靠装置（风机）提供动力，消耗电能且有噪声。但机械通风的可靠性和稳定性好，技术难度小。因此在自然通风达不到要求的时间和空间，应该辅以机械通风。

（3）混合通风

当代建筑中最常用的是混合使用自然通风和机械通风。混合通风将自然通风和机械通风的优点结合起来，弥补两者的不足，达到可靠、稳定、节能和环保的要求。在很多情况下做到在全年只利用自然通风就达到要求几乎是不可能的。尽可能地在能采用自然通风的时间和空间里使用好自然通风，在充分利用自然通风的同时也配置机械通风和空调系统。混合通风大致有如下四种方式：①从通风时间上讲，以自然通风为主，机械通风只是在需要的时候才作为辅助手段使用；②从通风空间上讲，根据建筑内各区的实际需要和实际条件，针对不同的区域采用不同的通风方式；③在同一时间、同一空间自然通风和机械通风同时使用；④自然通风系统和机械通过系统互相作为替换手段，例如在夜间使用自然通风来为建筑降温，白天则使用机械通风来满足使用需要。

3.控制通风的核心思想

由于在不同的时间和空间，通风有其不同的正面和负面的作用。通风的作用是正面的还是负面的取决于室内外空气品质的相对高低。只有当室外空气的品质全面优于室内时，通风才能起到全面改善室内空气环境的正面作用；反之，如室外发生空气污染事件或室外空气热湿状态不及室内时，则需要杜绝或限制通风，如果此时进行通风，不仅使室内的热舒适性降低，而且消耗对新风处理的能量，则通风就起了负面的作用。

通风要分析思考以下问题：

（1）此时此地是应该采用卫生通风，还是热舒适通风？通风量多大？

（2）此时此地自然通风能否保障要求的通风量？

（3）如能保证，自然通风系统应该怎样设计和运行？

（4）若不能保证，机械通风应该怎样辅助自然通风，才能既保障要求的通风量，又尽可能地减少机械通风系统的规模和运行时间？

通过思考这些问题，可以归纳出控制通风的核心思想是：把握通风的规律，认清通风的作用，了解通风的需求，在各个时间和空间上正确采用通风方式，合理控制通风量，最大限度地发挥通风的正面作用，抑制负面影响。

4.居住建筑的通风

住宅是人们生活的基地，是为人服务的。住宅可持续发展的主要内容，首先应是保证人们的身体健康。住宅的自然通风对保证室内热舒适要求、提高空气品质都是非常有利的，良好的自然通风能够有效利用室外清洁凉爽的空气，及时排出建筑室内的余热，可以降低夏季空调能耗，节能潜力非常显著。建筑中的人们从心理上渴望保持良好的自然通风，亲近自然在人们对居住环境的要求中显得越来越重要。因此住宅进行合适的通风对人的健康是十分有利的。

住宅总体设计时就需要考虑好自然通风的问题。在住宅的平面设计方面，首先要组织好南北穿堂风，厨房和卫生间更要有良好的自然通风，贮藏室也应有自然通风。此外在城市规划和建筑设计中，还必须重视地域性气候特殊。我国广大地区是温带，在春秋季的温度是很适合自然通风的。在设计中，住宅的排列要迎着主导风向开口，见图4-37。要为建筑自身的自然通风创造良好的条件，而不能盲目地推行全部采用机械通风的技术。我国传统民居因地制宜，结合不同气候创造了各式各样的自然通风方式，特别是大小院落起着通风聚气的作用，都是值得借鉴的经验。

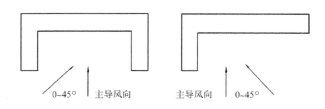

图4-37　建筑适宜布置

住宅在所有的时间、空间内不可能全部进行自然通风，因此在这些时间和空间内需要通过机械通风来达到通风的要求，比如安装通风换气扇，住宅集中新风系统等。

对于节能住宅的通风换气应主要注意以下一些问题：

（1）建筑和通风设计应组织好室内气流，室外新鲜空气应首先进入居室，然后到厨房、卫生间，避免厨房、卫生间的空气进入居室。

（2）空调、采暖房间可设置通风换气扇，保证新风量要求。

（3）应使用带新风口或新风管的房间空调器及风机盘管等室内采暖空调设备。

（4）夏、冬季尽量采用间歇机械通风方式。夏季的早、晚和冬季温度较高的中午，应尽可能开窗进行自然通风换气。

（5）在满足室内热舒适的情况下，合理采用混合通风，以减少能耗和提高室内空气质量。

5. 公共建筑的通风

优秀的建筑不应该完全依赖用能源的大量消耗来满足日渐对舒适性的要求的提高，舒适性完全可能通过对通风的合理的驾驭以更小的代价获得——建筑设计中对通风的把握不应该是低效和牵强的。

实际上，当新鲜空气沿着合适的通道顺畅地流向人们希望的方向时，通风是协调与优美的。它创造一种效率、带来一种美感，将建筑导向生态化的轨道。

自然通风是当今建筑普遍采用的一项改善室内热环境，节约空调能耗的技术。因此在建筑的设计阶段就必须考虑到自然通风的需求。不同的公共建筑在从规划到环境到建筑设计时都有有着不同的特征。自然通风的原理只有与具体的公共建筑的特点相结合，才能产生与之相适应的、行之有效的生态设计方法。

公共建筑的通风，通常满足以下节能原则：

（1）应优先采用自然通风排除室内的余热、余湿或其他污染物；

（2）体育馆比赛大厅等人员密集的高大空间，应具备全面使用自然通风的条件，以满足过渡季节人们活动的需要；

（3）当自然通风不能满足室内空间的通风换气要求时，应设置机械进风系统、机械排风系统或机械进排风系统；

（4）应尽量利用通风消除会所内余热余湿，以缩短需要冷却处理的空调新风系统的使用时间；

（5）建筑物内产生大量热湿以及有害物质的部位，应优先采用局部排风，必要时辅以全面排风。

6. 节能建筑通风技术路线

不消耗能源而取得令人满意的通风效果，当然是最理想的结果，但这需要通过外部气候条件的配合和精心合理的建筑设计来实现。比较著名的例子如英国考文垂大学的兰开斯特楼，因为公共要求和用地条件的限制，建筑平面进深较大，利用外墙上的窗户形成穿堂风有一定的困难；而且周围道路上的交通噪音和尾气污染对建筑的影响也较大，因此建筑不得不采用全封闭的窗户。但是，建筑师在比较完整的平面上，除中庭外还设置了四个采光井，提供自然采光的同时作为通风井来将热空气抽出，同时将新鲜空气吸入楼板中的管道。进入室内的新鲜空气吸收热量后上升，然后才由外墙上的通风"烟囱"以及采光井排出。空气的排风口装设有特别设计的风帽，这些风帽能够保证各种室外条件下室内空气都能顺利排出，而不因为外界气压的变化将废气压回管道中。这些通风设施由 BEMS 控制系统控制，在夜间也能将空气吸入室内，带走热惰性材料如混凝土楼板等在白天吸收的热量。此外，这一 BEMS 系统具有"自学"功能，能够通过记录一段时间的人工干预结果来"学会"怎样去调节通风率满足人的需要。通过这些设计，这一密封的建筑不需要机械通风，每年能源消耗量为 64kW·h/m²，而且将二氧化碳的排放量减少到 20kg/m²，能耗比常规空调建筑减少了近 85%。

对于通风生态化设计，可以将常见的生态式通风方式分成大循环、小循环、微循环三类。它们在不同层面上实现建筑生态化通风发挥各自的作用。这里提出的大循环，指的是从建筑物尺度上考虑的通风设计，主要表现为建筑造型上对通风的考虑。小循环，指的是从房间尺度上考虑的通风设计，主要表现为替换式通风等形式。最近正在流行这种"替换式通风 (displacement ventilation)"。在这种方式下，比室内气温约低 1℃的空气从地板下以很低的速率（一般 0.2m/s）提供。这些空气被使用者体温、计算机设备和照明光源加热，然后上升通过天花板或高窗排出，提供更好的空气质量和舒适程度，但并不是所有的空间都适合这样的方式，而且它也带来结构处理上的复杂性。微循环，指的是从建筑构件尺度上考虑的通风设计，主要表现为双层幕墙的形式。在新时代的建筑中，通风生态化设计正在被日益广泛地采用，它在不同尺度上把握建筑的形体，结构与构造，降低了能耗，提升了建筑内部空气环境质量，最大限度地改善建筑内部微气候，保护使用者的健康。

对于节能建筑的通风设计，有如下要点：

（1）对建筑自然通风以及供暖和降温问题的考虑应该从用地分析和总图设计时开始。植物，特别是高大的乔木能够提供遮阳和自然的蒸发降温；水池、喷泉、瀑布等既是园林景观小品，也对用地的微气候环境调节起到重要作用。在对城市热岛效应的研究过程中，人们发现热岛内的树林可以降低周围一定范围内的温度达 2～3℃。良好的室外空气质量也增加了建筑利用自然通风的可能性。

（2）在可能的条件下，不要设计全封闭的建筑，以减少对空调系统的依赖。

（3）建筑的布局应根据风玫瑰来考虑，使建筑的排列和朝向有利于通风季节的自然通风。

（4）在进行平面或剖面上的功能配置时，除考虑空间的使用功能外，也对其热产生或热需要进行分析，尽可能集中配置，使用空调的空间尤其要注意其热绝缘性能。

（5）建筑平面进深不宜过大，这样有利于穿堂风的形成。一般情况下平面进深不超过楼层净高的 5 倍，可取得较好地通风效果。

（6）在许多办公建筑中穿堂风可看作是主要通风系统的辅助成分。建筑门和窗的开口位置，走道的布置等应该经过衡量，以有利于穿堂风的形成。考虑建筑的开口和内部隔墙的设置对气流的引导作用。

（7）单侧通风的建筑，进深最好不超过净高的 2.5 倍。

（8）每个空间单元最小的窗户面积至少应该是地板面积的 5%。

（9）尽量使用可开启的窗户，但这些窗户的位置应该经过调配，因为并不是窗户一打开就能取得很好的通风效果。

（10）中庭或者风塔的"拔风效应"对自然通风很有帮助，设计中应该注意使用。

（11）应将通风设计和供暖／降温以及光照设计作为一个整体来进行。室内热负荷的降低可以减少对通风量和效率的要求。利用夜间的冷空气来降低建筑结构的温度。

（12）在可能的条件下，应充分利用水面、植物来降温。进风口附近如果有水面，在夏季其降温效果是显著的。其他如太阳能烟囱、风塔等装置也有利于提高通风量和通风效率。风塔是古老的自然通风装置之一，在当代建筑中的运用如霍普金斯事务所和 Ove Arup & Partners 工程设计事务所合作设计的诺丁汉大学丘比利校区的建筑设计。这些系统甚至能回收排出空气中 84% 的热量。

（13）在气候炎热的地方，进风口尽量配置在建筑较冷的一侧（通常是北侧）。

（14）考虑通过冷却的管道（例如地下管道）来吸入空气，以降低进入室内的空气温度。在热空气供给室内之前，可以利用底层 1 ～ 3m 以下的恒温层来吸收热量，更深层的地下水可以再维持建筑的热平衡中起到重要的作用（实例如柏林国会大厦改建）。良好的通风是另一个自然降温的有效手段，可以配合使用冷辐射吊顶，它能减弱室内温度的分层现象，使温度的分布更均匀。

（15）保证空气可以被送到室内的每一个需要新鲜空气的点，而且避免令人不适的吹面风。

（16）尽量回收排出的空气中的热量和湿气。

（17）对于机械通风系统的通风管道，仔细设计其尺寸和路线以减少气流阻力，从而减少对风扇功率的要求。此外还需要注意送风口和进风口位置的合适与否以及避免送风口和进风口的噪音，同时注意通风系统应该能防止发生火灾时火焰的蔓延。

7. 节能建筑的通风受空间、时间和建筑使用特点的影响

（1）空间对通风的影响

在建筑设计阶段应考虑到建筑自然通风，从建筑群的设计到建筑单体的设计均贯彻自然通风的思想。建筑群的布局从建筑平面和建筑空间两方面区考虑，对于夏热冬冷地区，错列式建筑群的布置合理利用地形，做到"前低后高"

和有规律的"高低错落"的处理方式；建筑单体的平、立面设计和门窗设置应有利于自然通风；在合理布置建筑群的基础上正确地选择建筑朝向和间距；选择合理的建筑平、剖面形式，合理地确定房屋开口部分的面积与位置、门窗的装置与开启方法和通风构造，积极组织和引导穿堂风。

（2）时间对通风的影响

当前有这种现象，当自然通风在某一时段不能满足要求时，就放弃自然通风的方式，从而在全部时段都采用机械通风的方式。这种做法太简单化了，不可能一年四季，全都采用自然通风都能起到正面的作用，这必须取决于室外空气的品质。过渡季节采用自然通风，在一天内，对于住宅，为了降低室内气温，在白天，特别是午后室外气温高于室内时，应要限制通风、避免热风进入，遏制室内气温上升，减少室内蓄热；在夜间和清晨室外气温下降、低于室内时强化通风，加快排除室内蓄热，降低室内气温。

（3）建筑使用特点对通风的影响

不同的建筑有不同的特点，公共建筑的使用时间大部分是在白天，当室外的空气热湿状态不及室内时就需要限制或杜绝通风，尤其是在炎热的夏天和寒冷的冬天。夏季夜间，为了消除白天积存的热量，夜间不使用公共建筑，仍应进行通风。而对于居住建筑应改变全天持续自然通风的方式，宜采用间歇通风即白天限制通风，夜间强化通风的方式。

综上所述，节能建筑的通风需要根据实际情况，在不同的时间和空间发挥正面的作用，避免负面的作用，同时在不同的时空中通风应具有可调性，从而既保证了舒适和卫生的要求，又节约能源。

4.5.2 节能建筑的采光技术路线

1. 节能建筑采光设计的目标

节能建筑的采光设计是指建筑接受阳光的情况。采光以太阳能直接照射到室内最好或者有亮度足够的折射光也不错。这里的采光指的是自然采光，不包括人工照明。节能建筑采光设计的目标有以下四个方面：

（1）满足照明需要

人类的大部分活动都是在建筑中进行的，因此建筑采光设计首先就应该满足照明的需要。住宅建筑的卧室、起居室和厨房要有直接采光，达到视觉作业要求的光照度即可。高层写字楼中，天然光在满足建筑设计及工作要求的同时，要避免过强或过弱的光线和同一工作区内的强度变化过大和炫光、避免光帷反射等。

（2）满足视觉舒适度的要求

舒适的视觉环境要求采光均匀，亮度对比小，无眩光。高层建筑的高层部分几乎没有什么遮挡物，完全可以提供一个良好的光环境。这样不仅能够满足生活在高层建筑中人们日常生活的视觉要求，而且对于高层写字楼里的上班族来说，除了有利于视力的保护外，还能保护他们的身心健康。

（3）满足节能要求

现代高层写字楼中的建筑照明所消耗的电力占总电力消耗的 30% 左右，而且相同照度的自然光比人工照明所产生的热量要小的多，可以减少调节室内热环境所消耗的能源。因此，采用自然光是节能的有效途径之一。

（4）满足环境保护的要求

建筑的采光设计还应秉承环保理念，自然光线除了照明和视觉舒适以外，还能清除室内霉气，抑制微生物生长，促进体内营养物质的合成和吸收，改善居住和工作、学校环境等。当然，在采光设计中还要考虑到光污染问题，尽量采用技术与构造相结合的玻璃幕墙，最大限度地降低光污染，保护环境。

2. 居住建筑的采光

作为节能居住建筑，其首选应注重自然采光。自然光具有一定的杀菌能力，是人体健康所必需的，其不仅可以预防肺炎等传染性疾病，还可以调节人体的生物钟节奏，并且对人体的心理健康也起着很重要的作用。自然光在建筑设计中能创造出丰富的空间效果和光影变化，给人以立体、层次、开敞的感觉。充分利用自然光，不仅能够节约照明所消耗的电能，还能够改善建筑空间的生态环境，对降低建筑能耗和建设节约型城市具有非常重要的意义。

住宅采光以太阳光直射照射到室内最好，或者有亮度足够的折射光也不错。风水学对室内采光，强调阴阳之和，明暗适宜。所谓"山斋宜明净不可太敞，明净可爽心神宏，敞则伤目力"，"万物生长靠太阳"。所以风水学中很重视住宅的日照情况，并称"何知人家有福分？三阳开泰直射中"，"何知人家得长寿？迎天沐日无忧愁"。英国也有句谚语"太阳不来的话，医生就来"。这都充分证明了住宅采光与日照的重要性。

住宅采光的房间不外乎卧室、客厅、餐厅、厨房和卫生间。如果阳光照射不到或通风不好，那么室内就会潮湿或产生异味。长此以往，或多或少都会对人体健康产生影响。所以采光、日照和通风是优良家居室内环境卫生最具代表性的问题，至关重要。

电灯照明虽然可以满足人类的采光需求，但满足不了人们的心理需求。电灯照明无法取代自然采光。日光照明的历史和建筑本身一样悠久，但随着方便高效的电灯的出现，日光逐渐为人们所忽视。直到最近，人们才开始从新审视自己一味追求的物质享受，过度消耗地球自然资源的不理智行为。许多经济学家、科学家和环保学家大力主张并断言，如果建筑在更大程度上依靠日光照明的话，将降低对能源的需求和消耗，同时也会降低成本。

节能住宅建筑的采光可以依据以下三个方面来设计：

（1）我国位于地球北半球，南向采光时间较长，照度较高；东西朝向容易让阳光直射入房间，造成室温增高和出现眩光，必须采取遮挡措施；而建筑的北面主要是依靠天空中的漫反射光来采光；面南背北是我国建筑的最佳朝向。因此需合理的确定建筑位置与朝向，使每幢建筑都能接收更多的自然光同时又不能使室内产生眩光。

（2）利用窗地比、采光有效进深以及采光指标来控制窗洞口采光要求

在我国相关的建筑设计规范中都有对采光设计的规定，基本上是以窗地比作为采光的控制指标。《住宅设计规范》GB 50096—2011除了对窗地比做出规定以外，还对采光系数最低值作出了规定，居室、卧室、厨房窗地比不小于1：7，采光系数最低值为1%，楼梯间窗地比不小于1：12，采光系数最低值为0.5。在2013年修订的《建筑采光设计标准》GB 50033—2013对建筑的采光系数做出了更加详细和严格的规定，在估算侧窗洞口大小时除对窗地比要求外还增加了采光有效进深的要求；同时提出了采光均匀度、不舒适眩光、光反射比等定额控制指标，所以建筑的采光设计不但要控制建筑的窗地比和采光有效进深，还要对采光的控制指标进行校核。

（3）控制开窗的大小和眩光的产生

建筑眩光的产生是由于室内采光不均匀造成的，光线与背景对比过于强烈就容易造成眩光。在我国的采光设计标准中，对采光均匀度的要求中规定：相邻两天窗中线间的距离不宜大于工作面至天窗下距离的2倍。显然两天窗中间的顶棚面过大会产生眩光。假如将两个窗户中间的顶棚面取消，采用一个大的天窗，是否就可以避免眩光的产生呢？对于这一问题还有待进一步讨论。对于眩光的产生还受到建筑室内的形状、墙面的颜色、采光面的位置等诸多因素的影响，我国在采光设计标准中规定采光系数的最低值与平均值之比不能小于0.7。房间内表面应有适宜的反射比，顶棚0.7～0.8，墙面0.5～0.7，地面0.2～0.4等要求。由此看出，单一地靠开窗的形式和大小来解决眩光的产生并不容易做到。所以除了考虑建筑的性质、室内墙面的颜色及反光率之外，还应配合一定的人工采光来解决眩光的产生。

作为节能建筑的采光，很多建筑都采用了采光节能新技术，如光导照明系统、太阳日光反射装置系统等，既节能又满足光环境舒适度要求。

3. 公共建筑采光

直到50年前，自然采光还是最主流的形式，后来随着技术的进步和人们对技术的迷信，建筑的进深越来越大，被牺牲的则是建筑使用者的健康和与自然景观的联系。根据美国有关机构的统计和调查，办公建筑照明所消耗的电力占总电力消耗的30%左右。因此，通过建筑设计充分发掘建筑利用自然光照明的可能性是节能的有效途径之一。此外，促使人们利用自然采光的另一个重要原因是自然光更适合人的生物本性，对心理和生理的健康尤为重要，因而自然光照程度成为考察室内环境质量的重要指标之一。

影响自然光照水平的因素如窗户的朝向、窗户的倾斜度、窗户面积、窗户内外遮阳装置的设置、平面进深和剖面层高、周围的遮挡情况（植物配置、其他建筑等）、周围建筑的阳光反射情况等。因此在公共建筑采光设计时应充分考虑这些因素。

公用建筑采光应根据建筑功能和视觉工作要求，选择合理采光方式，确定采光口面积和窗口布置形式、创造良好的室内光环境。公共建筑采光设计要形成建筑内部与室外大自然相通的生动气氛，对人产生积极的心理影响，并减

少人工照明的能源消耗。公共建筑类型繁多，采光各具特色，其中博览建筑的观赏环境和教室、办公室等建筑的工作环境对采光要求较高。此外，公用建筑的形式与采光的关系也很密切。

4. 节能建筑的采光技术路线

在建筑设计中对采光进行考虑时，有如下要点：

（1）采光问题的考虑应该从总图设计和平面布局时就开始。在现场考察时，对用地外障碍物、建筑等要仔细调查。如果外部障碍物过于遮挡用地，则要适当考虑减少建筑的平面进深。

（2）窗户的数量和面积应该仔细斟酌，要根据建筑形象处理要求、自然光照、自然通风和能耗问题综合考虑后确定。大面积的窗户可以透过更多的自然光，同时也带来更大的热损失或者热获得，增加室内热负荷。一般来说，窗户面积最好是室内地面面积的15%～20%左右，这是一个比较合理的经验值。

（3）对人的心理舒适度而言，室内可看见的天空面积是个重要的因素，而不仅仅是光照度。窗户的高度最好能使室内使用者看见更大面积的天空。

（4）在普通的开窗情况下，一般日照射深度为窗户高度的2.5倍。

（5）透明屋顶将提供更良好、更广泛的自然光照，其采光面积是相同面积的垂直窗户的3倍左右，但问题是可能会引起室内温度过高。

（6）从建筑布局的角度来讲，中庭对采光有着特殊的作用，现在几乎成了商业建筑的标准配置。中庭的形式和对自然光照的影响很大，在设计中需要考虑中庭屋顶的形式及其透明程度、中庭的空间形式（如果中庭是向上逐渐扩大的，将能获得更多的自然光线）、中庭的宽度和高度的比例、中庭周围墙面的颜色（反射性好的色彩有利于低层空间获得光线）。

自然采光毕竟要受到各种自然条件以及建筑功能、形式和热效能等因素的制约，因此在自然采光不能满足要求时需要进行人工照明。

综上所述，节能建筑采光技术路线主要有两方面的内容：

（1）多方位的采光设计考虑。在建筑总图设计和平面布局时就应考虑采光问题。在现场考察时，对用地外障碍物或者建筑等要仔细调查。如果外部障碍物过于遮挡用地，则要适当考虑减少建筑的平面进深。对于单个的房间，要结合房间的功能结合窗地比和采光均匀度的要求进行窗户设计。

（2）应用新技术。近年来国内外建筑光学工作者提出了不少利用天然光的方法和设想，例如，使用平面反射镜的一次反射法、导光管法、棱镜组多次反射法、光导纤维法、卫星反射镜法和高空聚光法等。在节能建筑中可以根据实际情况利用这些新的技术达到舒适节能的目的。

4.6 被动式太阳能建筑概述

被动式太阳能建筑是指不需要专门的集热器、热交换器、水泵或风机等主动式太阳能采暖系统中所必需的设备，侧重通过合理布置建筑方位，加强围护结构的保温隔热措施，控制材料的热工性能等方法，利用传导、对流、辐射等自然交换的方式使建筑物尽可能多地吸收、贮存、释放热量以达到控制室内舒适度的建筑类型。相比较而言，被动式太阳能建筑对于建筑师有着更加广阔的创作空间。

事实上，我们所从事的一般建筑设计中无意中从南窗获得太阳能约占采暖负荷的1/10左右。如果我们进一步加大南窗面积、改善围护结构热工性能、在室内设置必要的贮热体，这种情形下的建筑也可被理解为一幢无源太阳能建筑。因此，被动式太阳能建筑和普遍意义上的建筑没有绝对的界限。但是，两者在有意识地利用太阳能以及节能效益两个方面存在着显著区别。本质上说，房屋建筑的基本功能是抵御自然界各种不利的气候因素以及外来危险因素的影响，为人们的生产和生活提供良好的室内空间环境。太阳能建筑的目的同样如此：使房屋达到冬暖夏凉，创造舒适的室内热环境。其基本构成也由屋顶、围护结构（墙或板）、地面、采光通风部件、保温系统等组成。所不同的是，太阳能建筑有意识地利用太阳辐射的能量，以调节、控制室内热环境，集热部件与建筑构件往往高度集成。更重要的是，被动式太阳能建筑是一个动态地集热、蓄热和耗热的建筑综合体。太阳光通过玻璃并被室内空间的材料所吸收并向各个方向辐射热能，"短波"（即太阳辐射热）而透过"长波"红外线的特殊性能，这些材料再次辐射而产生的热能就不易通过玻璃扩散到外部。这种获取热量的过程，称之"温室效应"——被动式太阳能建筑最基本的工作原理。所以系统应具备"收集"太阳能的功能，将收集到的热量进行"储存""积蓄"，在适当的时间与空间中把这些热量进行"分配"使用。因此，被动式太阳能建筑设计的关键如下：

1. 建筑物具有一个有效的绝热外壳；
2. 南向有足够数量的集热表面；
3. 室内布置尽可能多的贮热体；
4. 主要采暖房间紧靠集热表面和贮热体；
5. 室内组织合理的通风系统；
6. 有效的夜间致凉、蓄冷体系。

4.6.1　建筑布局

太阳能建筑的总体布局应当考虑充分利用太阳能资源，同时协调建筑（群）形式、使用功能和集热方式这三者之间的关系。建筑平面布置及其集热面应向当地最有利的朝向，一般考虑正南向±15°以内。至于办公、教室等以白天使用为主的建筑（群）在南偏东15°以内为宜。在某些气候环境下为兼顾防止夏季过热，集热面倾角呈90°设置。避免周围地形、地物（包括附近建筑物）对太阳能建筑南向以及东、西各15°朝向范围内的遮阳。另外，建筑主体还应避开附近污染源对集热部件透光面的污染、避免将太阳房设在附近污染源的下风向。

太阳能建筑的体形。首先，避免产生自遮挡，例如建筑物形体上的凸处在最冷月份对集热面的遮挡。对夏热地区的太阳能建筑还要兼顾夏季的遮阳要求，尽量减少夏季过多的阳光射入房内。以阳台为例，一般南立面上的阳台在夏季能起到很好的遮阳作用，但冬季很难完全不遮挡阳光。因此，首先，在冬季寒冷而夏季温和的地区南向立面不宜设阳台或尽量缩小阳台的伸出宽度。特别应避免凹阳台（或称凹廊）在太阳房中的使用，因为它在水平向度及垂直向度均不利于对太阳能的采集。其次，太阳能建筑的体形应当趋于简洁，以正方形或接近正方形为宜。再次，利用温度分区原理按不同功能用房对温度的需求程度合理组织建筑功能空间布局：主要使用空间尽量朝南布置；对于没有严格温度要求的房间、过道等可以布置在北面或外侧。最后，对于采用自然调节措施的太阳能建筑来说层高不宜过高。当太阳能建筑的层高一定时，进深过大则整栋建筑的节能率会降低，当建筑进深不超过层高的 2.5 倍时，可以获得比较满意的太阳能热利用效率。

4.6.2　采集体系

采集体系的作用就是收集太阳的能量，主要有两种方式：①建筑物本身构件：如南向窗户、加玻璃罩的集热墙、玻璃温室等；②集热器：与建筑物有机结合或相对独立于建筑物。

太阳能建筑的集热件常采用玻璃，这是因为玻璃能通过短波（太阳辐射热）而不能透过长波（常温和低温物体表面热辐射），这种获取热量的过程叫做"温室效应"，玻璃窗就形成了"温室效应"的前提条件。另外，要注意设计或选用便于清扫以及维护管理方便的集热光面，水平集热面比垂直透光面容易积尘和难于清扫，若使用不当会使透光的水平集热面在冬季逐渐变成主要失热面。

4.6.3　贮存体系

蓄热也是太阳能热利用的关键问题，加强建筑物的蓄热性能是改善被动式太阳能建筑热工性能的有效措施之一。有日照时，如果室内蓄热因素蓄热性能好、热容量大，则吸热体可以吸收和储存一部分多余的热能；无日照时，又能逐渐地向室内放出热量。因此蓄热体可以减小室温的波动，也减少了向室外的散热。根据一项对寒冷地区某住宅模型进行模拟计算的结果，由于混凝土蓄热性优于木材，所以采用混凝土地板时，室内的温度波动比采用木地板时要小得多。

蓄热体也可分为两类：1. 利用热容量随着温度变化而变化的显热材料，如水、石子、混凝土等；2. 利用其熔解热（凝固热）以及其熔点前后显热的潜热类材料，如芒硝或冰等。应用于太阳能建筑的蓄热体应具有以下特性：蓄热成本低（包括蓄热材料和储存容器）；单位容积的蓄热量大；化学性能稳定、无毒、无操作危险，废弃时不会造成公害；资源丰富，可就地取材；易于吸热和放热。

4.6.4　热利用体系

太阳能建筑对于通过各种途径进入室内的热量应当充分利用，以便使太阳能建筑运行效率发挥到最大。主要使用空间宜布置在南面，辅助房间宜设于北面；同时，应解决好使用空间进深和蓄热问题。为了保证南向主要房间达到较高的太阳能供暖率，其进深一般不大于层高的 1.5 倍，这样可保证集热面积与房间面积之比不小于 30%。为减小太阳能建筑室内温度的波动可选择蓄热性能好的重质墙作为室内空间的分隔墙。在直接受益式太阳房中，楼板和地面都应该考虑其蓄热性。因为地面受太阳照射的时间长、照射的面积大，所以对于底层的地面还应适当加厚其蓄热层。此外，在集热方式和集热部件的选择上还需要综合考虑房间的使用特点。例如，主要在晚上使用的房间应优先选用蓄热性能较好的集热系统，以使晚间有较高的室温；而主要在白天使用的房间应优先选用升温较快，并能保持室温波动较小的集热系统。

4.6.5　保温隔热体系

一个良好的绝热外壳是太阳能建筑成功与否至关重要的前提。为使室内环境冬暖夏凉，必须考虑冬季尽量减少室内的热损失，夏季尽量减少太阳辐射和从室外空气传入室内的热量。因此加强围护结构的保温隔热与气密性是最有效的方法。同时，为了减少辅助性采暖与制冷时的能源消耗量，保温隔热也是不可缺少的。需要注意的是，夏季进入室内的太阳辐射热以及室内产生的热量过多，若不进行充分的排热，高度保温隔热的围护结构就会加重室内环境的恶化。这种情况下可以通过设置遮阳、加强通风等措施，以防止热量滞留在室内，这与谋求建筑物的高隔热性和气密性并不矛盾。下面将建筑围护结构中的典型构件加以分析：

1. 外墙：墙体的保温隔热一般采用附加保温层的做法。围护结构保温层厚度在一定数值范围内越大其传热损失越小，其位置宜在外围护结构的外表面以减少结露现象改善室内人体舒适感。在热容量大的墙体室外一侧进行隔热（外保温），可以使混凝土等热容量大的墙体作为蓄热体使用。也可形成夹心结构，在围护结构层间进行保温处理。

2. 基础：对于被动式太阳能建筑而言基础是一个热量损失的部位，且常常被人们所忽视。在特定的气候条件下建筑基础的热交换过大会直接会影响被动式太阳能建筑的采暖效率。所以，作为设计者必须考虑结构基础的稳定性、节能效率、材料的使用等与保温隔热相关的因素。

3. 外门窗：被动式太阳能建筑中的各个朝向采用适宜的窗墙比。而窗户本身就是建筑围护结构中的薄弱环节，这对提高建筑长期的运行效率至关重要。因此，应当采用高气密性的节能门窗以及诸如中空玻璃、Low-E 玻璃、软镀膜与硬镀膜等作为透光性材料，若能配合遮阳系统则效果更佳。

4. 门斗：除加强对门窗保温隔热措施外，出入口的开启可能会使得大量冷（热）空气进入室内，通常的方法是设置门斗以防止冷风渗透。门斗不可直通对室内热环境要求较高的主要使用空间，而应通向辅助房间或过道，以防不利风直接进入主要使用空间。当出入口在南向并通向主要使用空间时，可将出入口扩大为阳光间。特别在严寒地区应设置供冬季使用的辅助出入口通向辅助房间或过道，以避免出入口的开启引起主要功能房间室温的波动。

特别需要注意的是以上各个关键要素之间相互关联、相互配合，共同组成太阳能建筑围护系统，以实现被动式太阳能建筑的采暖或降温目标。这种关联特征所形成的系统属性贯穿整个太阳能建筑的设计与建造过程。

单元思考题

1. 外墙外保温系统的设计要求主要有哪些？
2. 何谓聚苯板薄抹灰外墙外保温系统？绘制其基本构造图。
3. 何为自然通风？建筑物中形成自然通风的因素是什么？
4. 简述建筑物屋顶和墙体节能设计的主要措施。
5. 结合自身所在地区说明建筑防潮主要应考虑哪些方面？

建筑节能设计与软件应用

5

教学单元 5　建筑遮阳

教学目标

　　了解建筑遮阳的发展历程;熟悉建筑遮阳的分类;掌握不同遮阳类型的优、缺点，并能结合建筑的实际情形，选择适宜的遮阳类型及设计方法。

　　调查研究表明，通过窗进入室内的太阳辐射热是造成夏季室内温度过高的主要原因。建筑遮阳对降低建筑能耗，提高室内居住舒适度有显著的效果。美国、日本、欧洲的一些国家以及中国香港和大陆夏热地区都把提高窗的热工性能和阳光控制作为夏季防热以及建筑节能的重点。

　　遮阳并不是把阳光全部屏蔽，而是为了更好地利用阳光。我国自古就有将木百叶、窗格以及类似席帘的方式应用在不同的建筑中，以达到遮阳的目的。

　　建筑遮阳的种类有：窗口遮阳、屋面遮阳、墙面遮阳、绿化遮阳等形式，其中最重要的是窗口遮阳。所以，本章主要介绍针对窗户的遮阳设计。

5.1　建筑遮阳的发展

　　人类对于建筑遮阳问题的记载最早可以追溯到古希腊时期，作家赞诺芬在他的著作中提到：可以使用柱廊来遮挡高度角较大的夏季阳光，同时又可以使冬季温暖的阳光射入室内。公元前1世纪，维特鲁威在《建筑十书》中提出：应避免夏季南向不利太阳辐射热的建议。文艺复兴时期,阿尔伯蒂的《论建筑》中也提到为了使房间夏季保持凉爽，应考虑建筑的防晒遮阳。

　　20世纪初,赖特首次将太阳几何学引入建筑设计领域。在他的成名作——罗比住宅（图5-1）中，赖特根据当地不同季节的太阳高度角以及各功能房间对阳光的不同需求，设计了错落有致、深浅不一的挑檐，这些造型舒展的屋顶不仅成就了享誉世界的草原风格，而且开创了遮阳设计的先河。但当时蓬勃发展的现代建筑（如多层、高层建筑）并没有受到很多有关遮阳理念的影响。因此，人们公认的现代建筑遮阳板的发明人是另一位建筑大师——勒·柯布西耶。

　　巴黎的气温虽然相对比较舒适宜人，但有两个月却非常酷热，而勒·柯布西耶设计的建筑大多有着大面积的玻璃窗，为了解决这种状况，他在玻璃的外侧加上水平板、垂直板、或格栅板（图5-2），来阻止阳光直接照射在玻璃上。这种现今为大家所习惯的立面形式，即遮阳，便是那时由勒·柯布西耶所发明的。1936年他又提出采用百叶遮阳的建议。在这之后，"遮阳"被作为一种立面语言，正像他的大部分创作一样风靡一时。

　　理查德·诺伊特拉对建筑遮阳做出了里程碑式的贡献，他是第一个根据气象资料并请专业人员设计全天候建筑遮阳系统的现代建筑师。他在晚年对太阳几何学作了更深层次的研究，并取得了突破性进展。在洛杉矶档案馆的设计中，标注太阳轨迹并研究了各种遮阳的方案，最后实施的是由屋顶上太阳自动跟踪系统控制的活动式垂直百叶窗。

图 5-1　赖特罗比住宅（左）
图 5-2　勒·柯布西耶昌迪加尔法院（右）

直至目前，整个建筑遮阳行业还处于探索阶段。但发展到现在，建筑遮阳受到业界越来越多的重视，整个行业也逐步成熟起来。

5.2　建筑遮阳的种类

遮阳设施之所以能减少建筑空调能耗和人工照明用电，改善室内热环境和光环境，主要是它能合理控制太阳光线进入室内。所以，采取有效的遮阳措施，可以有效地降低外窗形成的建筑空调负荷，也是实现建筑节能的最有效方法之一。一方面，遮阳通过阻挡阳光直射辐射和漫辐射的热，控制热量进入室内，降低室温、改善室内热环境，使空调负荷大大削减；另一方面，适量的阳光又使人感到舒适，有利于人体视觉功效的高效发挥和生理机能的正常运行，给人们愉悦的心理感受，同时还可以降低人工照明的能耗。

理想的建筑遮阳装置既要能有效的遮挡过多的太阳辐射，又不影响建筑的良好视野和自然通风。最有效的遮阳方法是设置在建筑外墙上的遮阳装置。其又可分为固定窗口外遮阳和活动窗口外遮阳。

5.2.1　固定窗口外遮阳

建筑外窗固定外遮阳有水平遮阳、垂直遮阳、挡板遮阳、综合式遮阳四种基本形式。这种遮阳方式优点是施工方便、造价低廉、维护成本低；缺点就是不能根据空间需要灵活控制进入室内光线，并且对立面效果有一定的影响。

1. 水平遮阳：在窗口上部或前方沿水平方向设置的遮阳。能有效地遮挡来自窗口上方且高度角较大的太阳光（图 5-3）。适用于我国南方的南向及接近南向的窗口，或北回归线以南低纬地区北向及接近北向的窗口。

2. 垂直遮阳：沿竖向设置于窗口两侧或悬挂在窗口外面且与窗面倾斜或垂直的遮阳（图 5-4）。能有效地遮挡角度较小且来自窗口侧面的阳光。北半球适用于东北向、西北向及其附近的窗口；南半球则是东南向、南向和西南向附近的窗口。

3. 挡板遮阳：一种利用实心平板为悬挂挡板来遮挡太阳高度角较小或正射窗口的阳光的遮阳（图 5-5）。平板可采用预制钢筋混凝土板、磨砂玻璃、吸热玻璃以及塑料板等材料制作。

4.综合式遮阳：水平和垂直遮阳综合使用，能有效遮挡高角度中等、从窗口的上方和两侧斜射下来的阳光,适用于建筑东南和西南方向附近的窗口(图5-6)。

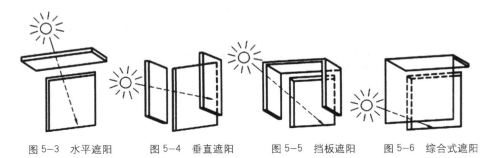

图 5-3 水平遮阳　　图 5-4 垂直遮阳　　图 5-5 挡板遮阳　　图 5-6 综合式遮阳

5.2.2 活动窗口外遮阳

固定遮阳不可避免的会带来与采光、自然通风、冬季采暖、视野等方面的矛盾。活动遮阳可以根据使用者根据环境变化和个人喜欢，自由的控制遮阳系统的工作状况，和遮阳系统的形式，一定程度上还可以起到丰富立面效果的作用。缺点就是这种遮阳装置对设计水平要求比较高，造价比较高，后期的运营成本和维护费用都相对较高。

常用的形式：遮阳卷帘、活动百叶遮阳、遮阳篷、遮阳纱幕等。

1.窗外遮阳卷帘，是一种有效的遮阳措施，适用于各个朝向的窗户（图5-7）。当卷帘完全放下的时候，能够遮挡住几乎所有的太阳辐射，这时候进入外窗的热量只有卷帘吸收的太阳辐射能量向内传递的部分。

2.活动遮阳百叶,有升降式百叶帘和百叶护窗等形式。百叶帘既可以升降，也可以调节角度，在遮阳和采光，通风之间达到了平衡，因而在办公楼宇及民用住宅上得到了很大的应用（图5-8）。

3.遮阳篷，遮阳篷构造相对简单，施工方便，灵活性强（图5-9）。缺点是会影响立面效果。

图 5-7 遮阳卷帘

图 5-8 遮阳百叶

图 5-9 遮阳篷

4.遮阳纱幕，遮阳纱幕既能遮挡阳光辐射，又能根据材料选择控制可见光的进入量，防止紫外线，并能避免眩光的干扰，是一种适合于炎热地区的外遮阳方式。

5.2.3 其他遮阳方式

上述两种遮阳方式是使用比较普遍的遮阳方式，除此之外还有窗口中置式遮阳、窗口内遮阳、玻璃自遮阳、绿化遮阳等。

1.窗口中置式遮阳：中置式遮阳的遮阳设施通常位于双层玻璃的中间，和窗框及玻璃组合成为整扇窗户，有着较强的整体性，一般是由工厂一体生产成型的。

2.窗口内遮阳：内遮阳的形式有：百叶窗帘、垂直窗帘、卷帘等。相比外遮阳，窗帘遮阳更灵活，更易于用户根据季节天气变化来调节适合的开启方式，不易受外界破坏。其不足之处在于，当采用内遮阳的时候，太阳辐射穿过玻璃，使内遮阳帘自身受热升温，这部分热量实际上已经进入室内，有很大一部分将通过室内空气对流方式，使室内的温度升高。

3.玻璃自遮阳：是利用窗户玻璃自身遮阳系数低的特性，来阻断部分阳光进入室内。常见的自遮阳玻璃有吸热玻璃、热反射玻璃、低辐射玻璃。这几种玻璃的遮阳系数低，具有良好的遮阳效果。但一般遮阳性能好的玻璃对于建筑的采光都有着不同程度的影响，并且利用玻璃自遮阳时必须关闭窗户，所以对建筑的自然通风也会造成一定的影响。因此，一般玻璃自遮阳还会配合百叶遮阳同时使用，才能取长补短。

4.绿化遮阳：绿化遮阳可以通过在窗外一定距离种树，也可以通过在窗外或阳台上种植攀援植物实现对墙面的遮阳，还有屋顶花园等形式。常青的灌木和草坪也能很好地降低地面反射和建筑反射。

图5-10 攀援植物窗口遮阳

5.3 建筑遮阳的设计方法

研究表明：当室内直射光辐射强度大于280W/m²，气温高于29℃，气流速度小于3m/s时，人们会明显感到不舒适，所以一般以气温29℃，光辐射强度 280W/m² 为必须设置遮阳的参考界限。由于时间、地点、窗口朝向会直接影响进入室内的光辐射强度，所以遮阳设施的形式大小必须考虑时间、地点、窗口朝向等因素而定。

5.3.1 建筑遮阳设计原则

1. 因地制宜原则

由于地理纬度、海拔高度、地形地貌、气候的差异，建筑遮阳的要求也不尽相同。江苏南京地区是典型的夏热冬冷地区，不仅夏季炎热，冬季却又非常寒冷，所以冬季的保温采光和夏季的遮阳隔热同等重要。这就与以广州为代表的夏热冬暖地区的气候特点有着明显的差别，那么在做建筑遮阳设计时就要区别对待，因地制宜。南京地区在设计建筑遮阳系统时，应遵循遮阳装置不能遮挡冬季阳光的原则。例如可以选择一些可调节遮阳系统、中悬窗、落叶乔木等作为其主要遮阳形式。

2. 被动式遮阳原则

所谓被动式遮阳，是指在建筑方案设计阶段就考虑建筑自遮阳的设计。建筑方案设计阶段，首先可以通过加宽挑檐、设置百叶挑檐、外廊、凹廊、阳台与旋窗等来实现自遮阳，其次应考虑利用绿化和构件实现遮阳，这些办法都不能满足遮阳要求时，再设置专门的遮阳措施。例如利用在平面布局中尽量避免东西向房间的设置，使大多数房间安排为南北向;同时还可以借助一些外廊、凹廊等形式，利用其自身的凹凸变化来形成自遮阳。在一个建筑群中，还可以利用建筑之间相互遮挡的方式来实现遮阳的目的。图 5-11 伦敦市政厅，建筑主体逐层向南倾斜，以上层出挑楼板形成对下层窗口的遮阳。

3. 各取所需原则

所谓各取所需，是指根据各功能房间对日照、温度等条件的需求的不同，合理的选择窗口的遮阳类型和方式,以及按房间所需来设置该房间窗口的朝向、大小、位置等。

性质不同的房间对采光、通风、光入射量等都有着不同的需求，所以不能一概而论。例如书库、珍品库、药房等房间，过量的紫外线辐射会造成书籍、文物、药品等的褪色、变质。因此，对于该类房间应根据最不利的日照角度（如冬至日、大满日等时间）来设计遮阳，尽量避免直射光进入室内。

而教室、阅览室等房间，既要求室内温度不宜过热，又要避免强光刺激眼睛造成眩光，进而影响正常的学习和工作，同时又要求满足采光要求。在这种情况下，遮阳的作用就是要将直射光变成柔和的反射或漫反射光来满

图 5-11 伦敦市政厅
自遮阳设计

足该类房间的功能要求。

对于普通办公室、住宅、宿舍等遮阳目的主要是隔热，以降低空调负荷和暖负荷，提高使用者的热舒适性，这类房间只需按一般遮阳标准设计。

4. 可行性原则

遮阳设施的选择不能一味追求阻挡太阳辐射的效果，从而影响了建筑其他方面的功能，所以遮阳设施的选择还必须考虑构造设计的可行性，即在满足遮阳季节遮阳需求的同时，还应尽量满足下列要求：

（1）满足冬季日照要求，把对冬季室内获得太阳热辐射的影响降到最小；

（2）有导风入室的作用，最大限度地满足自然通风的作用；

（3）阴天不影响自然采光，晴天不产生眩光；

（4）不遮挡室内人们视野；

（5）不影响立面美观；

（6）不影响建筑其他功能的使用；

（7）低碳环保、构造简单、坚固安全、维修方便、造价经济合理。

5.3.2　遮阳季节和时间的确定

遮阳季节的确定，是根据当地气候条件，再参照 29℃ 气温和 280W/m² 日辐射强度来确定的。即统计一个地区一年的这样气温图，绘出 29℃ 的等温线，那么等温线包含的月份就是当地需要遮阳的季节。

以武汉地区为例，从图 5-12 中我们可以看出从 6 月中旬到 8 月下旬时间内的气温都高于 29℃，所以这个时间段武汉地区就需要采取遮阳措施。

遮阳时间则是由窗口的朝向、窗口的受照时间、遮阳季节中气温高于 29℃ 时的时间，以及太阳在不同方向的辐射强度（图 5-13）等这些因素来共

图 5-12　武汉地区遮阳气温图（左）
（图片来源：王立雄《建筑节能》）

图 5-13　武汉地区各朝向太阳辐射图（右）
（图片来源：王立雄《建筑节能》）

时间	五月 上	五月 中	五月 下	六月 上	六月 中	六月 下	七月 上	七月 中	七月 下	八月 上	八月 中	八月 下	九月 上	九月 中	九月 下
5															
6				23	日出线										
7			23	24	26	27	29	27	26	25	24				
8			24	25	27	27	28	28	27	26	24				
9			25	26	27	28	29	29	28	27	26				
10			26	27	28	29	30	30	29	28	27				
11		27	28	29	30						30	29	28		
12		28	29	30							30	28			
13		28	29	30							30	29			
14		28	29	30							30	29			
15		28	29	30							30	29			
16		28	29	30							30	29			
17		28	29	30							30	28			
18		28	29	30						30	31	30	29		
19		27	28	29	30	31	31	30	29		日没线				

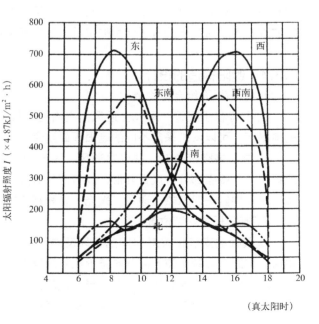

（真太阳时）

同决定的。

窗口的受照时间，我们可以根据当地的平射影日照图（图5-14）来确定各个朝向的受照时间。例如东向的口，它的受照时间是从日出到正午12时。

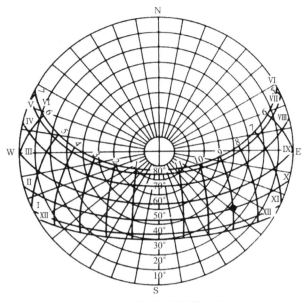

图5-14 北纬36°平摄影日照图
（图片来源：王立雄《建筑节能》）

5.3.3 遮阳构件尺寸的确定

遮阳构件尺寸的确定通常采用MT型阳光尺规法作图来计算。目前根据日照和遮阳计算原理研发的专业软件在很大程度上方便了遮阳计算过程，并且《建筑物理》等教材中已经有了详尽的讲解，这里就不再赘述。

5.3.4 遮阳构造的设计

1. 遮阳板面组合与构造

为了有利于视野、采光、通风、立面处理等因素，在满足遮挡直射阳光的前提下，可以考虑采用不同的遮阳板面组合。

为便于热空气逸散，减少对通风、采光的影响，通常将板面做成百叶形或蜂窝形，或者部分做成百叶形，或者部分做成百叶并在前面加上吸热玻璃挡板。后一种做法对隔热、通风、采光、防雨都比较有利。

2. 遮阳板的安装位置

遮阳板的安装位置对房间的通风及热环境影响较大。水平遮阳板应离开墙面一定距离安装，使大部分热空气能够沿墙面排走。遮阳板的安装还应尽量减少对风的阻挡，最好还能够兼起导风板的作用。设置窗帘、软百叶等临时遮阳措施时，宜安装在室外，以减少对室内气温的影响。

3. 材料与颜色

遮阳构件的材料应当坚固耐用，同时为减轻自重，宜采用轻质材料。材料外表面对太阳辐射热的吸收系数要小，而内表面的辐射系数要小。

遮阳板朝向阳光的表面应采用浅色、亮色，以减少对太阳辐射的吸收和增强对阳光的反射，而背对阳光的一面，则应采用无光泽的暗色，以免产生眩光。

4. 活动遮阳

活动遮阳，过去多采用木百叶转动窗，现在多用铝合金、塑料制品、吸热玻璃等材料。活动遮阳板的调节方式可为手动或电动，还可通过电子仪器实现自动调节。

5. 绿化遮阳

绿化遮阳特别适合低层建筑，可以根据窗户的朝向及太阳高度角、方位角并充分考虑通风、采光、观景等需要，安排适当的位置与树种植树，也可在窗外种植蔓藤植物。绿化不但能遮阳，还能改善室外的微气候，美化室外环境。

5.4　建筑一体化遮阳设计实例

随着人们生活水平的提高，人们对建筑空间质量的要求也越来越高，窗口的面积也越来越大，进而建筑的冷热负荷也随之不断飙升，柯布西耶式的混凝土遮阳已经远远不能满足要求。新一代的以生态技术为手段的建筑师正在积极探求更加高效的遮阳方式，多功能、可调控的一体化遮阳系统应时而生。

1. 德国邮政大厦

德国邮政大厦 (The Post Tower) 是德国著名的邮政公司 (Deutsche Post World Net) 的新总部大楼。这座高耸入云，能够俯瞰莱茵河的大厦高达 162.5m，现已成为德国前首都波恩 (Bonn) 市的最新标志性建筑物。该大楼由世界著名的建筑师 Helmut Jahn 设计。

大厦采用了双层玻璃幕墙系统，不仅实现了自然通风、隔声、防雨防风等功能，还在两层玻璃幕墙之间缓冲空间内设置了百叶作为遮阳装置。幕墙外层玻璃后面装有风雨防护式遮阳装置，该外层玻璃采用内部充氩双层低铁 Low-E 玻璃，在满足玻璃自遮阳的同时又能保证幕墙的高透明度。该系统还具有自适应性和可更换性，通过自然通风、自然采光以及太阳能智能控制系统，达到外部条件与内部舒适度之间的平衡并使所需技术设备最少化，最终达到模拟人体皮肤良好适应性的目的。

2. 法国国家图书馆

法国国家图书馆 (Bibliothèque nationale de France，BnF)，又名密特朗国家图书馆，是法国的国家图书馆，也是法国最重要的图书馆之一。该图书馆由法国 35 岁青年建筑师多米尼克·佩罗主持设计。整个建筑从外表到室内见不到水泥、瓷砖、石灰、油漆、涂料等材料，所有的墙壁或是铝合金或是玻璃，地面从室外到室内全是木质的，家具大都是木质的，玻璃及金属材料给人以强

图 5-15 德国邮政大厦全景（左）
图 5-16 德国邮政大厦幕墙系统（右）

烈现代意识，木地板和森林则使人返璞归真。由于建筑外表是玻璃的，为了保护图书，避免阳光辐射，每扇玻璃后面有块可以旋转的木板，可以根据日照方向调节角度。同时，当阳光照射时，被本木色的木板反射后阳光进入建筑内部，又能给内部的阅览空间提供柔和的自然采光。

图 5-17　法国国家图书馆全景　　图 5-18　建筑细部构造　　图 5-19　建筑内部光影效果

3. 德国柏林 GSW 公司总部大楼

德国柏林 GSW 总部大楼（图 5-20）位于首都柏林原东西德之间的查理检查站附近。这栋大楼平面进深 11m，主要是通过东西两边离地 60cm 水平连续的大玻璃采光。建筑东立面采用可开启的夹有百叶帘遮阳装置在中间的双层玻璃（图 5-21）；西立面是全景玻璃幕墙（图 5-22）。该幕墙由三层组成，最

图 5-20　GSW 总部大楼　　　　图 5-21　大楼东立面　　　　　图 5-22　大楼西立面
（图片来源：《世界建筑》）　　（图片来源：《世界建筑》）　　（图片来源：《世界建筑》）

外层是单层玻璃幕墙系统；中间夹层在 1m 进深的空间内安装上许多打孔的铝制遮阳板，每层还有一层隔栅铁网给安装及修理用；最里层同样是离地 60cm 的连续可开启的双层玻璃窗。遮阳板会根据室内采光条件由中央遮阳自控系统整体调节它的旋转角度，同时也可以因个人的舒适度局部调整控制。

单元思考题

1. 了解建筑一体化遮阳设计智能化的知识。
2. 深入学习可持续发展理念在建筑遮阳设计中的体现。

建筑节能设计与软件应用

6

教学单元6　可再生能源利用

教学目标

掌握可再生能源的种类；学习太阳能、地热能、空气能等可再生能源利用技术的基础知识；了解太阳能光热利用技术、地源热泵技术、空气源热泵技术的应用；能够按照被动式太阳房设计的基本要点进行建筑节能设计，能够按照太阳能热水器与建筑一体化要求进行居住建筑的节能设计。

可再生能源一般泛指取之不竭的能源。严谨地说，是人类有生之年都不会耗尽的能源。可再生能源不包含资源有限的能源，如化石燃料、核能等。1981年联合国在新能源和可再生能源会议上对可再生能源作了如下定义："运用可再生能源需要创新开发利用技术；可再生能源储量丰富、绿色环保；未来将代替储量有限、对环境有破坏的化石能源；可再生能源不同于常规能源，对环境污染小，有利于保护生态环境；其中太阳能、地热能等是未来使用的重要方向。"我国2009年修订的《中华人民共和国可再生能源法》第一章第二条指出"本法所称可再生能源，是指风能、太阳能、水能、生物质能、地热能、海洋能等非化石能源。"

6.1　我国可再生能源概述

中国需要大力发展可再生能源。概括来说就是要满足可持续发展的要求。可持续发展包含的内容非常广泛，从能源利用角度说，就是要实现能源的可持续利用。可持续能源发展包括两个基本目标：一是要保证能源安全，二是要有利于环境的改善。

因此，近年来中国不断推出激励政策来促进可再生能源的发展。据报道，国家能源局起草的《可再生能源电力配额考核办法（试行）》（以下简称《考核办法》），2014年8月已由国家发改委主任办公会议讨论并原则通过，目前正在征求各方建议，方案再次修订后将上报国务院审批。该文件将指导2015～2020年可再生能源消纳任务，并制定出一系列激励和惩罚措施。也就是说所谓可再生能源配额制政策，是指各省（区、市）均须达到使用可再生能源的基本指标，在电源中强制规定必须有一定的可再生能源配额。如果达不到既定目标，基层政府和电网企业都将被问责。《考核办法》将会在电改政策出台后执行，那时阶梯电价制度将会随之实施，从而影响到居民的生活。即以家庭为单位用的电多花费也多。因为关乎个人切身利益，势必使人们对可再生能源利用的关注度越来越高，进而促进我国可再生能源利用的发展。

可再生能源是可持续利用的、有利于人与自然和谐发展的清洁能源，我国可利用的可再生能源一般有太阳能、地热能、风能、空气能、生物质能等。建筑如确定采用可再生能源，则从建筑的规划选址阶段就应将其纳入考虑。首先通过调查评估当地可利用的可再生能源（太阳能、地热能、空气能、风能等），合理确定其利用方式；其次，充分利用场地环境、建筑布局、细部构造等方面的特点，精心设计可再生能源利用系统，务必确保其利用效率。也就是说可再生能源利用一定要考虑"因地制宜"原则。结合我国能源消耗实际情况和地区的差异性，应重点将太阳能、地热能、空气能等可再生能源应用到建筑设计当中。

6.2 太阳能利用技术

6.2.1 我国太阳能分布情况

太阳能是各种可再生能源中最重要的基本能源，也是人类可利用的最丰富能源。太阳每年投射到地面上的辐射能高达 1.05×10^{18} kW·h（3.78×10^{24} J），相当于 1.3×10^{6} 亿吨标准煤。按目前太阳的质量消耗速率计，可维持 6×10^{10} a（年）。所以可以说太阳能是"取之不尽，用之不竭"的能源。

按太阳辐射年总量的不同，我国大致可以分为四个区：资源丰富区、资源较丰富区、资源可利用区、资源欠缺区。

我国有着丰富的太阳能资源，从中国太阳年辐射总量的分布来看，西藏、青海、新疆、甘肃、内蒙古、辽宁、宁夏南部、山西北部、陕西北部、河北东南部、山东西部、河南东北部、吉林西部、云南中部和西南部等广大地区的太阳辐射总量很大，尤其以青藏高原地区最大。而以四川省、贵州省、重庆市的太阳年辐射总量最小。也就是说除了四川与贵州两省及重庆市不适宜太阳能利用以外，我国大部分地区都具有较好的太阳能资源，这为我国在建筑中充分利用太阳能这种绿色的清洁能源，减少建筑能耗，改善能源结构，提高可持续发展能力提供了资源保证。

6.2.2 太阳能利用技术基本方式

太阳能利用技术的基本方式可分为太阳能光热利用、太阳能光电利用、光生物利用、光化利用四大类：

1. 太阳能光热利用：太阳能光热利用技术是太阳能利用技术中效率最高、技术最成熟、经济效益最好的一种。主要包括被动式太阳房、太阳能供热水、太阳能采暖、太阳能制冷等。

2. 太阳能光电利用：利用太阳能发电的方式有多种。目前已推广应用的主要有以下两种。一是"光－热－电"转换，即利用太阳辐射所产生的热能发电。一般是用太阳能集热器将所吸收的热能转换为工质的蒸汽，然后由蒸汽驱动汽轮机带动发电机发电。前一过程为光－热转换，后一过程为热－电转换；二是"光－电"转换，也称为光伏转换，其基本原理是利用光生伏特效应将太阳辐射能直接转换为电能，它的基本装置是太阳能电池。

3. 光生物利用：通过植物的光合作用来实现将太阳能转换成为生物质的过程。目前主要有速生植物（如薪炭林）、油料作物和巨型海藻等。

4. 光化利用：这是一种利用太阳辐射能直接分解水制氢的"光－化学"转换方式。

6.2.3 太阳能光热利用技术应用

我国政府目前正大力推广太阳能光热技术在建筑领域中的应用，其中被动式太阳房设计、太阳能热水器与建筑一体化利用、太阳能供暖等技术的应用最为广泛。

1. 被动式太阳房设计：被动式太阳房设计就是充分结合大自然因季节更替而产生气候变化的特点，在建筑设计中把太阳能系统作为房屋的一个有机组成部分，在建筑周围环境设计、遮阳设计、通风设计以及能量储存中体现出太阳能的被动利用。做到房屋在夏季能有效地组织通风和减少太阳辐射，在冬季能有效地利用太阳能和对外墙、外窗进行保温，提高室内温度。使太阳能与房屋协调共存。

被动式太阳房设计要点为首先考虑合理的房屋平面布局。在建筑平面设计时建立合理的热环境分区，使房屋主要使用空间得到保护。因为空间的功能不同，人们对热舒适度的要求也会不同。这就要求设计师在建筑设计中，应按照空间对热舒适度的不同需要进行合理分区，将对热舒适质量要求较低的房间，如住宅中的厨房、卫生间、走道、储物间等置于冬季温度相对较低的区域，而将起居室、卧室布置在好的朝向和区域内，这样可以利用太阳辐射热保持室内较高的温度，同时设计好次要房间的位置以减少起居室、卧室等主要房间的散热损失。

其次，应当设置气候"缓冲区"丰富室内甚至建筑区域内微环境。如中国传统院落式建筑中的天井，就是利用院落的天井空间，并注重设计内院与房间之间的界面以及内院直接向外开敞的界面均具有灵活变动的能力，以做到夏季通风和冬季避寒；又如现代公共建筑中的中厅大堂，利用太阳辐射对空气的加热，使室内空气产生对流，创造"烟囱效应"也就是利用被动方式进行自然通风。总之，设置气候"缓冲区"，可针对不同季节的外部气候条件，利用遮阳设计等手段对"缓冲区"选择开放或关闭来调节建筑区域或者建筑内部气候。在保证室内热舒适度的前提下，以减少暖气或空调系统运行而造成的能耗损失。

被动式太阳房设计还应当考虑房屋的能量储存，就是将建筑物的全部或一部分既作为集热器又作为储热器和散热器，以间接方式采集利用太阳能。如在严寒和寒冷地区的房屋南部可设置阳光间蓄热，冬季时阳光间可为房屋主要房间提供热量，同时也可作为房屋主要房间热量消散的缓冲区；夏季时阳光间应保证具有良好的遮阳设计和通风设计，以做到最大限度对太阳能的利用。

2. 太阳能热水器与建筑一体化利用：2007年，国家发改委在《推进全国太阳能热利用工作实施方案》中提出，我国将制定太阳能热水器的强制安装政策。因此近年来，全国各地纷纷出台强制性安装太阳能热水器的政策规定，山东、山西、辽宁、江苏、海南、广东等地分别出台了强制政策，但强制的上限一般控制到建筑层数不高于12层。2013年10月山东省济南市出台了《太阳能系统百米建筑强装令》，该规定要求"自2014年起，市域内建筑高度100m以下新建、改建、扩建的住宅和集中供应热水的公共建筑，一律设计安装使用太阳能热水系统"，从而将强制政策再次升级。这对太阳能热水器与建筑一体化应用的发展起到了极大促进作用，同时也说明了设计师在建筑设计阶段就应把太阳能工程融入建筑设计当中的必要性。

以居住建筑为例，其太阳能供热水系统根据集热与供热水方式的不同可分为分散供热水系统、集中供热水系统、集中－分散供热水系统三种。

（1）分散供热水系统：分散供热水系统根据建筑层数的不同安装方式也不同，多层住宅的分散供热水系统是将一体化的太阳能集热器和贮水箱放在住宅的顶层，注水则通过自来水的压力引入到水箱，热水的使用是通过落差落水的太阳能供热水系统；而高层住宅的分散供热水系统是将终端用水点以户为单位，独立在本户墙外或阳台外设置壁挂式集热器，一般在阳台内设置贮水箱、辅热设备，然后安装相关管路通向供热水点的太阳能供热水系统（图6-1）。

分散供热水系统是目前技术最成熟、应用最广泛同时也是出问题最多的供热水系统，目前多层住宅的分散供热水系统基本停留在预留管道、统一安装甚至居民自行安装这一层面，这种安装太阳能热水器的方式尽管施工简单，但出现的问题一般有管井内上下水管较多，出现问题后漏水点不易查找；有些旧楼太阳能改造项目因管井安放水管根数有限而将上下水管从建筑外墙钻孔进入室内，造成冬季水管容易冻裂，也影响了建筑的外观和外墙保温效果；太阳能集热器在屋面摆放随意，影响了建筑的外观；安装不当可能损坏屋面防水层，与顶楼住户产生矛盾；一楼住户塑料水管管路过长，热损失较大等诸多问题。高层的分散供热水系统出现的问题一般为底部几层因邻近建筑物遮挡导致太阳光线照射不足、立面腰线及局部造型影响壁挂式集热器安装、集热器沿墙外或阳台外安装牢固性不足、后期集热器维修及更换配件不方便等问题。

（2）集中供热水系统：是指将太阳能集热系统、贮水箱及辅助部分全部集成化，统一安装集热器，统一设置集中贮水箱及辅助加热设备，然后将热量再次分配至各用水终端的太阳能供热水系统（图6-2）。

集中供热水系统的工作原理是当光照充足时，集热器将贮水箱的冷水加热到设定水温，并为了保证贮水箱中水温恒定，还可以通过加设恒温水箱保持

图6-1 分散供热水系统集热器与贮水箱

整个系统的恒温供水。当光照不足时，可以利用热泵进行辅助加热。辅助热源可采用燃气或电加热器，一般设置在各用户卫生间或厨房内。集热器、集热循环泵以及贮水箱设置屋顶，控制柜设置在屋顶设备间内，供热系统供回水立管（2根）及由一层引入至屋面储供热水箱的1根自来水供水立管，均设置在各层公共走道水表管道井内。各层至每户的太阳能热水供水管，分别从供热系统供水立管上接出，并经热水表计量后，供给用户使用。

集中供热水系统采用了智能化的控制技术，可以对水温进行实时监控，可以最大化地利用太阳能进行供热。集中供热水系统由于采用了集中集热、集中储水、分户计量（热水）的直接供热水系统，其系统设计简单，便于维护和管理，而且不受楼层高低限制，可以很好的实现太阳能热能资源共享。但同时存在水质容易受污染、楼顶水箱因体积大导致结构负载大、冷热水压不平衡等缺点。而且每单元住户的入住率要至少达到2/3，使用效率要大于60%。不然系统运行公摊费用将会很高，从而增加一些入住率不高的社区住宅住户额外的负担。

（3）"集中－分散"供热水系统：是指将住宅中每户的集热器集中放在屋面上并组合在一起，在每户内独立安装一个具有换热功能和辅助加热功能的贮热水箱的太阳能供热水系统（图6-3）。

图6-2　集中供热水系统集热器与贮水箱

图6-3　集中－分散供热水系统组合集热器

每套"集中－分散"供热水系统都由组合的集热器、缓冲水箱、太阳能循环泵、循环管路、控制柜、换热水箱、供水管路、控制器等组成。组合的集热器集中安装在住宅的屋顶上，缓冲水箱、太阳能循环泵等设置在屋顶设备间内。集热系统以防冻液或水为传热介质，采用温差循环，如采用水为传热介质在冬季夜间应将循环管路中的水排入缓冲水箱，以达到防冻目的。换热水箱安装在各用户卫生间或厨房内，通过供水管路与缓冲水箱连接，传热介质经由换热水箱内的换热器，将热量传递给生活热水供用户使用。换热水箱内置电辅助加热装置，当光照不足时可启动电辅助加热装置以保证生活热水达到预设温度。

"集中－分散"供热水系统使用本户水电，太阳能供热不进行计量，只均摊循环水泵的电费，经济性好于集中供热水系统，但高于分散供热水系统。这种供热水系统安全可靠、便于管理、使用寿命长、底层用户也可享受太阳能带来的实惠。"集中－分散"供热水系统还可以将太阳能热水系统从内部管线到外观形象一体化设计，利用太阳能集热器替代屋顶覆盖层，使太阳能热水系统变成住宅的一部分，同时兼顾太阳能热水系统外在的安全、美观和内在的能源可持续利用，达到真正意义上的太阳能热水系统与建筑一体化。但同时集中－分散供热水系统也有着一次性投入成本偏高、热水使用舒适度不高等缺点。

6.2.4 太阳能与建筑一体化设计

太阳能与建筑一体化设计，是指太阳能装置及构件在建筑上的应用，把建筑、技术和美学融为一体，做到太阳能与建筑设计有机的结合。如何在建筑上加以合理的布置和充分地利用太阳能资源，使太阳能装置能够规范地与建筑物相结合，使之成为建筑物有机的组成部分，是建筑师与生产厂商需要共同探讨研究的课题。

建筑师过去一直侧重于建筑设计的功能、需求和立面效果，往往忽视了太阳能的使用问题。今后建筑师在这方面应作一些努力和探索，做到在建筑设计初期阶段开始就把太阳能装置作为建筑的一个不可缺少的构件来考虑，使之成为建筑的有机构件。应该综合考虑太阳能建筑设计的可能性、美观性、适用性和经济性。

在国内，大规模建设的居住建筑是太阳能技术的主要运用对象。对于居住建筑中太阳能装置的设计，具有众多重复性的景观元素出现。对于利用太阳能采暖的住宅，任何立面上的复杂化都会带来建筑的自身遮挡和外围护结构面积的加大，所以应注意立面设计力求简单，避免立面上的过分凹凸。但一味地要求节能，便会忽略住宅是作为人们生活场所和城市景观的一部分的事实，特别是由于住宅的规模较大，由此对于城市面貌产生的影响不容忽视。鉴于以上原因，太阳能与居住建筑一体化必须遵守以下基本原则：

1. 富有韵律感。居住建筑无论何种体形，相对于独户来说居住建筑都有较大的体量，拥有较大向阳的外表面积和相同户型的立面重复性，这些都为设计师提供了在设计立面时追求韵律感的平台。太阳能装置与建筑的结合切不可杂乱无章，适当利用建筑的外墙面积，组合出一种设计单元进行复制，创造出竖向或横向的组合线条。

2. 色彩协调。色彩是影响我们对于建筑外观感觉的重要因素，利用特殊的色彩设计，是达到可识别性立面设计的手段之一，也是建立居住区领域感的前提。太阳能与居住建筑一体化的设计应充分考虑太阳能装置和建筑主体的色彩，使其与建筑有机地结合起来。

3. 结合细部设计。鉴于太阳能集热装置的尺度以及细微的表现力，建筑本身也应有相应的构件与之对应，以达到相互融合的效果。如各种类型的活动盖板、百叶、窗帘以及室内外的护栏具有的机理、色彩既可以加强建筑细部的表现力，又可以达到保温、遮阳等作用。

从以上可以看出，按照太阳能与建筑一体化的设计原则，应将太阳能系统作为建筑的组成部分，与建筑工程同步规划、同步设计、同步施工、同步验收。在规划设计时综合考虑所在地区的地理纬度、气候状况、场地条件及周围环境，在确定建筑布局、朝向、间距、群体组合和空间环境时，满足太阳能装置的设计和安装的技术要求。在结构上，妥善安装，确保建筑物的承载、防水等功能不受影响。在管线布置上，合理布置各种管路，尽可能减少热损耗。还要使太阳能与其他能源加热设备的匹配合理，尽可能实现系统的智能化和自动控制。系统运行上，确保节能、安全、可靠、稳定，并保证各种设施的适配性以及易于安装、检修、维护及管理。

6.3 地热能利用技术

6.3.1 地热能概述

地热能是指来自地下的热能资源。地球表面水源和土壤是一个巨大的太阳能集热器，收集了47%的太阳能量，因此我们生活的地球是一个巨大的地热库，仅地下10km厚的一层，储热量就达1.05×10^{26}J。地热能可以说是天生就储存在地下的，不受天气状况的影响，既可作为基本负荷能使用，也可根据需要提供使用。地球表面或浅层水源温度具有较恒定的特性，一年四季相对稳定，一般为$10 \sim 25℃$，冬季比环境空气温度高，夏季比环境空气温度低，是很好的热泵热源和空调冷源。在世界很多地区地热能的利用相当广泛，技术应用已经非常成熟并且依然在不断地完善，在可再生能源开发方面未来的发展潜力依然相当巨大。

地源热泵技术是目前建筑工程中应用最为成熟的一种地热能利用技术。其是以岩土体、地下水或地表水为低温热源，由水源热泵机组、地热能交换系统、建筑物内系统组成的供热空调系统，称之为地源热泵系统。地源热泵工作原理类似于普通的制冷空调系统，只是取代空气源而利用地表浅层作热源为建筑物提供所需要的能量。该技术利用大地表层中恒定的温度以及储存于地下土壤层中近乎无限的可再生低品位热能，通过输入少量的高品位能源（如电能），实现了低温热源向高温热源的转移，地表土壤浅层（包括地下水）分别在冬季和夏季作为低温热源和高温冷源，能量在一定程度上得到了循环回用，符合绿色节能的基本要求和发展方向。地源热泵技术是能在住宅、商业和其他公用建筑供热制冷空调领域发挥重要作用的可再生能源利用技术，其运用在我国已经日臻成熟，并且近几年更得到了较快的发展。

地源热泵技术可应用的地区为：具有丰富的地下水资源、地表水资源或者适合于挖沟钻孔布井，并且具有足够挖沟或布孔面积的土壤资源的地区。地源热泵系统的应用可以全部或部分地替代常规供热空调方式，在有些工程项目中采用地源热泵为主、常规方式调峰的复合式系统，也可以达到较好的节能效果。

6.3.2 地源热泵技术应用

地源热泵系统利用浅层地热能资源作为热泵的冷热源，按与浅层地热能的换热方式不同分为三类：地表水换热、地下水换热、地埋管换热。三种地源利用方式对应的热泵技术分别为地表水源热泵技术、地下水源热泵技术、土壤源热泵技术。

1. 地表水源热泵技术：地表水源热泵系统的低位热源指江水、海水、湖泊、河流、城市污水等地表水。在靠近江河湖海等大容量自然水体的地方，适于利用这些自然水体作为热泵的低温热源，这些水体的温度夏季一般低于空气温度，而冬季一般高于空气温度，为提高机组的效率提供了良好条件。

一定的地表水体所能够承担的冷热负荷与水体的流量、面积、水体深度以及气温等多种因素有关，需根据具体情况进行计算；在项目决策时，应当对水体资源量进行评估认证，水源热泵的换热对水体可能带来潜在的生态环境影响有时也需要预先加考虑，以防止对水体产生热污染。

与地表水进行热交换的地源热泵系统，根据传热介质是否与大气相通，分为闭式环路和开式环路系统两种（图6-4）。将封闭的换热盘管按照特定的排列方法放入具有一定深度的地表水体中，传热介质通过换热管管壁与地表水进行热交换的系统称为闭式环路系统。闭式环路系统将地表水与管路内的循环水相隔离，保证了地表水的水质不影响管路系统，防止了管路系统的阻塞，也省掉了额外的地表水处理过程，但换热管外表面有可能会因地表水水质状况产生不同程度的垢结，从而影响换热效率。

地表水在循环泵的驱动下，经水质处理后直接流经水源热泵机组或通过中间换热器进行热交换的系统称为开式环路系统。其中，地表水直接流经水源热泵机组的称为开式直接连接系统；地表水通过中间换热器进行交换的系统称为开式间接连接系统。开式直接连接系统适用于地表水水质较好的工程，但还需要进行除砂、除藻、除悬浮物等必要的处理。

2. 地下水源热泵技术：地下水源热泵系统主要由四部分组成：水循环系统、水源热泵机组、室内空调系统和控制系统。地下水源热泵系统一般有制热和制冷两种工况。在制热工况时，一次水循环系统将地下水中的热能传送到蒸发器，制冷剂在蒸发器中蒸发，从地下水源中吸热，通过压缩机压缩的作用，

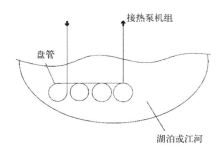

(a)

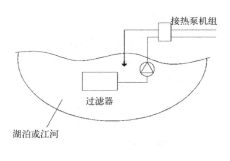

(b)

图6-4　地表水源热
泵系统分类
（a）闭式环路系统；
（b）开式环路系统

制冷剂的温度升高，在冷凝器中制冷剂将热量释放出来，经过二次水循环系统，将热能传送到建筑物内，达到供热的目的。在制冷工况时，二次水循环系统将建筑物内的热能传送到蒸发器中，制冷剂在蒸发器中蒸发，通过压缩机压缩的作用，制冷剂的温度升高，在冷凝器中制冷剂将热量释放出来，与一次水循环系统进行热交换，并将这部分热量排放到地下水源中，从而实现对建筑物供冷。

地下水源热泵系统以地下水作为热泵机组的低温热源，因此，需要有丰富和稳定的地下水资源作为先决条件。地下水源热泵系统的经济性和地下水层的深度有很大的关系。如果地下水位较深，不仅打井的费用增加，而且运行中水泵耗电过高，将大大降低系统的效率。地下水是紧缺的、宝贵的资源，对地下水资源的浪费或污染是不允许的，因此，地下水源热泵系统必须采取可靠的回灌措施，确保置换冷量或热量的地下水100%回灌到原来的含水层。地下水的回灌模式包括同井回灌和异井回灌两种（图6-5）。同井回灌指抽取水与回灌水在同一个井中完成；异井回灌指抽取与回灌过程分别在不同的井中完成。

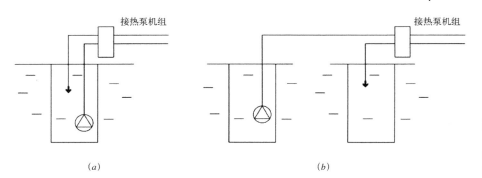

图6-5 地下水源回
灌模式
(a) 同井回灌；
(b) 异井回灌

从地下水源热泵的工作原理可以看出，地下水源热泵从地下水中不断提取能量的过程，是一个提升大量的地下水至地面，通过热泵机组提取能量后，再将其回灌到地下的连续运行过程。由于水源热泵的地下水回路不是完全的密封系统，如果运行策略不当会造成抽水量大于回灌量、地下水易受污染、水资源浪费等问题。因此，必须对地下水源热泵系统的运行管理进行定期监控，以便及时了解和掌握地下水源热泵系统的运行动态，保证地下水源的安全以及热泵机组的高效运行。

3. 土壤源热泵技术：土壤源热泵系统是指利用地下土壤蓄积的热能作为热泵机组的低位热源，通过热传导介质（水或以水为主要成分的防冻液、风等）在封闭的地下埋管中流动，实现系统与大地之间的换热。土壤源热泵系统既保持了地下水源热泵利用大地作为冷热源的优点，同时又不需要抽取地下水作为传热的介质，保护了地下水环境不受破坏，是一种可持续发展的建筑节能新技术。由于土壤源热泵中，地下埋管与土壤的换热主要依靠热传导的换热方式，因此与地表水和地下水的水源热泵相比较，其换热效率相对较低，因而挖沟或打孔钻井所占用的面积较大，因此初期投资相对较高。但我国当前的政策是当采用地下水源热泵系统时其运行期间（不论回灌与否）均要向管理部门缴纳一定费用，所以土壤源热泵技术运行费用相对较低。

地下埋管装置称之为地埋管换热器，根据管路埋置方式不同，可以分为水平式和竖直式地埋管换热器（图6-6）。水平埋管通常采用浅层敷设，在软土地区较为合适，可以不设坡度，最上层管应在冰冻线下0.4m，据地面深度不小于0.8m。水平埋管由于埋设较浅，开挖技术要求不高，初始投资低于竖直埋管，但其占地面积大，开挖工程量大，所以这种埋管方式应结合工程实际情况选用。竖直埋管地源热泵系统是指在地面上竖直方向打深约30～100m的井，打井深度取决于土质和建筑范围的情况，将换热管竖直埋入地下，实现换热管中的热传导介质和土壤的热交换。这种埋管方式占地面积小，受外界的影响极小，恒温效果好，初始投资高，施工完毕后需要的维护费用较少，用电量小，运行成本相对降低。竖直埋管地源热泵系统是国际地热组织的推荐形式。但如何提高钻孔效率,降低初始投资中的钻孔费用是这种埋管方式研究的重点。

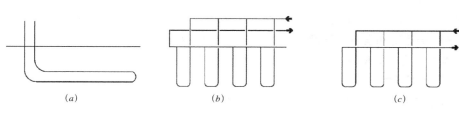

图 6-6　地埋管换热器的埋置方式
(a) 水平式埋管换热器；
(b) 竖直式埋管换热器同程系统；
(c) 竖直式埋管换热器异程系统

新风地埋管式地源热泵技术是一种新型的土壤源热泵技术，其是利用浅层地能进行供热制冷的新型能源利用技术，是把热交换器埋置于地下，通过新风在由高强度塑料管组成的封闭环路中循环流动，在冬季可把土壤中的热量"取"出来供给室内用于采暖，在夏季可以把室内的热量"取"出来释放到土壤中去。从而实现与大地土壤进行冷热交换的目的。因此具有节能和环保双重效益。近年来按照德国的被动式房屋技术建造的很多房屋就利用了这种新风地埋管式地源热泵技术，其没有燃烧过程、无污染排放、不向外排热、不需抽取地下水、不破坏地下水资源，是一种利用地下浅层地热资源供热制冷的环保型地源热泵系统。地下热交换器根据埋管方式的不同，同样也分为水平埋管和竖直埋管两种形式，其中水平埋管方式因埋深浅、施工方便、经济适用性强、运行费便宜、易于维护等优点，可以在我国当前蓬勃发展的农村新型社区绿色住宅建设中推广。

6.4　空气能利用技术

6.4.1　空气的特性及其物理参数

人们通常所说的室外空气实际上是湿空气，是由干空气和一定量的水蒸气混合而成。干空气的成分主要是氮、氧、氩以及其他微量气体，多数成分较稳定，少数随季节变化有所波动，但从总体上可看作一个稳定的混合物。水蒸气在湿空气中的含量较少，但会随季节和地区而变化，其变化直接影响到湿空气的物理性质。

描述空气的基本物理参数有压力、温度、含湿量、相对湿度和比焓。在压力一定时，其他四个是独立的物理参数，只要知道其中任意两个参数，就能确定空气的状态，从而也可以确定其余两个参数。

湿空气的压力即通常所说均大气压力。湿空气由干空气和水蒸气组成，湿空气的压力应等于干空气的分压力与水蒸气的分压力之和。水蒸气分压力的大小，反映了湿空气中水蒸气含量的多少。水蒸气分压力越大，其含量越多。

温度是表示空气冷热程度的标尺。空气温度的高低对人体的热舒适度和某些生产过程影响较大，因此，温度是衡量空气环境对人和生产是否合适的一个非常重要的参数。

含湿量 d 是指 1kg 干空气所伴有的水蒸气量。大气压力一定时，空气中的含湿量仅与水蒸气分压力有关，水蒸气分压力越大，含湿量就越大。含湿量可以确切地表示湿空气中实际含有水蒸气量的多少。

相对湿度是指湿空气中的水蒸气分压力与同温度下饱和水蒸气分压力之比，表示湿空气中水蒸气接近饱和含量的程度，亦即湿空气接近饱和的程度。相对湿度的高低对人体的舒适和健康以及工业产品的质量都会产生较大的影响，是空气调节中的一个重要参数。

空气中的焓值是指空气中含有的总热量，通常以干空气的单位质量为基准，称作比焓。湿空气的比焓是指 1kg 干空气的比焓与其同时存在的 d kg 水蒸气比焓的总和。湿空气的比焓不是温度的单值函数，而是取决于空气的温度和含湿量两个因素。温度升高，焓值可以增加，也可以减少或者不变，要视含湿量的变化而定。

空气中所含热量可称之为空气能，空气能是取之不尽用之不竭的天然能源。如何合理利用空气能以实现资源配置的可持续发展是目前节能环保研究的重要课题，空气源热泵就是一种利用空气能并辅以少量高品位能源（电能）进行供热的节能环保装置，其运行中没有任何污染，是国家大力推广和开发的绿色环保设备。空气源热泵可一年四季全天候运行，不受夜晚、阴天、雨雪等各种天气的影响。

6.4.2 空气源热泵技术应用

空气源热泵技术是利用空气中的热量作为低温热源，通过输入少量高品位能源，经过冷凝器或蒸发器进行热交换，然后通过循环系统循环，提取或释放热能，再利用机组循环系统将能量转移到建筑物内，满足用户对生活热水、地暖或空调等需求。

空气源热泵的工作原理同传统空调一样遵循热力学逆循环原理，也就是逆卡诺循环原理。其工作原理为冬季空气源热泵以制冷剂为热媒，吸收空气中的热能并在蒸发器中间接换热，通过压缩机将低品位的热能提升为高品位热能，加热系统循环水，从而达到所需温度。夏季空气源热泵以制冷剂为冷媒，吸收空气中的冷量并在冷凝器中间接换热，通过压缩机将高品位的热能降为低品位的冷能，制冷系统循环水，从而降到所需温度。

空气源热泵主要分为"空气－空气"型空气源热泵和"空气－水"型空气源热泵两种。之所以分为"空气－空气"型和"空气－水"型，是根据蒸发器与冷凝器中与制冷剂进行热量交换的传导介质来进行分类的，也就是说，仅从与制冷剂进行热量交换的传导介质采用空气还是水的角度出发来进行分类。

1. "空气－空气"型空气源热泵："空气－空气"型空气源热泵是在单冷型的空调器基础上发展成型的，以制冷运行模式为例，在蒸发器和冷凝器侧均利用空气直接与制冷剂进行换热，可以看出其主要利用的是空气中的能量，所以称之为"空气－空气"型空气源热泵。一般来说，其作为夏季空调器的功能较好，热泵功能是辅助型的。通常是用四通阀转换夏季空调工况和冬季供热工况，四通阀也可兼用于冬季除霜工况。风冷式室内换热是传统设计，但风冷式需要较高的出风温度，风速是按照夏季工况制冷时设计的，而在冬季时因出风速度较大就会产生较差的居住舒适度。"空气－空气"型空气源热泵最大的优点就是结构简单，安装方便；但有着冬季舒适度差、低温下工作效率低、除霜时噪声大等缺点。所以从原理上讲，"空气－空气"型空气源热泵系统适于夏季空调，而不适合冬季供热。

2. "空气－水"型空气源热泵："空气－水"型空气源热泵在蒸发器侧利用水与制冷剂进行换热，水起传热或传冷介质作用，而在冷凝器侧，则利用空气与制冷剂进行换热，同样主要利用的是空气中的能量，所以称之为"空气－水"型空气源热泵。与"空气－空气"型空气源热泵相同，"空气－水"型空气源热泵一般也是用四通阀转换夏季空调工况和冬季供热工况，四通阀也可兼用于除霜工况。它们的主要区别是室内换热器，不是风冷式而是循环水式。循环水式是以水为传热介质，可降低冷凝温度。采用水冷的冷凝器，可在 40℃的冷凝温度下，产生 35℃的热水，提供给地板采暖，形成从下到上的自然对流，得到较好的采暖舒适度，也提高热泵的制热系数。到夏季，用冷水进入室内风机盘管，冷风从上至下，也有较好的舒适度。

"空气－水"型空气源热泵系统比较适用于冬季采暖要求，因此"空气－水"型空气源热泵＋低温地板辐射供暖系统目前在夏热冬冷地区和寒冷地区的新建住宅中广泛应用，并取得了非常好的节能效果。其运行模式为"空气－水"型空气源热泵机组是以制冷剂为载体，通过消耗少量电能将室外空气中低品位热能转化为高品位热能，将循环水加热，一般供水温度可设置在 30 ～ 40℃ 之间。地板辐射盘管是埋设于楼板上部的细石混凝土垫层或水泥砂浆保护层内的盘管，以整个或部分地面作为散热面，其散热形式主要以辐射为主。系统供暖运行时，地板盘管循环水与经过压缩机压缩的制冷剂蒸汽在冷凝器内进行换热后进入地板盘管进行供热。这种供暖方式比传统供暖方式节能 20% ～ 30%，并且房间内空气速度与温度分布较均匀、地板表面影响范围较大、室内空间温差较小、舒适性较好、经济性强，也可以在我国当前蓬勃发展的农村新型社区绿色住宅建设中推广。

空气源热泵系统的技术应用尽管日渐成熟，但在极端天气如严寒或高湿等外部环境下依然需要辅助能源才能保证其稳定运行。同样太阳能也不是一种稳定的能源，使用中常受季节、天气、地域等因素影响，不能全天候稳定热源，也必须寻求可靠、经济、环保的辅助能源，以实现系统的稳定运行。所以发展多种可再生能源复合利用技术，如太阳能与空气能的复合利用、太阳能与地热能的复合利用、空气能与地热能的复合利用等，才能解决可再生能源利用的稳定性和经济性，也才能为节能减排、清洁空气作出实质的贡献，从而实现我国建筑节能的可持续发展。

单元思考题

1. 按照被动式太阳房设计的基本要点完成一栋公共建筑的建筑设计方案。

2. 按照太阳能光热利用技术的基本要求完成一栋居住建筑的太阳能热水器与建筑一体化设计方案。

3. 为新型农村社区的绿色农房设计一套如何利用可再生能源的任务书。

7

教学单元 7　建筑节能设计标准与计算方法

教学目标

了解国家和地方建筑节能相关的规范和标准；掌握本地区居住建筑和公共建筑节能设计标准的主要技术内容与计算方法；能够按照国家和本地区建筑节能设计规范或标准进行公共建筑和居住建筑节能设计。

7.1 建筑节能设计标准简介

截止至 2015 年，国家出台的有关建筑节能设计的规范和标准主要有：《民用建筑热工设计规范》GB 50176—93、《严寒和寒冷地区居住建筑节能设计标准》JGJ 26—2010、《夏热冬冷地区居住建筑节能设计标准》JGJ 134—2010、《夏热冬暖地区居住建筑节能设计标准》JGJ 75—2012、《公共建筑节能设计标准》GB 50189—2005、《公共建筑节能设计标准》GB 50189—2015、《既有采暖居住建筑节能改造技术规程》JGJ/T 129—2012、《居住建筑节能检验标准》JGJ/T 132—2009、《绿色建筑评价标准》GB/T 50378—2014、《民用建筑节能条例》（国务院令第 530 号）等。此外，绝大多数省或直辖市也出台了与本地区相关的公共建筑节能设计标准和居住建筑节能设计标准。

7.1.1 《民用建筑热工设计规范》GB 50176—93 简介

为使民用建筑热工设计与地区气候相适应，保证室内基本的热环境要求，符合国家节约能源的方针，提高投资效益，制订了本规范。本规范适用于新建、扩建和改建的民用建筑热工设计。本规范不适用于地下建筑、室内温湿度有特殊要求和特殊用途的建筑以及简易的临时性建筑。建筑热工设计，除应符合本规范要求外，尚应符合国家现行的有关标准、规范的要求。规范内容包括总则、室外计算参数、建筑热工设计要求、围护结构保温设计、围护结构隔热设计、采暖建筑围护结构防潮设计六个章节。

7.1.2 《严寒和寒冷地区居住建筑节能设计标准》JGJ 26—2010 简介

我国严寒和寒冷地区面积占全国的 70%，建筑面积占 50% 左右。为进一步推动我国严寒和寒冷地区建筑节能工作的深入开展和建筑节能技术进步，由中国建筑科学研究院主编的《严寒和寒冷地区居住建筑节能设计标准》JGJ 26—2010 于 2010 年 8 月起实施。在本标准节能要求下，节能目标在 65% 左右，其中围护结构承担的节能率约为 35% ~ 40%，供热系统承担的节能率约为 25% ~ 30%。本标准主要包括了以下技术内容：

1. 细分了我国北方的严寒和寒冷建筑气候区。采用度日数作为气候子区的分区指标，按我国近十年的气象数据统计值，重新给出了我国的严寒和寒冷气候区的采暖度日数指标，并进一步将严寒和寒冷气候区细分为五个气候小区；完整给出北方 210 个城市的采暖期天数、采暖期室外平均温度、采暖期室外各朝向太阳辐射强度等节能设计计算参数，进而确定建筑围护结构规定性指标的限值要求。

2．从建筑及建筑热工设计角度，严格控制建筑体形系数、窗墙面积比要求。按照严寒、寒冷地区五个气候子区分别确定低层、多层、中高层、高层四类不同层高的居住建筑的体形系数及窗墙面积比限值。

3．提出了居住建筑围护结构热工性能规定性指标与性能性评价相结合的原则，规定了采用稳态计算的权衡判断法步骤和计算公式，给出了建筑物耗热量限值指标。

4．针对目前外墙保温的工程现状和技术要求，推出了基于二维传热理论的热桥节点"线传热系数（Ψ）"的概念，克服了原有一维传热理论按面积加权的方法的误差和不合理，采用新的评价指标可以准确评价不同保温构造的热桥影响。可以较为准确地对热桥进行定量分析，并以此评价热桥对外围护结构平均传热系数的影响。新标准给出了平均传热系数和线传热系数的计算公式。由于线传热系数的计算公式是基于二维传热方式建立的，计算量巨大，已不可能采用手工计算的方式完成。

5．对凸窗、封闭阳台等部位的热工设计要求进行了详细规定，结合规定性指标和性能性评价要求，本标准明确了保证最终的围护结构热工性能的设计与评价要求，进而采取相关的技术措施以加强建筑构造部位的潜在热工缺陷及热桥部位。对封闭阳台、地面等部位的热工设计计算方法提出了动态计算和稳态相结合的计算方式。

6．针对采暖系统新的节能要求，规定了热源、热力站及热力网、采暖系统、通风与空气调节系统设计的具体指标和要求。

7.1.3 《夏热冬冷地区居住建筑节能设计标准》JGJ 134—2010 简介

夏热冬冷地区的范围主要为长江中下游地区。该地区夏季炎热，冬季寒冷。因此，推进该地区建筑节能势在必行。为更好地贯彻国家有关建筑节能的方针、政策和法规制度，节约能源，保护环境，改善居住建筑热环境，提高采暖和空调的能源利用效率。由中国建筑科学研究院主编的《夏热冬冷地区居住建筑节能设计标准》JGJ 134—2010 于 2010 年 8 月起实施。本标准节能率为 50%，以提高建筑围护结构保温隔热及气密性指标和改善供暖空调（设备）系统能效比来实现。本标准的内容主要是对夏热冬冷地区居住建筑从建筑、围护结构和暖通空调设计方面提出节能措施，对采暖和空调能耗规定控制指标。重新确定了住宅的围护结构热工性能要求和控制采暖空调能耗指标的技术措施，建立新的建筑围护结构热工性能综合判断方法，规定采暖空调的控制和计量措施。由于夏热冬冷地区的建筑围护结构处于不稳定传热过程，为了获得围护结构合理、准确的传热系数及建筑能耗计算结果，本标准采取反应系数计算方法。本标准适用于夏热冬冷地区新建、改建和扩建居住建筑的建筑节能设计。主要有总则、术语、室内热环境设计计算指标、建筑和围护结构热工设计、建筑围护结构热工性能的综合判断以及采暖、空调和通风节能设计六个相关方面的内容。

7.1.4 《夏热冬暖地区居住建筑节能设计标准》JGJ 75—2012 简介

夏热冬暖地区主要包括广东、福建、广西、海南等省。为适应当前节能形势的发展，由中国建筑科学研究院和广东省建筑科学研究院主编的《夏热冬暖地区居住建筑节能设计标准》JGJ 75—2012 于 2013 年 4 月起实施。本标准节能率为50%，由屋顶、外墙、外窗等热工性能和设备性能的提高以及室内换气次数的降低来达到节能率要求。本标准紧密结合南方地区气候特点，重点突出南方遮阳、通风等节能关键因素，从规划、外围护结构的保温隔热、门窗的遮阳、能耗权衡对比计算判断等方面，形成了我国南方地区建筑节能的基本方法和基本路线。本标准要求夏热冬暖地区居住建筑的建筑热工、暖通空调和照明设计，必须采取节能措施，在保证室内热环境舒适的前提下，将建筑能耗控制在规定的范围内。主要技术内容包括：将窗地面积比与窗墙面积比同等作为节能指标的控制参数；严格控制屋顶和外墙传热系数和热惰性指标以及南、北向窗墙面积比控制指标；将东、西朝向窗户的建筑外遮阳作为强制性条文；强调南方地区居住建筑应能依靠自然通风改善房间热环境、缩短房间空调设备使用时间，来发挥节能作用；规定了多联式空调（热泵）机组的能效级别；对采用集中式空调住宅的设计，强制要求计算逐时逐项冷负荷；增加了自然采光和照明等系统的节能设计要求等。

7.1.5 《公共建筑节能设计标准》GB 50189—2005 简介

《公共建筑节能设计标准》GB 50189—2005 是面向全国的节能设计标准。我国幅员辽阔，气候多样，本标准根据各热工分区的气候差异而对各区建筑节能设计采取了不同的指标要求和设计侧重点。《公共建筑节能设计标准》GB 50189—2005 的主编单位为中国建筑科学研究院和中国建筑业协会建筑节能专业委员会，按本标准进行的建筑节能设计，在保证相同的室内环境参数条件下，与未采取节能措施前相比，全年采暖、通风、空气调节和照明的总能耗应减少50%。因为本标准提出公共建筑节能 50% 的目标是以 20 世纪 80 年代初期建造的公共建筑为基础，在保持与目前标准约定的室内环境参数的条件下，计算其全年的暖通空调和照明能耗，将它作为 100%；通过改善建筑围护结构保温、隔热性能，提高采暖、通风和空气调节设备、系统的能效比，以及采取增进照明设备效率等措施，在保证相同的室内热环境舒适参数条件下，计算其全年的采暖、通风、空气调节和照明的总能耗，应该相当于 50%，所以这就是节能率为 50% 的内涵。

本标准采用规定性方法（查表法）和性能化方法（计算法）两种方法进行节能设计，当建筑设计符合本标准中对窗墙比、体形系数等参数的规定，可以方便地按所设计建筑的所在城市（或靠近城市）查取标准中的相关表格得到的围护结构节能设计参数值；当建筑设计不能满足对窗墙比等参数的规定，必须使用权衡判断法来判定围护结构的总体热工性能是否符合节能要求，权衡判断法需要进行全年供暖和空调能耗计算。本标准适用于新建、改建和扩建的公共建筑节能设计，主要有总则、术语、室内环境节能设计计算参数、建筑和建筑热工设计、采暖、通风和空气调节节能设计五个相关方面的内容。

7.1.6 《公共建筑节能设计标准》GB 50189—2015 简介

《公共建筑节能设计标准》GB 50189—2015 由住房和城乡建设部组织编制、审查、批准，并与国家质量监督检验检疫总局于 2015 年 2 月 2 日联合发布，将于 2015 年 10 月 1 日起正式实施。这是对 2005 年版国家标准《公共建筑节能设计标准》的一次全面修订。

《公共建筑节能设计标准》GB 50189—2015 的主要修订内容包括：实现了建筑节能专业领域和气候区的全覆盖；建立了典型公共建筑模型及数据库；以动态基准评价法衡量标准的节能量提升；采用 SIR 优选法确定了本次修订的节能目标；全面提升围护结构热工性能强制性指标要求；全面提升冷源设备及系统的能效强制性要求且分气候区进行规定；改进了冷水机组 IPLV 计算公式；增加建筑分类规定，简化小型公共建筑的设计程序，对大型公共建筑增加专家论证的要求；完善了围护结构热工性能权衡判断的相关规定；采用太阳得热系数（SHGC）替代遮阳系数（SC）；补充了窗墙面积比大于 0.7 情况下的围护结构热工性能限值，减少了因窗墙面积比超限而进行围护结构热工性能权衡判断的情况。

由于《公共建筑节能设计标准》GB 50189—2015 新增加了给水排水、电气和可再生能源应用的相关内容，因为没有比较基准，无法计算此部分所产生的节能率，所以新标准淡化了建筑单体节能率的概念，但与《公共建筑节能设计标准》GB 50189—2005 相比，因为围护结构热工性能的改善，供暖空调设备和照明设备能效的提高，全年供暖、通风、空气调节和照明的总能减少约 20% ～ 23%。其中从南方至北方，围护结构分担节能率约 4% ～ 6%；供暖空调系统分担节能率约 7% ～ 10%；照明设备分担节能率约 7% ～ 9%。该节能率仅体现了围护结构热工性能、供暖空调设备及照明设备能效的提升，不包含热回收、全新风供冷、冷却塔供冷、可再生能源等节能措施所产生的节能效益。

为了更好体现了被动优先、主动优化的节能设计思想，《公共建筑节能设计标准》GB 50189—2015 增加了一节"建筑设计"的内容，这也明确了建筑设计在整个建筑节能设计中的重要性。

7.2 居住和公共建筑热工设计

为使民用建筑热工设计与地区气候相适应，保证室内基本的热环境要求，符合国家节约能源的方针，提高投资效益，需要对民用建筑进行节能设计。包括新建、扩建和改建的民用建筑节能设计。

7.2.1 室外计算参数

1. 围护结构保温计算温度

民用建筑围护结构根据其热惰性指标 D 值分成四种类型，其冬季室外计算温度 t_{we}（℃）应按表 7-1 的规定取值。

冬季围护结构室外计算温度（℃） 表7-1

围护结构类型	热惰性指标D值	t_{we}的取值（℃）
I	>6.0	$t_{we}=t_w'$
II	4.1~6.0	$t_{we}=0.6t_w'+0.4t_{pmin}$
III	1.6~4.0	$t_{we}=0.3t_w'+0.7t_{pmin}$
IV	≤1.5	$t_{we}=t_{pmin}$

说明：1. t_w'为供暖室外计算温度；t_{pmin}为累年最低日平均温度。

2. $D≤4.0$的实心砖墙，计算温度t_w应按II型围护结构取值。

2. 围护结构隔热计算温度

夏季室外综合温度由室外空气温度平均值t_e、夏季太阳辐射照度、太阳辐射吸收系数、外表面换热系数等参数计算得来。其中围护结构夏季室外计算温度平均值t_e，应按历年最热一天的日平均温度的平均值确定。围护结构夏季室外计算温度最高值$t_{e,max}$，应按历年最热一天的最高温度的平均值确定。围护结构夏季室外计算温度波幅值A_{te}，应按室外计算温度最高值$t_{e,max}$与室外计算温度平均值t_e的差值确定。（注：全国主要城市的t_e、$t_{e,max}$、和A_{te}值，可按《民用建筑热工设计规范》GB 50176—93附录三选用）。夏季太阳辐射照度应取各地历年七月份最大直射辐射日总量和相应日期总辐射日总量的累年平均值，通过计算分别确定东、南、西、北垂直面和水平面上逐时的太阳辐射照度及昼夜平均值。

7.2.2 建筑热工设计要求

1. 建筑热工设计分区及设计要求

建筑热工设计应与地区气候相适应，建筑热工设计分区及设计要求应符合表2-1、表2-2的规定，全国建筑热工设计分区应按图2-1采用。

2. 冬季保温设计要求（严寒、寒冷地区和夏热冬冷地区）

建筑物宜设在避风和向阳的地段。建筑物的体形设计宜减少外表面积，其平、立面的凹凸面不宜过多。居住建筑，在严寒地区不应设开敞式楼梯间和开敞式外廊；在寒冷地区不宜设开敞式楼梯间和开敞式外廊。公共建筑，在严寒地区出入口处应设门斗或热风幕等避风设施；在寒冷地区出入口处宜设门斗或热风幕等避风设施。建筑物外部窗户面积不宜过大，应减少窗户缝隙长度，并采取密闭措施。外墙、屋顶、直接接触室外空气的楼板和不采暖楼梯间的隔墙等围护结构，应进行保温验算，其传热阻应大于或等于建筑物所在地区要求的最小传热阻。当有散热器、管道、壁龛等嵌入外墙时，该处外墙的传热阻应大于或等于建筑物所在地区要求的最小传热阻。围护结构中的热桥部位应进行保温验算，并采取保温措施。严寒地区居住建筑的底层地面，在其周边一定范围内应采取保温措施。围护结构的构造设计应考虑防潮要求。

影响建筑物节能的主要因素包括：建筑物体形系数、围护结构的传热系数（材料的性能和厚度）、窗墙面积比、建筑物的朝向。如果不能保证以上条件满足相关节能规范的要求时须进行权衡判断，严寒和寒冷地区围护结构热工性能的权衡判断应以建筑物耗热量指标为判断依据，具体详见《严寒和寒冷地区居住建筑节能设计标准》JGJ 26—2010。

3. 夏季防热设计要求（夏热冬冷地区、夏热冬暖地区）

建筑物的夏季防热应采取自然通风、窗户遮阳、围护结构隔热和环境绿化等综合性措施。建筑物的总体布置，单体的平、剖面设计和门窗的设置，应有利于自然通风，并尽量避免主要房间受东、西向的日晒。建筑物的向阳面，特别是东、西向窗户，应采取有效的遮阳措施。在建筑设计中，宜结合外廊、阳台、挑檐等处理方法达到遮阳目的。屋顶和东、西向外墙的内表面温度，应满足隔热设计标准的要求。为防止潮霉季节湿空气在地面冷凝泛潮，居室、托幼园所等场所的地面下部宜采取保温措施或架空做法，地面面层宜采用微孔吸湿材料。

当设计建筑不符合隔热标准中的各项规定时，应对设计建筑进行围护结构热工性能的综合判断。建筑围护结构热工性能的综合判断应以建筑物在标准规定的条件下计算得出的采暖和空调耗电量之和为判断依据，其值不应超过参照建筑在同样条件下计算得出的采暖耗电量和空调耗电量总和。（注：参照建筑的形状、大小、朝向、内部的空间划分和使用功能应与所设计建筑完全一致。）

设计建筑和参照建筑在规定条件下的采暖和空调年耗电量应采用动态方法计算，并应采用同一版本计算软件。设计建筑和参照建筑的采暖和空调年耗电量的计算应符合下列规定：

（1）整栋建筑每套住宅室内计算温度，冬季应全天为 18℃，夏季应全天为 26℃；

（2）采暖计算期应为当年 12 月 1 日至次年 2 月 28 日，空调计算期应为当年 6 月 15 日至 8 月 31 日；

（3）室外气象计算参数应采用典型气象年；

（4）采暖和空调时，换气次数应为 1.0 次 /h；

（5）采暖、空调设备为家用空气源热泵空调器，制冷时额定能效比应取 2.3，采暖时额定能效比应取 1.9；

（6）室内得热平均强度应取 4.3W/m²。

夏热冬冷地区建筑围护结构热工性能的综合判断依据《夏热冬冷地区居住建筑节能设计标准》JGJ 134—2010。夏热冬暖建筑节能设计的综合评价依据《夏热冬暖地区居住建筑节能设计标准》JGJ 134—2010。

4. 空调建筑热工设计要求（主要针对公共建筑）

空调建筑或空调房间应尽量避免东、西朝向和东、西向窗户。空调房间应集中布置、上下对齐。温湿度要求相近的空调房间宜相邻布置。空调房间应避免布置在有两面相邻外墙的转角处和有伸缩缝处。空调房间应避免布置在顶层；当必须布置在顶层时，屋顶应有良好的隔热措施。在满足使用要求的前提下，空调房间的净高宜降低。空调建筑的外表面积宜减少，外表面宜采用浅色饰面。建筑物外部窗户当采用单层窗时，窗墙面积比不宜超过 0.30；当采用双层窗或单框双层玻璃窗时，窗墙面积比不宜超过 0.40。向阳面，特别是东、西向窗户，应采取热反射玻璃、反射阳光涂膜、各种固定式和活动式遮阳等有效的遮阳措施。外窗的气密性应符合现行国家标准《建筑外门窗气密、水密、抗风压性能分级及检测方法》GB/T 7106—2008 中的规定,10 层及以上的建筑不应低于 7 级,10 层以下的建筑不应低于 6 级。建筑物外部窗户的部分窗扇应能开启。当有频繁开启的外门时,应设置门斗或空气幕等防渗透措施。围护结构的传热系数应符合现行国家或地方节能设计标准的规定。间歇使用的空调建筑,其外围护结构内侧和内围护结构宜采用轻质材料。连续使用的空调建筑,其外围护结构内侧和内围护结构宜采用重质材料。围护结构的构造设计应考虑防潮要求。

公共建筑围护结构热工性能的权衡计算:

(1) 假设所设计建筑和参照建筑空气调节和采暖都采用两管制风机盘管系统,水环路的划分与所设计建筑的空气调节和采暖系统的划分一致;

(2) 参照建筑空气调节和采暖系统的年运行时间表应与所设计建筑一致。当设计文件没有确定所设计建筑空气调节和采暖系统的年运行时间表时,可按风机盘管系统全年运行计算;

(3) 参照建筑空气调节和采暖系统的日运行时间表、空气调节和采暖区的温度、各个房间的照明功率、各个房间的人员密度、各个房间的电器设备功率应与所设计建筑一致。参照建筑与所设计建筑的空气调节和采暖能耗应采用同一个动态计算软件计算。应采用典型气象年数据计算参照建筑与所设计建筑的空气调节和采暖能耗。

7.2.3 围护结构保温设计

1. 围护结构保温措施

提高围护结构热阻值可采取下列措施:

(1) 采用轻质高效保温材料与砖、混凝土或钢筋混凝土等材料组成的复合结构。

(2) 采用密度为 500～800kg/m³ 的轻质混凝土或密度为 800～1200kg/m³ 的轻骨料混凝土作为单一材料墙体。

(3) 采用多孔黏土空心砖或多排孔轻骨料混凝土空心砌块墙体。

(4) 采用封闭空气间层或带有铝箔的空气间层。

提高围护结构热稳定性可采取下列措施:

1) 采用复合结构时,内侧采用砖、混凝土或钢筋混凝土等重质材料,外侧复合轻质保温材料。

2) 采用加气混凝土、泡沫混凝土等轻混凝土单一材料墙体时,内外侧宜作水泥砂浆抹面层或其他重质材料饰面层。

2. 热桥部位内表面温度验算及保温措施

围护结构热桥部位的内表面温度不应低于室内空气露点温度。在确定室内空气露点温度时,居住建筑和公共建筑的室内空气相对湿度均应按 60% 采用。当其内表面温度低于室内空气露点温度时,应在热桥部位的外侧或内侧采取保温措施。

3．窗户保温性能、气密性的规定

居住建筑各朝向的窗墙面积比应按气候分区的不同而满足国家或地方节能设计标准相应的规定。外窗的传热系数应按窗墙面积比及气候分区的不同要满足国家或地方节能设计标准相应的设计要求，阳台门下部门芯板的传热系数在严寒地区应不大于 $1.2W/（m^2 \cdot K）$，在寒冷地区应不大于 $1.7W/（m^2 \cdot K）$。

外窗及敞开式阳台门应具有良好的密闭性能。公共建筑外窗气密性要求同 7.2.2.4 条，居住建筑在严寒地区外窗及敞开式阳台门的气密性等级不应低于国家标准《建筑外门窗气密、水密、抗风压性能分级及检测方法》GB/T 7016—2008 中规定的 6 级。寒冷地区 1～6 层的外窗及敞开式阳台门的气密性等级不应低于国家标准《建筑外门窗气密、水密、抗风压性能分级及检测方法》GB/T 7016—2008 中规定的 4 级。7 层及 7 层以上不应低于 6 级。

4．采暖建筑地面热工要求

采暖建筑地面的热工性能，应根据地面的吸热指数 B 值（B 值按《民用建筑热工设计规范》GB 50176—93 附录二选用），划分成 Ⅰ、Ⅱ、Ⅲ 三个类别。不同类型采暖建筑对地面热工性能的要求，如高级居住建筑、幼儿园、托儿所、疗养院等建筑宜采用 Ⅰ 类地面；一般居住建筑、办公楼、学校等可采用 Ⅱ 类地面；临时逗留用房及室温高于 23℃ 的采暖房间可采用 Ⅲ 类地面。

严寒地区采暖建筑的底层地面，当建筑物周边无采暖管沟时，在外墙内侧 0.5～1.0m 范围内应铺设保温层，其热阻不应小于外墙的热阻。

7.2.4 围护结构隔热设计

在房间自然通风情况下，建筑物的屋顶和东、西外墙的内表面最高温度，应满足：

$$\theta_{i.max} \leq t_{e.max}$$

式中 $\theta_{i.max}$——围护结构内表面最高温度（℃）；$t_{e.max}$——夏季室外计算温度最高值（℃）。

围护结构的隔热可采用下列措施：

（1）外表面做浅色饰面，如浅色粉刷、涂层和面砖等。

（2）设置通风间层，如通风屋顶、通风墙等。通风屋顶的风道长度不宜大于 10m。间层高度以 20cm 左右为宜。基层上面应有 6cm 左右的隔热层。夏季多风地区，檐口处宜采用兜风构造。

（3）采用双排或三排孔混凝土或轻骨料混凝土空心砌块墙体。

（4）复合墙体的内侧宜采用厚度为 10cm 左右的砖或混凝土等重质材料。

（5）设置带铝箔的封闭空气间层。当为单面铝箔空气间层时，铝箔宜设在温度较高的一侧。

（6）蓄水屋顶。水面宜有水浮莲等浮生植物或白色漂浮物。水深宜为 15～20cm。

（7）采用有土和无土植被屋顶以及墙面垂直绿化等。

7.2.5 采暖建筑围护结构防潮设计

外侧有卷材或其他密闭防水层的平屋顶结构，以及保温层外侧有密实保护层的多层墙体结构，当内侧结构层为加气混凝土和砖等多孔材料时，应进行内部冷凝受潮验算。

围护结构防潮措施有：采用多层围护结构时，应将蒸汽渗透阻较大的密实材料布置在内侧，而将蒸汽渗透阻较小的材料布置在外侧；外侧有密实保护层或防水层的多层围护结构，经内部冷凝受潮验算而必须设置隔汽层时，应严格控制保温层的施工湿度，或采用预制板状或块状保温材料，避免湿法施工和雨天施工，并保证隔汽层的施工质量。对于卷材防水屋面，应有与室外空气相通的排湿措施；外侧有卷材或其他密闭防水层，内侧为钢筋混凝土屋面板的平屋顶结构，如经内部冷凝受潮验算不需设隔汽层，则应确保屋面板及其接缝的密实性，达到所需的蒸汽渗透阻。

7.3 居住建筑计算实例

7.3.1 项目介绍

1. 项目概况

城市：安阳（北纬 =36.05°，东经 =114.40°）

气候分区：寒冷（B）区

建筑名称：安阳泰祥家园住宅小区 7# 住宅楼

建筑朝向：南

建筑体形：条式

建筑结构类型：剪力墙结构

体形系数：0.35

节能计算建筑面积（地上）：13423.39m²　　建筑体积（地上）：39059.29m³

节能计算建筑面积（地下）：892.11m²　　建筑体积（地下）：4951.24m³

节能计算总建筑面积：14315.50m²　　建筑总体积：44010.53m³

建筑表面积：13857.69m²　建筑层数：地上 19 层、地下室 1 层　建筑物高度：57.00m

2. 层高汇总表（表 7-2）

层高汇总表		表7-2
标准层	实际楼层	层高（m）
标准层1	1层	2.90
标准层2	2~18层	2.90
标准层3	19层	4.80
标准层4	地下1层	5.55

3. 全楼外窗（包括透明幕墙）、外墙面积汇总表（表7-3）

全楼外窗（包括透明幕墙）、外墙面积汇总表 表7-3

朝向	外窗（包括透明幕墙）（m²）	外墙（m²）	窗墙比
东	129.60	2891.71	0.04
南	1461.60	3550.47	0.41
西	98.10	2928.16	0.03
北	952.26	3481.62	0.27
合计	2641.56	12851.96	0.21

4. 建筑平面图（图7-1、图7-2）

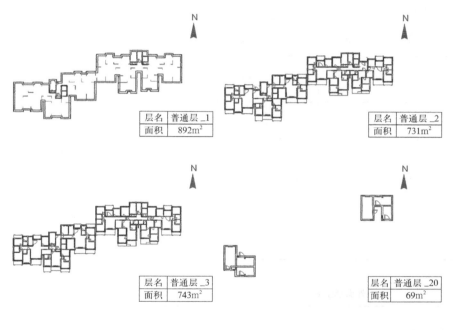

层名	普通层_1
面积	892m²

层名	普通层_2
面积	731m²

层名	普通层_3
面积	743m²

层名	普通层_20
面积	69m²

图7-1 建筑平面图

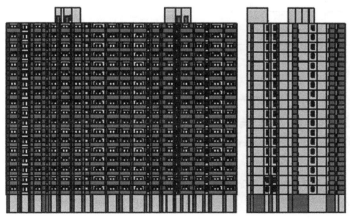

图7-2 前视图和左视图

7.3.2 建筑节能计算

1. 规范标准参考依据：

(1)《严寒和寒冷地区居住建筑节能设计标准》JGJ 26—2010

(2)《民用建筑热工设计规范》GB 50176—93

(3)《建筑外门窗气密、水密、抗风压性能分级及检测方法》GB/T 7106—2008

(4)《建筑幕墙》GB/T 21086—2007

(5)《河南省居住建筑节能设计标准》（寒冷地区）DBJ 41/062—2012

2. 建筑保温材料热工参数参考依据（表7-4、表7-5）：

保温材料性能参数表　　　　　　　　　　　　表7-4

材料名称	密度 Kg/m³	导热系数 W/（m·K）	蓄热系数 W/（m²·K）	修正系数α		选用依据
				α	使用场合	
挤塑聚苯板	32.00	0.030	0.32	1.20	屋顶	《民用建筑设计热工规范》GB 50176—93
聚苯乙烯泡沫塑料	30.00	0.042	0.36	1.00	地下室外墙	《民用建筑设计热工规范》GB 50176—93
膨胀聚苯板	20.00	0.042	0.36	1.20	地面	《全国民用建筑工程设计技术措施节能专篇-建筑》
岩棉、玻璃棉板	200.00	0.045	0.75	1.20	外墙/热桥柱/热桥梁/热桥过梁/热桥楼板/架空楼板/楼板	《09J908-3 建筑围护结构节能工程做法及数据》
胶粉聚苯颗粒保温浆料	230.00	0.060	1.02	1.15	外墙/热桥柱/热桥梁/热桥楼板/内墙	《民用建筑设计热工规范》GB 50176—93
复合硅酸盐保温砂浆	350.00	0.075	1.19	1.15	热桥过梁	《民用建筑设计热工规范》GB 50176—93

外窗选型表　　　　　　　　　　　　表7-5

门窗类型	传热系数 W/（m²·K）	玻璃遮阳系数	气密性等级	选用依据
塑钢三玻窗6+12A+6	2.00	0.64	6	《民用建筑设计热工规范》GB 50176—93

3. 建筑围护结构构造

屋面类型（自上而下）：水泥砂浆（20.00mm）＋细石混凝土（内配筋）（40.00mm）＋挤塑聚苯板（130.00mm）＋沥青油毡，油毡纸（6.00mm）＋水泥砂浆（20.00mm）＋水泥膨胀珍珠岩（20.00mm）＋钢筋混凝土（100.00mm），太阳辐射吸收系数0.50。

外墙类型（自外至内）：水泥砂浆（10.00mm）＋胶粉聚苯颗粒保温浆料（20.00mm）＋岩棉、玻璃棉板（90.00mm）＋加气混凝土砌块（B05级）

（200.00mm）＋水泥砂浆（20.00mm），太阳辐射吸收系数 0.50。

分隔采暖与非采暖空间的隔墙类型：水泥砂浆（5.00mm）＋胶粉聚苯颗粒保温浆料（30.00mm）＋钢筋混凝土（200.00mm）。

架空或外挑楼板类型：水泥砂浆（20.00mm）＋钢筋混凝土（50.00mm）＋岩棉、玻璃棉板（100.00mm）＋石灰水泥砂浆（20.00mm），太阳辐射吸收系数 0.50。

非采暖地下室顶板类型：水泥砂浆（20.00mm）＋岩棉、玻璃棉板（100.00mm）＋夯实黏土（580.00mm）＋钢筋混凝土（100.00mm）＋水泥砂浆（20.00mm）。

顶层阳台顶板：水泥砂浆（3.00mm）＋黏土多孔砖（240.00mm）＋水泥砂浆（20.00mm）。

首层阳台底板：水泥砂浆（3.00mm）＋黏土多孔砖（240.00mm）＋水泥砂浆（20.00mm）。

阳台栏板：水泥砂浆（3.00mm）＋黏土多孔砖（240.00mm）＋水泥砂浆（20.00mm）。

外窗（含阳台门透明部分）类型：塑钢三玻窗(6+12A+6)，传热系数 2.00W/（m²·K），玻璃遮阳系数 0.64，气密性为 6 级，水密性为 3 级，可见光透射比 0.40。

分隔采暖非采暖空间的户门类型：节能门，传热系数 1.70W/（m²·K）。

4. 建筑热工节能计算汇总

主要热工性能参数：

（1）体形系数（表7-6）

体形系数判断表　　　　　　　　　　　　　　　　表7-6

地上楼层数	体形系数实际值	体形系数限值
19	0.35	0.26

本建筑的体形系数不满足《严寒和寒冷地区居住建筑节能设计标准》JGJ 26—2010第4.1.3条规定的建筑层数≥14层时体形系数不应大于0.26的规定

（2）屋顶

屋顶构造类型：水泥砂浆（20.00mm）＋细石混凝土（内配筋）（40.00mm）＋挤塑聚苯板(130.00mm)＋沥青油毡，油毡纸(6.00mm)＋水泥砂浆(20.00mm)＋水泥膨胀珍珠岩（20.00mm）＋钢筋混凝土（100.00mm）。

（3）外墙

外墙主体部分构造类型：水泥砂浆（10.00mm）＋胶粉聚苯颗粒保温浆料（20.00mm）＋岩棉、玻璃棉板（90.00mm）＋加气混凝土砌块（B05 级）（200.00mm）＋水泥砂浆（20.00mm）。

热桥柱（框架柱）构造类型：水泥砂浆（20.00mm）＋胶粉聚苯颗粒保温浆料（20.00mm）＋岩棉、玻璃棉板（90.00mm）＋钢筋混凝土（200.00mm）

＋石灰水泥砂浆（20.00mm）。

热桥梁（过梁或框架梁）构造类型：水泥砂浆（10.00mm）＋胶粉聚苯颗粒保温浆料（20.00mm）＋岩棉、玻璃棉板（90.00mm）＋钢筋混凝土（200.00mm）＋水泥砂浆（20.00mm）。

屋顶材料传热系数表　　　　　　　　　　　　　　　　　表7-7

屋顶每层材料名称	厚度（mm）	导热系数 W/（m·K）	蓄热系数 W/（m²·K）	热阻值（m²·K）/W	热惰性指标 D=R·S	修正系数α
水泥砂浆	20.00	0.930	11.37	0.02	0.24	1.00
细石混凝土（内配筋）	40.00	1.740	17.20	0.02	0.40	1.00
挤塑聚苯板	130.00	0.030	0.32	3.61	1.39	1.20
沥青油毡、油毡纸	6.00	0.170	3.33	0.04	0.12	1.00
水泥砂浆	20.00	0.930	11.37	0.02	0.24	1.00
水泥膨胀珍珠岩	20.00	0.260	4.37	0.08	0.34	1.00
钢筋混凝土	100.00	1.740	17.20	0.06	0.99	1.00
屋顶各层之和	336.0			3.85	3.71	
屋顶热阻 $R_0=R_i+\sum R+R_e=4.00$（m²·K/W）				$R_i=0.115$（m²·K/W）；$R_e=0.043$（m²·K/W）		
屋顶传热系数 $K=1/R_0=0.25$W/（m²·K）						
太阳辐射吸收系数ρ=0.50						
屋顶满足《严寒和寒冷地区居住建筑节能设计标准》JGJ 26—2010第4.2.2条K≤0.45的规定						

外墙材料传热系数表　　　　　　　　　　　　　　　　　表7-8

外墙每层材料名称	厚度（mm）	导热系数 W/（m·K）	蓄热系数 W/（m²·K）	热阻值（m²·K）/W	热惰性指标 D=R·S	修正系数α
水泥砂浆	10.00	0.930	11.37	0.01	0.12	1.00
胶粉聚苯颗粒保温浆料	20.00	0.060	1.02	0.29	0.34	1.15
岩棉、玻璃棉板	90.00	0.045	0.75	1.67	1.50	1.20
加气混凝土砌块（B05级）	200.00	0.190	2.81	0.84	2.96	1.25
水泥砂浆	20.00	0.930	11.37	0.02	0.24	1.00
外墙各层之和	340.0			2.83	5.16	
外墙热阻 $R_0=R_i+\sum R+R_e=2.99$（m²·K/W）				$R_i=0.115$（m²·K/W）；$R_e=0.043$（m²·K/W）		
外墙传热系数 $K_p=1/R_0=0.33$W/（m²·K）						
太阳辐射吸收系数ρ=0.50						

热桥柱材料传热系数表　　　　　　　　　　　　　　　　　表7-9

热桥柱每层材料名称	厚度（mm）	导热系数 W/（m·K）	蓄热系数 W/（m²·K）	热阻值（m²·K）/W	热惰性指标 D=R·S	修正系数α
水泥砂浆	20.00	0.930	11.37	0.02	0.24	1.00
胶粉聚苯颗粒保温浆料	20.00	0.060	1.02	0.29	0.34	1.15
岩棉、玻璃棉板	90.00	0.045	0.75	1.67	1.50	1.20
钢筋混凝土	200.00	1.740	17.20	0.11	1.98	1.00
石灰水泥砂浆	20.00	0.870	10.75	0.02	0.25	1.00
热桥柱各层之和	350.0			2.12	4.31	
热桥柱热阻 $R_0=R_i+\sum R+R_e=2.27$（m²·K/W）				$R_i=0.115$（m²·K/W）；$R_e=0.043$（m²·K/W）		
传热系数 $K_{B1}=1/R_0=0.44$W/（m²·K）						

热桥梁材料传热系数表 表7-10

热桥梁每层材料名称	厚度 (mm)	导热系数 W/ (m·K)	蓄热系数 W/ (m²·K)	热阻值 (m²·K)/W	热惰性指标 $D=R·S$	修正系数α
水泥砂浆	10.00	0.930	11.37	0.01	0.12	1.00
胶粉聚苯颗粒保温浆料	20.00	0.060	1.02	0.29	0.34	1.15
岩棉、玻璃棉板	90.00	0.045	0.75	1.67	1.50	1.20
钢筋混凝土	200.00	1.740	17.20	0.11	1.98	1.00
水泥砂浆	20.00	0.930	11.37	0.02	0.24	1.00
热桥梁各层之和	340.0			2.10	4.18	
热桥梁热阻$R_0=R_i+\sum R+R_e$=2.26 (m²·K/W)				R_i=0.115 (m²·K/W)；R_e=0.043 (m²·K/W)		
传热系数 K_{B2}=1/R_0=0.44W/ (m²·K)						

热桥楼板（墙内楼板）构造类型：水泥砂浆（20.00mm）+胶粉聚苯颗粒保温浆料（20.00mm）+岩棉、玻璃棉板（90.00mm）+钢筋混凝土（200.00mm）。

热桥楼板材料传热系数表 表7-11

热桥楼板每层材料名称	厚度 (mm)	导热系数 W/ (m·K)	蓄热系数 W/ (m²·K)	热阻值 (m²·K)/W	热惰性指标 $D=R·S$	修正系数α
水泥砂浆	20.00	0.930	11.37	0.02	0.24	1.00
胶粉聚苯颗粒保温浆料	20.00	0.060	1.02	0.29	0.34	1.15
岩棉、玻璃棉板	90.00	0.045	0.75	1.67	1.50	1.20
钢筋混凝土	200.00	1.740	17.20	0.11	1.98	1.00
热桥楼板各层之和	330.0			2.09	4.06	
热桥楼板热阻$R_0=R_i+\sum R+R_e$=2.25 (m²·K/W)				R_i=0.115 (m²·K/W)；R_e=0.043 (m²·K/W)		
传热系数 K_{B3}=1/R_0=0.44W/ (m²·K)						

外墙平均传热系数判定表 表7-12

热桥位置	外墙-屋顶	外墙-窗左右口	外墙-窗上口	外墙-窗下口	外墙-凸窗上口	外墙-凸窗下口	外墙-阳台
线传热系数 (W/mK)	0.50	0.46	0.46	0.46	0.50	0.50	0.64
外墙主断面K [W/ (m²·K)]	0.33						
K_m [W/ (m²·K)]	$K_m=K+\dfrac{\psi_{W-P}H+\psi_{W-F}B+\psi_{W-C}H+\psi_{W-R}B+\psi_{W-W}h+\psi_{W-W}b+\psi_{W-W}h+\psi_{W-W}b}{A}$ =0.71						
外墙未满足《严寒和寒冷地区居住建筑节能设计标准》JGJ 26—2010第4.2.2条$K\leqslant0.7$的规定							

(4) 架空或外挑楼板类型

架空或外挑楼板类型构造类型：水泥砂浆（20.00mm）+钢筋混凝土（50.00mm）+岩棉、玻璃棉板（100.00mm）+石灰水泥砂浆（20.00mm）。

架空或外挑板类型每层材料名称	厚度（mm）	导热系数 W/（m·K）	蓄热系数 W/（m²·K）	热阻值（m²·K）/W	热惰性指标 D=R·S	修正系数α
水泥砂浆	20.00	0.930	11.37	0.02	0.24	1.00
钢筋混凝土	50.00	1.740	17.20	0.03	0.49	1.00
岩棉、玻璃棉板	100.00	0.045	0.75	1.85	1.67	1.20
石灰水泥砂浆	20.00	0.870	10.75	0.02	0.25	1.00
架空或外挑板类型各层之和	190.0			1.93	2.65	
架空或外挑板类型热阻 $R_0=R_i+\sum R+R_e=2.08$ （m²·K/W）				$R_i=0.115$ （m²·K/W）；$R_e=0.043$ （m²·K/W）		
架空或外挑板类型传热系数 $K_p=1/R_0=0.48$ W/（m²·K）						
架空或外挑板类型满足《严寒和寒冷地区居住建筑节能设计标准》JGJ 26—2010第4.2.2条规定的 $K\le0.60$ W/（m²·K）的标准要求						

（5）非采暖地下室顶板

非采暖地下室顶板构造类型：水泥砂浆（20.00mm）+岩棉、玻璃棉板（100.00mm）+夯实黏土（580.00mm）+钢筋混凝土（100.00mm）+水泥砂浆（20.00mm）。

非采暖地下室顶板每层材料名称	厚度（mm）	导热系数 W/（m·K）	蓄热系数 W/（m²·K）	热阻值（m²·K）/W	热惰性指标 D=R·S	修正系数α
水泥砂浆	20.00	0.930	11.37	0.02	0.24	1.00
岩棉、玻璃棉板	100.00	0.045	0.75	1.85	1.67	1.20
夯实黏土	580.00	1.160	12.99	0.50	6.50	1.00
钢筋混凝土	100.00	1.740	17.20	0.06	0.99	1.00
水泥砂浆	20.00	0.930	11.37	0.02	0.24	1.00
非采暖地下室顶板各层之和	820.0			2.45	9.64	
非采暖地下室顶板热阻 $R_0=R_i+\sum R+R_i=2.68$ （m²·K/W）				$R_i=0.115$ （m²·K/W）；$R_e=0.115$ （m²·K/W）		
非采暖地下室顶板传热系数 $K_p=1/R_0=0.37$ W/（m²·K）						
非采暖地下室顶板满足《严寒和寒冷地区居住建筑节能设计标准》JGJ 26—2010第4.2.2条规定的 $K\le0.65$ W/（m²·K）的标准要求						

（6）分隔采暖与非采暖空间的隔墙

分隔采暖与非采暖空间的隔墙构造类型：水泥砂浆（5.00mm）+胶粉聚苯颗粒保温浆料（30.00mm）+钢筋混凝土（200.00mm）。

分隔采暖与非采暖空间的隔墙 每层材料名称	厚度 (mm)	导热系数 W/ (m·K)	蓄热系数 W/ (m²·K)	热阻值 (m²·K) /W	热惰性指标 $D=R·S$	修正系 数α
水泥砂浆	5.00	0.930	11.37	0.01	0.06	1.00
胶粉聚苯颗粒保温浆料	30.00	0.060	1.02	0.43	0.51	1.15
钢筋混凝土	200.00	1.740	17.20	0.11	1.98	1.00
分隔采暖与非采暖空间的隔墙 各层之和	235.00			0.56	2.55	

分隔采暖与非采暖空间的隔墙热阻 $R_0=R_i+\Sigma R+R_e=0.79$ (m²·K/W)　　$R_i=0.115$ (m²·K/W)；$R_e=0.115$ (m²·K/W)

分隔采暖与非采暖空间的隔墙传热系数 $K_P=1/R_0=1.27$W/ (m²·K)

分隔采暖与非采暖空间的隔墙满足《严寒和寒冷地区居住建筑节能设计标准》JGJ 26—2010第4.2.2条规定的$K\leqslant1.50$W/
(m²·K) 的标准要求

(7) 外窗

朝向	朝向综合窗墙比	朝向最不利窗墙比	窗墙比限值
东	0.04	0.23	0.35

东向窗墙面积比满足《严寒和寒冷地区居住建筑节能设计标准》JGJ 26—2010第4.1.4条规定的≤0.35的规定。窗墙比为
组合体普通层的东向平均值，窗面积按窗洞计算且含阳台门透明部分面积

南	0.41	0.55	0.50

南向窗墙面积比不满足《严寒和寒冷地区居住建筑节能设计标准》JGJ 26—2010第4.1.4条规定的≤0.50的规定。窗墙比
为组合体普通层的南向平均值，窗面积按窗洞计算且含阳台门透明部分面积

西	0.03	0.23	0.35

西向窗墙面积比满足《严寒和寒冷地区居住建筑节能设计标准》JGJ 26—2010第4.1.4条规定的≤0.35的规定。窗墙比为
组合体普通层的西向平均值，窗面积按窗洞计算且含阳台门透明部分面积

北	0.27 ·	0.40	0.30

北向窗墙面积比不满足《严寒和寒冷地区居住建筑节能设计标准》JGJ 26—2010第4.1.4条规定的≤0.30的规定。窗墙比
为组合体普通层的北向平均值，窗面积按窗洞计算且含阳台门透明部分面积

　　外窗构造类型：塑钢三玻窗（6+12A+6），传热系数2.00W/ (m²·K)，
自身遮阳系数0.64，气密性为6级，水密性为3级，可见光透射比0.40。

外窗传热系数判定表 表7-17

朝向	规格型号	面积	窗墙比	传热系数W/（m²·K）	窗墙比限值	K限值
东	塑钢三玻窗6+12A+6	129.60	0.04	2.00	≤0.35	≤3.1
窗墙比满足、K值满足第4.2.2条的要求。故该向外窗满足《严寒和寒冷地区居住建筑节能设计标准》JGJ 26—2010的要求						
南	塑钢三玻窗6+12A+6	1461.60	0.41	2.00	≤0.5	≤2.3
窗墙比满足、K值满足第4.2.2条的要求。故该向外窗满足《严寒和寒冷地区居住建筑节能设计标准》JGJ 26—2010的要求						
西	塑钢三玻窗6+12A+6	98.10	0.03	2.00	≤0.35	≤3.1
窗墙比满足、K值满足第4.2.2条的要求。故该向外窗满足《严寒和寒冷地区居住建筑节能设计标准》JGJ 26—2010的要求						
北	塑钢三玻窗6+12A+6	952.26	0.27	2.00	≤0.3	≤2.8
窗墙比满足、K值满足第4.2.2条的要求。故该向外窗满足《严寒和寒冷地区居住建筑节能设计标准》JGJ 26—2010的要求						

注：上表中对于某一朝向外窗（包括透明幕墙）的综合传热系数K的计算公式：

$$K = \frac{\sum A_i K_i}{\sum A_i}$$

式中，A_i—外窗（包括透明幕墙）的面积；K_i—外窗（包括透明幕墙）的传热系数。

外窗遮阳系数判定表 表7-18

朝向	规格型号	面积 S（m²）	窗墙（包括透明幕墙）	玻璃自身遮阳系数 SC	外遮阳系数SD（含窗框窗洞面积比）	同类型外窗遮阳系数 S_{w1}	综合遮阳系数 S_w	S_w 限值
东	塑钢三玻窗 6+12A+6	129.60	0.04	0.64	0.70	0.45	0.45	—
东向外窗遮阳系数满足《严寒和寒冷地区居住建筑节能设计标准》JGJ 26—2010第4.2.2条的要求								
南	塑钢三玻窗 6+12A+6	259.20	0.41	0.64	0.47	0.30	0.32	—
	塑钢三玻窗 6+12A+6	432.00	0.41	0.64	0.46	0.29	0.32	
	塑钢三玻窗 6+12A+6	165.60	0.41	0.64	0.70	0.45	0.32	
南向外窗遮阳系数满足《严寒和寒冷地区居住建筑节能设计标准》JGJ 26—2010第4.2.2条的要求								
西	塑钢三玻窗 6+12A+6	98.10	0.03	0.64	0.70	0.45	0.71	—
西向外窗遮阳系数满足《严寒和寒冷地区居住建筑节能设计标准》JGJ 26—2010第4.2.2条的要求								
北	塑钢三玻窗 6+12A+6	164.64	0.27	0.64	0.57	0.36	0.40	—
	塑钢三玻窗 6+12A+6	156.00	0.27	0.64	0.55	0.35	0.40	
北向外窗遮阳系数满足《严寒和寒冷地区居住建筑节能设计标准》JGJ 26—2010第4.2.2条的要求								

外窗的气密性判定：自第一层至十九层外窗气密性等级均为 6 级,满足《严寒和寒冷地区居住建筑节能设计标准》JGJ 26—2010 第 4.2.6 条的标准要求。

各朝向封闭阳台窗墙面积比判定：本工程无封闭阳台窗。

(8) 分隔采暖非采暖空间的户门

分隔采暖非采暖空间的户门构造类型：节能门,传热系数 1.70W/ (m²·K),分隔采暖非采暖空间的户门满足《严寒和寒冷地区居住建筑节能设计标准》JGJ 26—2010 第 4.2.2 条规定的 $K \leqslant 2.00W/ (m^2 \cdot K)$ 的标准要求。

5. 规定性指标校核结果

分项指标校核情况表

表7—19

建筑构件	是否达标
体形系数不满足《严寒和寒冷地区居住建筑节能设计标准》JGJ 26—2010第4.1.3条的标准要求	×
屋顶满足《严寒和寒冷地区居住建筑节能设计标准》JGJ 26—2010第4.2.2条的标准要求	√
外墙不满足《严寒和寒冷地区居住建筑节能设计标准》JGJ 26—2010第4.2.2条的标准要求	×
架空或外挑楼板类型的传热系数满足《严寒和寒冷地区居住建筑节能设计标准》JGJ 26—2010第4.2.2条的标准要求	√
非采暖地下室顶板的传热系数满足《严寒和寒冷地区居住建筑节能设计标准》JGJ 26—2010第4.2.2条的标准要求	√
分隔采暖与非采暖空间的隔墙的传热系数满足《严寒和寒冷地区居住建筑节能设计标准》JGJ 26—2010第4.2.2条的标准要求	√
东向窗墙面积比满足规范要求	√
南向窗墙面积比不满足规范要求	×
西向窗墙面积比满足规范要求	√
北向窗墙面积比不满足规范要求	×
东向外窗满足《严寒和寒冷地区居住建筑节能设计标准》JGJ 26—2010的标准要求	√
南向外窗满足《严寒和寒冷地区居住建筑节能设计标准》JGJ 26—2010的标准要求	√
西向外窗满足《严寒和寒冷地区居住建筑节能设计标准》JGJ 26—2010的标准要求	√
北向外窗满足《严寒和寒冷地区居住建筑节能设计标准》JGJ 26—2010的标准要求	√
东向外窗遮阳系数满足《严寒和寒冷地区居住建筑节能设计标准》JGJ 26—2010第4.2.2条的要求	√
南向外窗遮阳系数满足《严寒和寒冷地区居住建筑节能设计标准》JGJ 26—2010第4.2.2条的要求	√
西向外窗遮阳系数满足《严寒和寒冷地区居住建筑节能设计标准》JGJ 26—2010第4.2.2条的要求	√
北向外窗遮阳系数满足《严寒和寒冷地区居住建筑节能设计标准》JGJ 26—2010第4.2.2条的要求	√
外窗的气密性满足《严寒和寒冷地区居住建筑节能设计标准》JGJ 26—2010第4.2.6条的标准要求	√
各朝向无封闭阳台窗	√
分隔采暖非采暖空间的户门的传热系数满足《严寒和寒冷地区居住建筑节能设计标准》JGJ 26—2010第4.2.2条的标准要求	√

规定性方法（查表法）节能设计说明：

与《严寒和寒冷地区居住建筑节能设计标准》JGJ 26—2010 相比较,该建筑物的体形系数不满足《严寒和寒冷地区居住建筑节能设计标准》JGJ 26—

2010 第 4.1.3 条的标准要求；外墙不满足《严寒和寒冷地区居住建筑节能设计标准》JGJ 26—2010 第 4.2.2 条的标准要求；南向窗墙面积比不满足规范要求；北向窗墙面积比不满足规范要求，指标未满足规范要求。

结论：规定性指标未满足要求，须进行围护结构节能动态计算围护结构热工性能的权衡计算。

6. 采暖建筑围护结构结露设计

(1) 基本计算参数

计算地点：安阳

室内计算温度 t_i：18℃ 　　　　冬季室外计算温度 t_e：−7℃

冬季室外相对湿度：60.00% 　　　露点温度 T 露点：10.15℃

(2) 围护结构结露验算

当柱宽或梁宽与外墙厚比值小于或等于 1.5 时采用结露验算公式：

$$\theta'_i = t_i - \frac{R'_0 + \eta \ (R_0 + R'_0)}{R'_0 \cdot R_0} \ R_i \ (t_i - t_e)$$

当柱宽或梁宽与外墙厚比值大于 1.5 时采用结露验算公式：

$$\theta'_i = t_i - \frac{t_i - t_e}{R'_0} \ R_i$$

式中：θ'_i— 内表面温度；

　　　t_i— 冬季室内设计计算温度；

　　　t_e— 冬季室外计算温度；

　　　R_0— 非热桥部位传热阻 （m²·K/W）；

　　　R'_0— 热桥部位传热阻 （m²·K/W）；

　　　R_i— 内表面换热阻 （m²·K/W）；

　　　η— 修正系数。

算出内表面温度后与露点温度进行对比，大于露点温度就不会结露，反之就会结露。经统计验算最不利值 θ_i=16.70℃，故 $\theta_i \geqslant T$ 露点，满足《严寒和寒冷地区居住建筑节能设计标准》JGJ 26—2010 第 4.2.10 条规定，热桥部位不会发生结露。

7. 居住建筑能耗计算

安阳居住建筑能耗计算表　　　　　　　　　　　表7-20

工程名称	安阳泰祥家园住宅小区7#住宅楼		气候分区	寒冷 (B) 区		工程编号	
建筑面积 A_0 （m²）	13423.4		建筑层数	地上19层、地下室1层	结构类型	■剪力墙 □钢结构 □砌块□框架□其他	
采暖期室外平均温度（℃）	1.3		建筑高度 （m）	57	建筑朝向	南	
设计建筑	体形系数	0.35	窗墙面积比	东	0.04	南	0.41	西	0.03	北	0.27
标准限值		0.26			0.35		0.50		0.35		0.30
外围护结构传热量计算							
计算项目	ε_i		K_i [W/ (m²·K)]	F_i （m²）	计算公式		
屋顶	0.98		0.25	742.57	$q_{HW}=\Sigma \varepsilon_{wj} K_{wi} F_{wi} \ (t_n - t_e) \ /A_0 = 0.23W/m^2$		

外 墙	东	0.91	0.43	2603.41	$q_{Hq}=\Sigma \varepsilon_{qi}K_{mqi}F_{qi}(t_n-t_e)/A_o=7.54\text{W/m}^2$
	南	0.84	1.32	2079.21	
	西	0.92	0.41	2636.92	
	北	0.95	0.91	2023.74	
楼梯间外墙	东	0.91	0.33	156.60	$q_{Hq}=\Sigma \varepsilon_{qi}K_{mqi}F_{qi}(t_n-t_e)/A_o=0.35\text{W/m}^2$
	南	0.84	—		
	西	0.92	0.33	193.14	
	北	0.95	0.70	496.80	

计算项目		I_{tyi}	C_{mci}	$K_i[\text{W}/(\text{m}^2 \cdot \text{K})]$	F_i (m^2)	计算公式
外 窗	东	57.00	0.27	2.00	129.60	$q_{Hmc}=\dfrac{\Sigma[K_{mci}F_{mci}(t_n-t_e)-I_{tyi}C_{mci}F_{mci}]}{A_o}=1.37\text{W/m}^2$
	南	105.00	0.19	2.00	165.60	
	西	54.00	0.27	2.00	98.10	
	北	33.00	0.24	2.00	476.10	
外 门	东	57.00	—	1.70	2.10	$q_{Hmc}=\dfrac{\Sigma[K_{mci}F_{mci}(t_n-t_e)-I_{tyi}C_{mci}F_{mci}]}{A_o}=0.04\text{W/m}^2$
	南	105.00	—	1.70	9.66	
	西	54.00	—	—	—	
	北	33.00	—	1.70	8.82	

计算项目			I_{tyi}	C'_{mci}	$K_i[\text{W}/(\text{m}^2 \cdot \text{K})]$	F_i (m^2)	计算公式
非采暖封闭阳台	东	分隔阳台和室内的墙	57.00	—	0.56	—	$q_{Hy}=\dfrac{\Sigma[K_{qmci}F_{qmci}\zeta_j(t_n-t_e)-I_{tyi}C_{mci}F_{mci}]}{A_o}$
		分隔阳台和室内的窗门	57.00	—	0.56	—	
	南	分隔阳台和室内的墙	105.00	—	0.45	—	
		分隔阳台和室内的窗门	105.00	—	0.45	—	
	西	分隔阳台和室内的墙	54.00	—	0.56	—	
		分隔阳台和室内的窗门	54.00	—	0.56	—	
	北	分隔阳台和室内的墙	33.00	—	0.61	—	
		分隔阳台和室内的窗门	33.00	—	0.61	—	

计算项目		$t_e=$（℃）	$K_i[W/（m^2 \cdot K）]$	F_i（m²）	计算公式
地面	周边地面	1.3	—	—	$q_{Hd}= \sum K_{di} F_{di}（t_n-t_e）/A_o=$
	非周边地面	1.3	—	—	
$q_{HT}+q_{Hq}+q_{Hw}+q_{Hd}+q_{Hmc}+q_{Hy}=$ 9.53W/m²		$q_{INF}=（t_n-t_e）（C_p\rho NV）/A_o=5.27$ W/m²			$q_{IH}=3.80W/m^2$
$q_H+q_{HT}+q_{INF}+q_{IH}=10.99W/m^2$					标准限值：11.00W/m²

设 计 单 位：	审图单位意见：	楼梯间是否采暖　□采暖　■不采暖
		注：当所设计建筑的各项指标都满足标准限值时，可直接判定所设计建筑为节能建筑
		计算人
（盖章）	（盖章）	审核人
年　月　日	年　月　日	审定人

8. 建筑围护结构热工性能的权衡计算

指标限值与建筑热工参数计算结果表　　　　表7-21

规定性指标项目		指标限值K　W/（m²·K）		设计建筑K　W/（m²·K）	
屋顶		0.45		0.25	
外墙		0.7		0.71	
接触室外空气的地板		0.60		0.48	
不采暖地下室上部楼板		0.65		0.37	
分隔采暖与非采暖空间的隔墙		1.50		1.27	
分隔采暖非采暖空间的户门		2.00		1.70	
阳台门下部门芯板		1.70		—	
外窗（包括透明幕墙）	朝向	窗墙面积比	传热系K W/（m²·K）	窗墙比	传热系K W/（m²·K）
单一朝向	东	比值≤0.2	3.10	0.04	2.00
	南	0.4<比值≤0.45	2.30	0.41	2.00
	西	比值≤0.2	3.10	0.03	2.00
	北	0.2<比值≤0.3	2.80	0.27	2.00
地面和地下室外墙		热阻R（m²·K）/W		热阻R（m²·K）/W	
地面热阻		—		—	
地下室外墙热阻（与土壤接触的墙）		—		—	

（1）设计建筑能耗计算

根据建筑物各参数以及《严寒和寒冷地区居住建筑节能设计标准》JGJ 26—2010 所提供的参数，得到该建筑物的年能耗及设计指标限值见表 7—22。

建筑全年能耗表　　　　表7-22

能耗指标	建筑总能耗（W）	单位能耗（W/m²）	耗热量限值（W/m²）
耗热量	157369	10.99	11.00

（2）建筑节能评估结果（图 7—3）

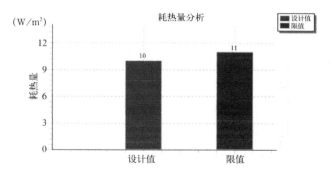

图7-3　耗热量分析图

9.结论

该设计建筑的耗热量满足限值,因此,根据《严寒和寒冷地区居住建筑节能设计标准》JGJ 26—2010 4.3 的要求,该建筑物的节能设计满足节能要求。

7.4 公共建筑计算实例

7.4.1 项目介绍

1.项目概况

城市:郑州(北纬=34.72°,东经=113.65°)　气候分区:寒冷

建筑名称:中牟一高体育馆　　　　　建筑朝向:南偏西8度

建筑体形:矩形　建筑结构类型:框架结构　体形系数:0.21

节能计算建筑面积(地上):7798.00m²　建筑体积(地上):49895.03m³

节能计算建筑面积(地下):——m²　建筑体积(地下):744.58m³

节能计算总建筑面积:7798.00m²　建筑总体积:50639.61m³

建筑表面积:10496.85m²　建筑层数:4　建筑物高度:18.00m

2.层高汇总表(表7-23)

建筑层高表　　　　　　　　　　表7-23

标准层	实际楼层	层高 (m)
标准层1	1层	3.20
标准层2	2层	5.20
标准层3	3层	3.20
标准层4	4层	6.70

3.全楼外窗(包括透明幕墙)、外墙面积汇总表(表7-24)

建筑外窗、外墙面积汇总表　　　　　表7-24

朝向	外窗(包括透明幕墙)(m²)	外墙(m²)	朝向窗墙比
东	688.12	1373.10	0.50
南	343.52	752.60	0.46
西	692.63	1373.10	0.50
北	333.52	752.61	0.44
合计	2057.80	4251.41	0.48

4. 建筑图（图 7-4、图 7-5）

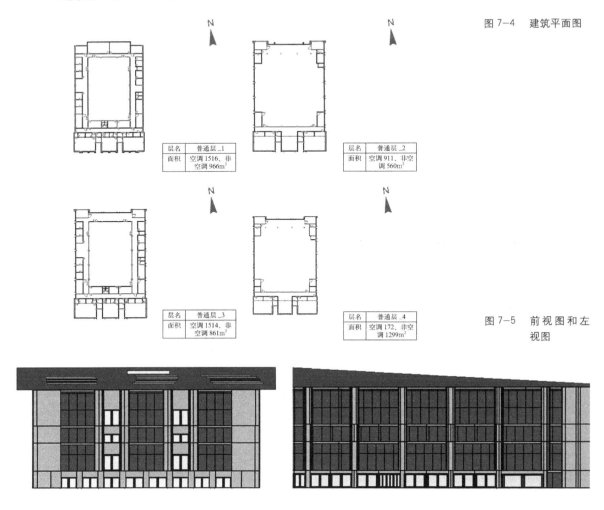

图 7-4　建筑平面图

层名	普通层_1
面积	空调 1516、非空调 966m²

层名	普通层_2
面积	空调 911、非空调 560m²

层名	普通层_3
面积	空调 1514、非空调 861m²

层名	普通层_4
面积	空调 172、非空调 1299m²

图 7-5　前视图和左视图

7.4.2　建筑节能计算

1. 建筑节能规范标准参考依据

（1）《公共建筑节能设计标准》GB 50189—2005

（2）《民用建筑热工设计规范》GB 50176—93

（3）《建筑外门窗气密、水密、抗风压性能分级及检测方法》GB/T 7106—2008

（4）《建筑幕墙》GB/T 21086—2007

（5）《河南省公共建筑节能设计标准实施细则》DBJ 41/075—2006

2. 建筑保温材料热工参数参考依据

3. 建筑围护结构构造

平屋面类型（自上而下）：半硬质矿（岩）棉板（150.0mm）＋建筑钢材（100.0mm）。

保温材料性能参数表

表7-25

材料名称	干密度 Kg/m³	导热系数 W/ (m·K)	蓄热系数 W/ (m²·K)	修正系数α		选用依据
				α	使用场合	
高密度膨胀聚苯板	35	0.040	0.33	1.20	地下室外墙/地面	《民用建筑设计热工规范》GB 50176—93
半硬质矿（岩）棉板	100	0.048	0.77	1.20	屋顶	《民用建筑设计热工规范》GB 50176—93
半硬质矿（岩）棉板	100	0.048	0.77	1.15	外墙/热桥柱/热桥梁/热桥过梁/热桥楼板/架空楼板/楼板	《民用建筑设计热工规范》GB 50176—93

门窗选型表

表7-26

门窗类型	传热系数 W/ (m²·K)	玻璃遮阳系数	气密性等级	选用依据
断热铝合金低辐射中空玻璃窗6+12A+6遮阳型	3.00	0.57	6	《民用建筑设计热工规范》GB 50176—93

坡屋面类型（自上而下）：半硬质矿（岩）棉板（150.0mm）+建筑钢材（100.0mm）。

外墙类型（由外至内）：水泥砂浆（20.0mm）+半硬质矿（岩）棉板（60.0mm）+加气混凝土砌块（B05级）（200.0mm）+水泥砂浆（20.0mm）。

非采暖空调房间与采暖空调房间的隔墙类型：水泥砂浆（20.0mm）+钢筋混凝土（120.0mm）+水泥砂浆（20.0mm）。

非采暖空调房间与采暖空调房间的楼板类型：水泥砂浆（20.0mm）+钢筋混凝土（120.0mm）+半硬质矿（岩）棉板（100.0mm）+水泥砂浆（20.0mm）。

底部自然通风的架空楼板类型：水泥砂浆（20.0mm）+钢筋混凝土（100.0mm）+半硬质矿（岩）棉板（100.0mm）+石灰水泥砂浆（20.0mm）。

周边地面类型：水泥砂浆（20.0mm）+细石混凝土（内配筋）（100.0mm）+高密度膨胀聚苯板（80.0mm）+夯实黏土1（200.0mm）。

非周边地面类型：水泥砂浆（3.0mm）+碎石，卵石混凝土2（100.0mm）+高密度膨胀聚苯板（80.0mm）+水泥砂浆（20.0mm）。

采暖、空调地下室外墙类型：水泥砂浆（20.0mm）+高密度膨胀聚苯板（60.0mm）+钢筋混凝土（250.0mm）+水泥砂浆（20.0mm）。

外窗类型：断热铝合金低辐射中空玻璃窗（6+12A+6遮阳型），传热系数3.00W/m²·K，玻璃遮阳系数0.57，气密性为6级，可见光透射比0.40。

天窗类型：断热铝合金低辐射中空玻璃窗（6+12A+6遮阳型），传热系数3.00W/m²·K，玻璃遮阳系数0.57，气密性为6级，可见光透射比0.40。

4．建筑热工节能计算汇总表（表7-27～表7-46）

在对中牟一高体育馆进行建筑热工节能计算过程中，主要热工性能参数有：

(1) 体形系数

体形系数实际值	0.21	体形系数限值	≤0.40
体形系数满足《公共建筑节能设计标准》4.1.2条的规定			

(2) 屋顶

平屋顶构造类型:半硬质矿(岩)棉板(150.00mm) + 建筑钢材(100.00mm)

平屋顶材料传热系数表 表7-28

平屋顶每层材料名称	厚度 (mm)	导热系数 W/(m·K)	蓄热系数 W/(m²·K)	热阻值 (m²·K)/W	热惰性指标 $D=R \cdot S$	修正系数α
半硬质矿(岩)棉板	150.0	0.048	0.77	2.604	2.41	1.20
建筑钢材	100.0	58.200	126.00	0.002	0.22	1.00
平屋顶各层之和	250.0			2.61	2.62	
平屋顶热阻$R_0=R_i+\sum R+R_e=2.76$ (m²·K/W)			$R_i=0.115$ (m²·K/W);$R_e=0.043$ (m²·K/W)			
平屋顶传热系数 $K=1/R_0=0.36$W/(m²·K)						
太阳辐射吸收系数$\rho=0.50$						
平屋顶满足《公共建筑节能设计标准》GB 50189—2005 4.2.2-3条$K≤0.55$的规定						

坡屋顶构造类型:半硬质矿(岩)棉板(150.00mm) + 建筑钢材(100.00mm)。

坡屋顶材料传热系数表 表7-29

坡屋顶每层材料名称	厚度 (mm)	导热系数 W/(m·K)	蓄热系数 W/(m²·K)	热阻值 (m²·K)/W	热惰性指标 $D=R \cdot S$	修正系数α
半硬质矿(岩)棉板	150.0	0.048	0.77	2.604	2.41	1.20
建筑钢材	100.0	58.200	126.00	0.002	0.22	1.00
坡屋顶各层之和	250.0			2.61	2.62	
坡屋顶热阻$R_0=R_i+\sum R+R_e=2.76$ (m²·K/W)			$R_i=0.115$ (m²·K/W);$R_e=0.043$ (m²·K/W)			
坡屋顶传热系数 $K=1/R_0=0.36$W/(m²·K)						
太阳辐射吸收系数$\rho=0.50$						
坡屋顶满足《公共建筑节能设计标准》GB 50189—2005 4.2.2-3条$K≤0.55$的规定						

(3) 外墙

外墙主体部分构造类型:水泥砂浆(20.00mm) + 半硬质矿(岩)棉板(60.00mm) + 加气混凝土砌块(B05级)(200.00mm) + 水泥砂浆(20.00mm)。

外墙材料传热系数表

表7-30

外墙每层材料名称	厚度 (mm)	导热系数 W/ (m·K)	蓄热系数 W/ (m²·K)	热阻值 (m²·K) /W	热惰性指标 $D=R \cdot S$	修正系数α
水泥砂浆	20.0	0.930	11.37	0.022	0.24	1.00
半硬质矿（岩）棉板	60.0	0.048	0.77	1.087	0.96	1.15
加气混凝土砌块（B05级）	200.0	0.190	2.81	0.842	2.96	1.25
水泥砂浆	20.0	0.930	11.37	0.022	0.24	1.00
外墙各层之和	300.0			1.97	4.41	
外墙热阻$R_0=R_i+ \Sigma R+R_e$=2.13（m²·K/W）				R_i=0.115（m²·K/W）；R_e=0.043（m²·K/W）		
外墙传热系数 $K_p=1/R_0$=0.47W/（m²·K)						
太阳辐射吸收系数ρ=0.50						

热桥柱（框架柱）构造类型：水泥砂浆（20.00mm）＋半硬质矿（岩）棉板（60.00mm）＋钢筋混凝土（700.00mm）＋石灰水泥砂浆（20.00mm）。

热桥柱材料传热系数表

表7-31

热桥柱每层材料名称	厚度 (mm)	导热系数 W/ (m·K)	蓄热系数 W/ (m²·K)	热阻值 (m²·K) /W	热惰性指标 $D=R \cdot S$	修正系数α
水泥砂浆	20.0	0.930	11.37	0.022	0.24	1.00
半硬质矿（岩）棉板	60.0	0.048	0.77	1.087	0.96	1.15
钢筋混凝土	700.0	1.740	17.20	0.402	6.92	1.00
石灰水泥砂浆	20.0	0.870	10.75	0.023	0.25	1.00
热桥柱各层之和	800.0			1.53	8.37	
热桥柱热阻$R_0=R_i+ \Sigma R+R_e$=1.69（m²·K/W）				R_i=0.115（m²·K/W）；R_e=0.043（m²·K/W）		
传热系数 $K_{B1}=1/R_0$=0.59 W/（m²·K)						

热桥梁（过梁或框架梁）构造类型：水泥砂浆（20.00mm）＋半硬质矿（岩）棉板（60.00mm）＋钢筋混凝土（200.00mm）＋石灰水泥砂浆（20.00mm）。

热桥梁材料传热系数表

表7-32

热桥梁每层材料名称	厚度 (mm)	导热系数 W/ (m·K)	蓄热系数 W/ (m²·K)	热阻值 (m²·K) /W	热惰性指标 $D=R \cdot S$	修正系数α
水泥砂浆	20.0	0.930	11.37	0.022	0.24	1.00
半硬质矿（岩）棉板	60.0	0.048	0.77	1.087	0.96	1.15
钢筋混凝土	200.0	1.740	17.20	0.115	1.98	1.00
石灰水泥砂浆	20.0	0.870	10.75	0.023	0.25	1.00
热桥梁各层之和	300.0			1.25	3.43	
热桥梁热阻$R_0=R_i+ \Sigma R+R_e$=1.40（m²·K/W）				R_i=0.115（m²·K/W）；R_e=0.043（m²·K/W）		
传热系数 $K_{B2}=1/R_0$=0.71W/（m²·K)						

热桥楼板（墙内楼板）构造类型:水泥砂浆（20.00mm）＋半硬质矿（岩）棉板（60.00mm）＋钢筋混凝土（200.00mm）。

热桥楼板材料传热系数表　　　　　　　　表7-33

热桥楼板每层材料名称	厚度 (mm)	导热系数 W/ (m·K)	蓄热系数 W/ (m²·K)	热阻值 (m²·K) /W	热惰性指标 $D=R \cdot S$	修正系数α
水泥砂浆	20.0	0.930	11.37	0.022	0.24	1.00
半硬质矿（岩）棉板	60.0	0.048	0.77	1.087	0.96	1.15
钢筋混凝土	200.0	1.740	17.20	0.115	1.98	1.00
热桥楼板各层之和	280.0			1.22	3.18	
热桥楼板热阻$R_0=R_i+\Sigma R+R_e$=1.38 (m²·K/W)				R_i=0.115 (m²·K/W) ; R_e=0.043 (m²·K/W)		
传热系数 $K_{B3}=1/R_0$=0.72W/ (m²·K)						

外墙平均传热系数（K_m）为外墙包括主体部位和周边热桥（构造柱、圈梁以及楼板伸入外墙部分等）部位在内的传热系数平均值。分别计算每一单元墙体的值。当外墙主体部位和各热桥部位的传热系数确定后，K_m值计算的关键在于确定各个热桥部位的面积。框架结构外墙平均传热系数（K_m）的计算单元如图7-6所示，本工程所选示例开间为8m，框架柱宽0.7m，框架梁高0.7m，板厚（含垫层）0.15m，层高3.2m，开间内为通窗，窗高1.8m，窗顶即框架梁底，无过梁，墙高0.55m，计算结果详表7-34。

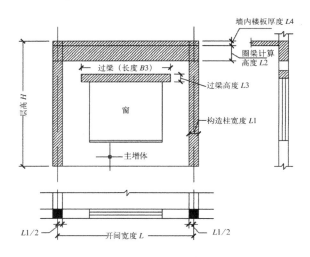

图7-6　外墙平均传热系数（K_m）计算单元图示

外墙平均传热系数判定表　　　　　　　　表7-34

外墙主体厚度 (mm)	计算单元外墙面积 (不含窗) (m²)	外墙各部位									
		主墙体		框架柱		框架梁		过梁		墙内楼板	
300	12.46	F_P	4.01	F_{B1}	2.24	F_{B2}	5.11	F_{B2}	0.00	F_{B3}	1.10
各部位的传热系数K (W/m²·K)		K_P	0.47	K_{B1}	0.59	K_{B2}	0.71	K_{B2}	0.71	K_{B3}	0.72
外墙平均传热系数 (W/m²·K) $K_m=\dfrac{K_P \cdot F_P+K_{B1} \cdot F_{B1}+K_{B2} \cdot F_{B2}+K_{B3} \cdot F_{B3}}{F_P+F_{B1}+F_{B2}+F_{B3}}$ =0.612											
外墙的热惰性指标D=3.31											
外墙未满足《公共建筑节能设计标准》4.2.2-3条$K \leqslant 0.6$的规定											

本工程因防火安全需要选用 A 级外墙外保温材料，如若选用 B1 级保温材料时应按《建筑设计防火规范》GB 50016—2014 规定在保温系统中每层设置 A 级且至少 300mm 高水平防火隔离带，并且应在保温材料外表面设置不燃材料的防护层，防护层应将保温材料完全包覆。防护层厚度首层不应小于 15mm，其他层不应小于 5mm。

（4）非采暖空调房间与采暖空调房间的楼板

非采暖空调房间与采暖空调房间的隔墙构造类型：水泥砂浆（20.0mm）＋钢筋混凝土（120.0mm）＋水泥砂浆（20.0mm）。

非采暖空调房间与采暖空调房间的隔墙传热系数表　　　　　表7-35

隔墙每层材料名称	厚度 (mm)	导热系数 W/（m·K）	蓄热系数 W/（m²·K）	热阻值 (m²·K)/W	热惰性指标 $D=R·S$	修正系数α
水泥砂浆	20.0	0.930	11.37	0.022	0.24	1.00
钢筋混凝土	120.0	1.740	17.20	0.069	1.19	1.00
水泥砂浆	20.0	0.930	11.37	0.022	0.24	1.00
隔墙各层之和	160.0			0.11	1.68	
隔墙热阻$R_0=R_i+\sum R+R_i$=0.34（m²·K/W）			R_i=0.115（m²·K/W）；R_e=0.115（m²·K/W）			
隔墙传热系数K_p=1/R_0=2.92W/（m²·K）						
非采暖空调房间与采暖空调房间的隔墙未满足《公共建筑节能设计标准》GB 50189—2005 4.2.2-3条$K≤1.5$的规定						

（5）非采暖空调房间与采暖空调房间的楼板

非采暖空调房间与采暖空调房间的楼板构造类型：水泥砂浆（20.0mm）＋钢筋混凝土（120.0mm）＋半硬质矿（岩）棉板（100.0mm）＋水泥砂浆（20.0mm）。

非采暖空调房间与采暖空调房间的楼板传热系数表　　　　　表7-36

楼板每层材料名称	厚度 (mm)	导热系数 W/（m·K）	蓄热系数 W/（m²·K）	热阻值 (m²·K)/W	热惰性指标 $D=R·S$	修正系数α
水泥砂浆	20.0	0.930	11.37	0.022	0.24	1.00
钢筋混凝土	120.0	1.740	17.20	0.069	1.19	1.00
半硬质矿（岩）棉板	100.0	0.048	0.77	1.812	1.60	1.15
水泥砂浆	20.0	0.930	11.37	0.022	0.24	1.00
楼板各层之和	260.0			1.92	3.28	
楼板热阻$R_0=R_i+\sum R+R_e$=2.15（m²·K/W）			R_i=0.115（m²·K/W）；R_e=0.115（m²·K/W）			
楼板传热系数K_p=1/R_0=0.46W/（m²·K）						
非采暖空调房间与采暖空调房间的楼板满足《公共建筑节能设计标准》GB 50189—2005 4.2.2-3条$K≤1.5$的规定						

（6）底部自然通风的架空楼板

底部自然通风的架空楼板构造类型：水泥砂浆（20.0mm）＋钢筋混凝土（100.0mm）＋半硬质矿（岩）棉板（100.0mm）＋石灰水泥砂浆（20.0mm）。

架空楼板每层材料名称	厚度 (mm)	导热系数 W/ (m·K)	蓄热系数 W/ (m²·K)	热阻值 (m²·K) /W	热惰性指标 $D=R \cdot S$	修正系数α
水泥砂浆	20.0	0.930	11.37	0.022	0.24	1.00
钢筋混凝土	100.0	1.740	17.20	0.057	0.99	1.00
半硬质矿（岩）棉板	100.0	0.048	0.77	1.812	1.60	1.15
石灰水泥砂浆	20.0	0.870	10.75	0.023	0.25	1.00
架空楼板各层之和	240.0			1.91	3.08	

架空楼板热阻$R_0=R_i+\Sigma R+R_e=2.07$ (m²·K/W) | $R_i=0.115$ (m²·K/W)；$R_e=0.043$ (m²·K/W)

架空楼板传热系数$K_p=1/R_0=0.48$W/ (m²·K)

架空楼板满足《公共建筑节能设计标准》GB 50189—2005 4.2.2-3条$K \leq 0.6$的规定

（7）周边地面

周边地面构造类型：水泥砂浆（20.0mm）+细石混凝土（内配筋）（100.0mm）+高密度膨胀聚苯板（80.0mm）+夯实黏土（200.0mm）。

周边地面每层材料名称	厚度 (mm)	导热系数 W/ (m·K)	蓄热系数 W/ (m²·K)	热阻值 (m²·K) /W	热惰性指标 $D=R \cdot S$	导热系数 修正系数
水泥砂浆	20.0	0.930	11.37	0.022	0.24	1.00
细石混凝土（内配筋）	100.0	1.740	17.20	0.057	0.99	1.00
高密度膨胀聚苯板	80.0	0.040	0.33	1.667	0.66	1.20
夯实黏土	200.0	1.160	12.99	0.172	2.24	1.00
周边地面各层之和	400.0			1.92	4.13	

周边地面热阻$R_0=1.92$ (m²·K/W)

周边地面满足《公共建筑节能设计标准》GB 50189—2005 4.2.2-6条$R \geq 1.5$的规定

（8）非周边地面

非周边地面构造类型：水泥砂浆（3.0mm）+碎石，卵石混凝土（100.0mm）+高密度膨胀聚苯板（80.0mm）+水泥砂浆（20.0mm）。

非周边地面每层材料名称	厚度 (mm)	导热系数 W/ (m·K)	蓄热系数 W/ (m²·K)	热阻值 (m²·K) /W	热惰性指标 $D=R \cdot S$	导热系数 修正系数
水泥砂浆	3.0	0.930	11.27	0.003	0.04	1.00
碎石，卵石混凝土	100.0	1.280	13.57	0.078	1.06	1.00
高密度膨胀聚苯板	80.0	0.040	0.33	1.667	0.66	1.20
水泥砂浆	20.0	0.930	11.27	0.022	0.24	1.00
非周边地面各层之和	203.0			1.77	2.00	

非周边地面热阻$R_0=1.77$ (m²·K/W)

非周边地面满足《公共建筑节能设计标准》GB 50189—2005 4.2.2-6条$R \geq 1.5$的规定

(9) 采暖、空调地下室外墙

采暖、空调地下室外墙构造类型：水泥砂浆（20.0mm）+ 高密度膨胀聚苯板（60.0mm）+ 钢筋混凝土（250.0mm）+ 水泥砂浆（20.0mm）。

地下室外墙热阻判定表 表7-40

地下室外墙1 每层材料名称	厚度 (mm)	导热系数 W/（m·K）	蓄热系数 W/（m²·K）	热阻值 (m²·K)/W	热惰性指标 $D=R·S$	导热系数 修正系数
水泥砂浆	20.0	0.930	11.37	0.022	0.24	1.00
高密度膨胀聚苯板	60.0	0.040	0.33	1.250	0.50	1.20
钢筋混凝土	250.0	1.740	17.20	0.144	2.47	1.00
水泥砂浆	20.0	0.930	11.37	0.022	0.24	1.00
地下室外墙各层之和	350.0			1.44	3.46	

地下室外墙热阻 R_0=1.55（m²·K/W）

采暖、空调地下室外墙满足《公共建筑节能设计标准》GB 50189—2005 4.2.2—6条 $R≥1.5$ 的规定

(10) 外窗

外窗构造类型：断热铝合金低辐射中空玻璃窗（6+12A+6 遮阳型），传热系数 3.00W/（m²·K），自身遮阳系数 0.57，气密性为 6 级，可见光透射比 0.40。

各朝向窗墙面积比及传热系数判定表 表7-41

朝向	规格型号	面积	窗墙面积比	传热系数 W/（m²·K）	窗墙面积比限值	K 限值
东	断热铝合金低辐射中空玻璃窗6+12A+6遮阳型	108.06	0.50	3.00	≤0.7	≤2.3
	断热铝合金低辐射中空玻璃窗6+12A+6遮阳型	590.01				

窗墙面积比满足4.2.4条、K值未满足4.2.2—3条的要求，窗墙面积比为组合体普通层的东向平均值。故该向外窗未满足《公共建筑节能设计标准》GB 50189—2005的要求

朝向	规格型号	面积	窗墙面积比	传热系数 W/（m²·K）	窗墙面积比限值	K 限值
南	断热铝合金低辐射中空玻璃窗6+12A+6遮阳型	95.20	0.46	3.00	≤0.7	≤2.3
	断热铝合金低辐射中空玻璃窗6+12A+6遮阳型	255.76				

窗墙面积比满足4.2.4条、K值未满足4.2.2—3条的要求，窗墙面积比为组合体普通层的南向平均值。故该向外窗未满足《公共建筑节能设计标准》GB 50189—2005的要求

朝向	规格型号	面积	窗墙面积比	传热系数 W/（m²·K）	窗墙面积比限值	K 限值
西	断热铝合金低辐射中空玻璃窗6+12A+6遮阳型	106.25	0.50	3.00	≤0.7	≤2.3
	断热铝合金低辐射中空玻璃窗6+12A+6遮阳型	595.61				

窗墙面积比满足4.2.4条、K值未满足4.2.2—3条的要求，窗墙面积比为组合体普通层的西向平均值。故该向外窗未满足《公共建筑节能设计标准》GB 50189—2005的要求

朝向	规格型号	面积	窗墙面积比	传热系数 W/（m²·K）	窗墙面积比限值	K 限值
北	断热铝合金低辐射中空玻璃窗6+12A+6遮阳型	39.60	0.44	3.00	≤0.7	≤2.3
	断热铝合金低辐射中空玻璃窗6+12A+6遮阳型	293.92				

窗墙面积比满足4.2.4条、K值未满足4.2.2—3条的要求，窗墙面积比为组合体普通层的北向平均值。故该向外窗未满足《公共建筑节能设计标准》GB 50189—2005的要求

注：上表中对于某一朝向外窗（包括透明幕墙）的综合传热系数 K 的计算公式：

$$K=\frac{\sum A_i K_i}{\sum A_i}$$

式中，A_i—外窗（包括透明幕墙）的面积，K_i—外窗（包括透明幕墙）的传热系数。

外窗遮阳系数判定表

表7-42

朝向	规格型号	面积 S (m²)	窗墙比(包括透明幕墙)	玻璃自身遮阳系数 SC	外遮阳系数 SD(含窗框窗洞面积比)	同类型外窗遮阳系数 S_{w1}	综合遮阳系数 S_w	S_w 限值
东	断热铝合金低辐射中空玻璃窗6+12A+6遮阳型	108.06	0.50	0.57	1.00	0.57	0.57	≤0.6
	断热铝合金低辐射中空玻璃窗6+12A+6遮阳型	590.01	0.50	0.57	1.00	0.57	0.57	
	东向外窗遮阳系数满足《公共建筑节能设计标准》GB 50189—2005 4.2.2-3条的要求							
南	断热铝合金低辐射中空玻璃窗6+12A+6遮阳型	95.20	0.46	0.57	1.00	0.57	0.57	≤0.6
	断热铝合金低辐射中空玻璃窗6+12A+6遮阳型	255.76	0.46	0.57	1.00	0.57	0.57	
	南向外窗遮阳系数满足《公共建筑节能设计标准》GB 50189—2005 4.2.2-3条的要求							
西	断热铝合金低辐射中空玻璃窗6+12A+6遮阳型	106.25	0.50	0.57	1.00	0.57	0.57	≤0.6
	断热铝合金低辐射中空玻璃窗6+12A+6遮阳型	595.61	0.50	0.57	1.00	0.57	0.57	
	西向外窗遮阳系数满足《公共建筑节能设计标准》GB 50189—2005 4.2.2-3条的要求							
北	断热铝合金低辐射中空玻璃窗6+12A+6遮阳型	39.60	0.44	0.57	1.00	0.57	0.57	—
	断热铝合金低辐射中空玻璃窗6+12A+6遮阳型	293.92	0.44	0.57	1.00	0.57	0.57	
	北向外窗遮阳系数满足《公共建筑节能设计标准》GB 50189—2005 4.2.2-3条的要求							

外窗可见光透射比判定表

表7-43

朝向	外窗(包括透明幕墙)墙面积比	可见光透射比	窗墙比限值	透射比限值
东/西	0.50	0.40	≤0.4	≥0.4
	外窗可见光透射比满足《公共建筑节能设计标准》GB 50189—2005 4.2.4条的规定			
南	0.46	0.40	≤0.4	≥0.4
	外窗可见光透射比满足《公共建筑节能设计标准》GB 50189—2005 4.2.4条的规定			
北	0.44	0.40	≤0.4	≥0.4
	外窗可见光透射比满足《公共建筑节能设计标准》GB 50189—2005 4.2.4条的规定			

外窗可开启面积比判定表　　　　　　　　　　　　　　　表7-44

朝向	外窗可开启面积	外窗面积	可开启面积与外窗面积的比例	可开启面积与外窗面积的比例限值
东	344.06	688.12	0.50	0.30
外窗的可开启面积比例满足《公共建筑节能设计标准》GB 50189—2005 4.2.8条的规定				
南	171.76	343.52	0.50	0.30
外窗的可开启面积比例满足《公共建筑节能设计标准》GB 50189—2005 4.2.8条的规定				
西	346.32	692.63	0.50	0.30
外窗的可开启面积比例满足《公共建筑节能设计标准》GB 50189—2005 4.2.8条的规定				
北	166.76	333.52	0.50	0.30
外窗的可开启面积比例满足《公共建筑节能设计标准》GB 50189—2005 4.2.8条的规定				

外窗与玻璃幕墙气密性判定表　　　　　　　　　　　　　　表7-45

楼层	气密性等级	气密性等级限值
第1层	外窗气密性6级	外窗气密性不低于6级
第1层	玻璃幕墙气密性4级	玻璃幕墙气密性不低于3级
第2层	外窗气密性6级	外窗气密性不低于6级
第2层	玻璃幕墙气密性4级	玻璃幕墙气密性不低于3级
第3层	外窗气密性6级	外窗气密性不低于6级
第3层	玻璃幕墙气密性4级	玻璃幕墙气密性不低于3级
第4层	外窗气密性6级	外窗气密性不低于6级
第4层	玻璃幕墙气密性4级	玻璃幕墙气密性不低于3级
外窗气密性满足《公共建筑节能设计标准》GB 50189—2005 4.2.10条的要求 玻璃幕墙气密性满足《公共建筑节能设计标准》GB 50189—2005 4.2.11条的要求		

（11）天窗

天窗构造类型：断热铝合金低辐射中空玻璃窗（6+12A+6遮阳型），自身遮阳系数0.57，传热系数3.00W/m²·K。

天窗传热系数判定表　　　　　　　　　　　　　　表7-46

天窗类型	窗框	玻璃	占屋顶面积比	传热系数 W/ (m²·K)	遮阳系数 SC	面积比限值	K限值	SC限值
断热铝合金低辐射中空玻璃窗	6+12A+6 遮阳型	0.08	3.00	0.57	≤0.2	≤2.7	≤0.5

面积比满足《公共建筑节能设计标准》4.2.6条、K值未满足、SC值未满足故该类型天窗未满足《公共建筑节能设计标准》GB 50189—2005 4.2.2-3条的要求

5．结论

与《公共建筑节能设计标准》GB 50189—2005 以规定性方法（查表法）相比较，该建筑物的外墙不满足《公共建筑节能设计标准》4.2.2-3 条的标准要求；非采暖空调房间与采暖空调房间的隔墙不满足《公共建筑节能设计标准》

4.2.2-3条的标准要求;东向外窗不满足《公共建筑节能设计标准》的标准要求;南向外窗不满足《公共建筑节能设计标准》的标准要求;西向外窗不满足《公共建筑节能设计标准》的标准要求;北向外窗不满足《公共建筑节能设计标准》的标准要求;天窗不满足《公共建筑节能设计标准》4.2.2-3条的标准要求指标未满足规范要求。

规定性分项指标校核情况表　　　　　　　　　　　　　表7-47

建筑构件	是否达标
体形系数满足《公共建筑节能设计标准》GB 50189—2005 4.1.2条的标准要求	√
平屋顶满足《公共建筑节能设计标准》GB 50189—2005 4.2.2-3条的标准要求	√
坡屋顶满足《公共建筑节能设计标准》GB 50189—2005 4.2.2-3条的标准要求	√
外墙不满足《公共建筑节能设计标准》GB 50189—2005 4.2.2-3条的标准要求	×
非采暖空调房间与采暖空调房间的隔墙不满足《公共建筑节能设计标准》GB 50189—2005 4.2.2-3条的标准要求	×
非采暖空调房间与采暖空调房间的楼板满足《公共建筑节能设计标准》GB 50189—2005 4.2.2-3条的标准要求	√
架空楼板满足《公共建筑节能设计标准》GB 50189—2005 4.2.2-3条的标准要求	√
周边地面满足《公共建筑节能设计标准》GB 50189—2005 4.2.2-6条的标准要求	√
非周边地面满足《公共建筑节能设计标准》GB 50189—2005 4.2.2-6条的标准要求	√
采暖、空调地下室外墙满足《公共建筑节能设计标准》GB 50189—2005 4.2.2-6条的标准要求	√
东向外窗不满足《公共建筑节能设计标准》GB 50189—2005的标准要求	×
南向外窗不满足《公共建筑节能设计标准》GB 50189—2005的标准要求	×
西向外窗不满足《公共建筑节能设计标准》GB 50189—2005的标准要求	×
北向外窗不满足《公共建筑节能设计标准》GB 50189—2005的标准要求	×
东向外窗遮阳系数满足《公共建筑节能设计标准》GB 50189—2005 4.2.2-3条的要求	√
南向外窗遮阳系数满足《公共建筑节能设计标准》GB 50189—2005 4.2.2-3条的要求	√
西向外窗遮阳系数满足《公共建筑节能设计标准》GB 50189—2005 4.2.2-3条的要求	√
北向外窗遮阳系数满足《公共建筑节能设计标准》GB 50189—2005 4.2.2-3条的要求	√
外窗的可开启面积比满足《公共建筑节能设计标准》GB 50189—2005 4.2.8条的标准要求	√
外窗可见光透射比满足《公共建筑节能设计标准》GB 50189—2005 4.2.4条的标准要求	√
外窗气密性满足《公共建筑节能设计标准》GB 50189—2005 4.2.10条的标准要求	√
玻璃幕墙气密性满足《公共建筑节能设计标准》GB 50189—2005 4.2.11条的标准要求	√
天窗不满足《公共建筑节能设计标准》GB 50189—2005 4.2.2-3条的标准要求	×

结论:规定性指标未满足要求,须进行围护结构节能动态计算即围护结构热工性能的权衡计算。

6. 建筑围护结构热工性能的权衡计算

(1) 参照建筑和设计建筑的热工参数和计算结果

参照建筑和设计建筑的热工参数结果比较表 表7—48

围护结构部位		参照建筑K W/（m²·K）			设计建筑K W/（m²·K）		
屋面		0.55			0.36		
外墙（包括非透明幕墙）		0.6			0.54		
底部自然通风的架空楼板		0.6			0.48		
采暖空调房间与非采暖空调房间之间的楼板		1.5			0.46		
采暖空调房间与非采暖空调房间之间的隔墙		1.5			2.92		
外窗（包括透明幕墙）	朝向	窗墙面积比	传热系数K W/（m²·K）	遮阳系数 SW	窗墙面积比	传热系数K W/（m²·K）	遮阳系数SW
单一朝向幕墙	东	0.40＜比值 ≤0.50（0.5）	2.3	0.6	0.5	3	0.57
	南	0.40＜比值 ≤0.50（0.46）	2.3	0.6	0.46	3	0.57
	西	0.40＜比值 ≤0.50（0.5）	2.3	0.6	0.5	3	0.57
	北	0.40＜比值 ≤0.50（0.44）	2.3	1	0.44	3	0.57
屋顶透明部分		≤屋顶总面积的20%	2.7	0.5	0.08	3	0.57
地面和地下室外墙		热阻R（m²·K）/W			热阻R（m²·K）/W		
地面热阻		1.5			1.92		
非周边地面热阻		1.5			1.77		
地下室外墙热阻（与土壤接触的墙）		1.5			—		

空调与非空调房间面积统计表 表7—49

房间用途	是否空调	累积面积（m²）	室内设计温度℃		人均使用面积（m²/人）	照明功率 W/m²	电器设备功率W/m²	新风量 m³/hp
			夏季	冬季				
其他	否	累积面积：4598m²						
训练馆	是	566.16	25	16	4	11	20	20
卫生间	是	322.56	26	16	4	11	20	30
普通办公室	是	1333.58	26	20	4	11	20	30
会议室	是	65.36	26	20	2	11	5	30
合计空调房间面积（m²）		2287.67	合计非空调房间面积（m²）				4598	

（2）设计建筑能耗计算

根据建筑物各参数以及《公共建筑节能设计标准》GB 50189—2005 4.3.1
所提供的参数，得到该建筑物的年能耗如下：

能源种类	能耗 (kW·h)	单位面积能耗 (kW·h/m²)
空调耗电量	351911	45.13
采暖耗电量	317151	40.67
总计	669062	85.80

注：单位面积能耗针对建筑面积计算，即能耗/总建筑面积。

(3) 参照建筑能耗计算

根据建筑物各参数以及《公共建筑节能设计标准》GB 50189—2005 4.3.1 所提供的参数，得到该参照建筑物的年能耗，见表7—51。

参照建筑全年能耗表		表7—51
能源种类	能耗 (kW·h)	单位面积能耗 (kW·h/m²)
空调耗电量	372950	47.83
采暖耗电量	297673	38.17
总计	670623	86.00

注：单位面积能耗针对建筑面积计算，即能耗/总建筑面积。

(4) 建筑节能评估结果

对比设计建筑和参照建筑的模拟计算结果，汇总如下，见表7—52。

建筑全年能耗比较表		表7—52
计算结果	设计建筑	参照建筑
全年能耗	85.80	86.00

(5) 能耗分析图 (图7—7)

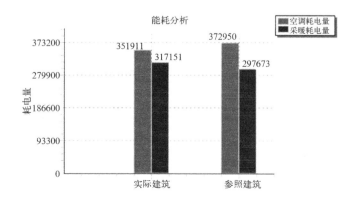

图7—7　能耗分析图

(6) 结论

该设计建筑的全年能耗小于参照建筑的全年能耗，节能率为 50.12%，因此该建筑满足《公共建筑节能设计标准》GB 50189—2005 4.3.1 条的节能要求。

单元思考题

以学生本人设计的居住建筑和公共建筑为例，分别手算其体形系数、窗墙面积比、围护结构传热系数等热工参数指标，并满足相应节能设计标准要求。其中外墙平均传热系数可采用面积加权平均的计算方法。

建筑节能设计与软件应用

8

教学单元8　节能设计软件实例教程

教学目标

了解国内主流节能设计软件基本功能；熟悉至少一种节能设计软件操作流程；能够结合国家或本地现行节能标准运用软件进行建筑节能设计；能够生成满足国家或本地现行节能标准的节能报告书并编制建筑施工图中的节能专篇。

建筑能耗模拟软件是计算分析建筑性能、辅助建筑系统设计运行与改造、指导建筑节能标准制定的有力工具，已得到越来越广泛的应用。大多数建筑能耗模拟软件都是基于动态的计算方法，以模拟在变化的室外参数作用下建筑物空间的负荷情况。各国根据自己的特点和要求编制了不同的建筑能耗模拟软件，如美国的 BLAST、DOE-2、EnergyPlus，英国的 ESP-r，中国的 DeST 等。在实际工程应用中，使用不同的模拟软件和以此为核心开发的节能设计软件，由于使用者对软件熟练程度不同、输入参数和软件计算核心存在差异，计算结果的差异较大，从而得出不同的结论。对于大多数使用者而言，由于不了解软件的内部情况，往往简单地认为这种差异是软件本身引起的，从而对节能分析软件及其能耗模拟方法产生质疑。事实上，影响节能设计软件能耗计算结果的因素可以归纳为三大类：首先，计算核心决定了软件的算法和基本假设，体现了不同软件之间的本质差异，且这种差异无法改变；其次，许多机构基于同一个计算核心开发了不同的软件界面，这些界面增强了软件的可操作性，但同时也削弱了计算核心的功能，因为软件界面常常会简化一些计算边界，从而无法实现计算核心的全部功能；最后，使用者对软件操作的熟练程度直接影响模拟结果，因为使用者决定了模型简化、输入参数和输出结果的选择。因此，建筑能耗模拟结果的差异不仅受软件本身的影响，更加取决于使用者对软件操作的熟练程度。

我国经住房和城乡建设部审定通过的建筑节能辅助设计及能耗分析软件主要有：中国建筑科学研究院建研科技股份有限公司开发的《建筑节能设计分析软件（PBECA）》、北京天正工程软件有限公司开发的《天正建筑节能分析软件(T-BEC)》、北京绿建软件有限公司开发的《绿建斯维尔节能设计软件(BECS)》等。其中《建筑节能设计分析软件(PBECA)》和《天正建筑节能分析软件(T-BEC)》的节能分析内核均以美国的 DOE-2 为计算核心，而《绿建斯维尔节能设计软件（BECS）》的节能分析内核是以美国的 DOE-2 和清华大学的 DeST 为双计算核心。以上国产节能设计软件同单纯的能耗模拟软件相比更注重于符合国家标准的建筑节能设计及进行相关标准权衡判断所要求的动态耗能量的计算，而且软件界面友好，操作过程直观，所以在国内被广泛应用。

本教学单元选取公共建筑和居住建筑的实际工程为例进行节能分析论述，简述《建筑节能设计分析软件（PBECA）》、《天正建筑节能分析软件（T-BEC）》、《绿建斯维尔节能设计软件（BECS）》的使用特点与操作流程。

8.1 PKPM 建筑节能设计软件 PBECA

PKPM 建筑节能设计软件 PBECA 是完全按照国家及各地方现行节能设计标准研发、帮助设计师完成节能设计的一款软件。软件是由 PKPM 研发团队联合中国建筑科学研究院标准编制组专家共同开发。软件集权威性、智能性和正确性等优点于一身，综合上千家用户、两万栋建筑单体的节能设计应用经验，使软件功能更加强大，操作更加便捷。

PKPM 建筑节能设计软件 PBECA 支持全国 80 多个地方建筑节能标准，并且在全国和各地最新节能标准颁布实施的同时就能提供软件支持。软件全程采用智能帮助系统和缺陷分析帮助系统，提供全国节能检查的辅助自查功能。软件在技术上得到了住房和城乡建设部、地方住房和城乡建设厅及有关部门的高度认可并予以推广，目前占有全国的市场近 70% 的市场份额。PBECA 软件可以支持大多数流行的建筑设计软件，为 AutoCAD、天正建筑软件、APM、REVIT 等软件提供了数据接口，最大限度上满足设计师节能设计的要求。

PBECA 软件进行建筑节能设计计算流程可以分为五步：①基本信息设置；②图纸导入；③模型建立；④模型编辑；⑤节能设计及生成报告书。下面以寒冷地区的一个办公楼为例介绍 PBECA 软件在公共建筑节能设计中的应用。

8.1.1 基本信息设置

1. **启动应用程序：**双击软件在桌面的图标，启动界面如图 8-1 所示。

图 8-1

点击【**启动选项**】，根据需要选择 CAD 版本（图 8-2）。
点击【**设置**】，设置工程目录（图 8-3）。

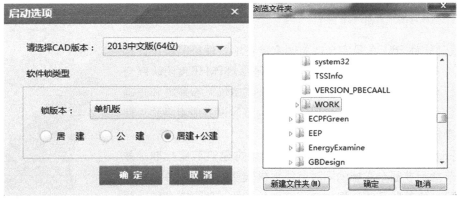

图 8-2　　　　　　　　　　　　　　　图 8-3

2.**运行 PBECA 软件**：工程目录设置完毕后，选中"**节能设计分析 PBECA2015**"并点击【运行】。打开界面如图 8-4 所示。

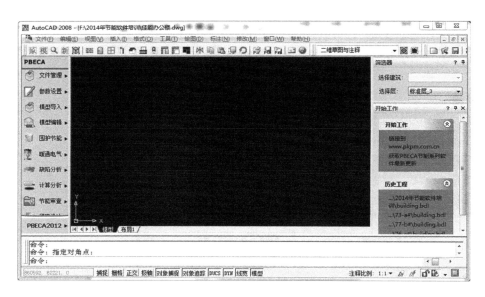

图 8-4

8.1.2　图纸导入

软件界面打开后会弹出触发提示框,根据提示选择＜**构件导入**＞,点击【**确定**】。如果下次打开不想出现提示可勾选左下角方框（图 8-5）。

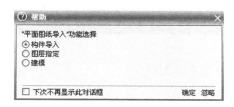

图 8-5

1. 参数设置

1）选择【参数设置】→【项目信息】命令，弹出"**项目信息**"对话框，选择＜**基本信息**＞设置基本参数（图 8-6）。

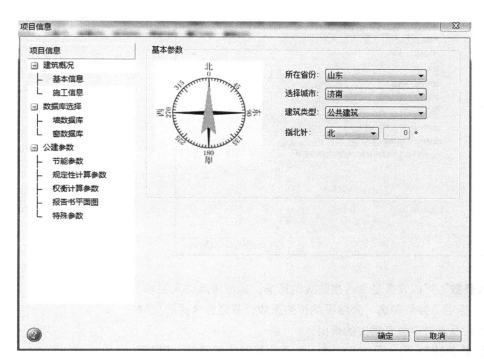

图 8-6

2）选择＜**施工信息**＞进行相应项目填写（图 8-7）。

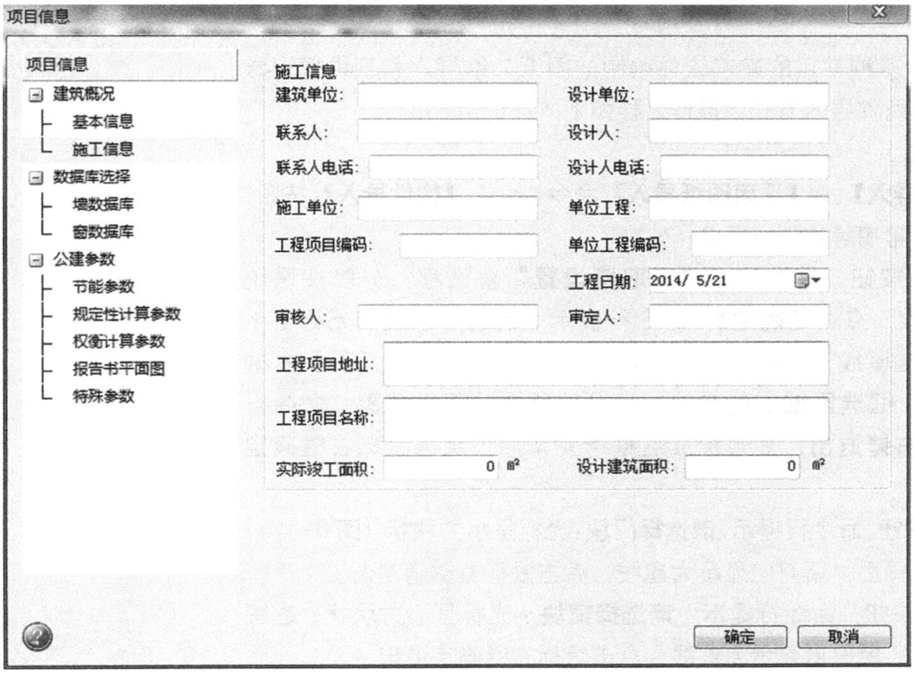

图 8-7

3）选择＜**节能参数**＞，按照当地标准要求进行参数设置（图 8-8）。

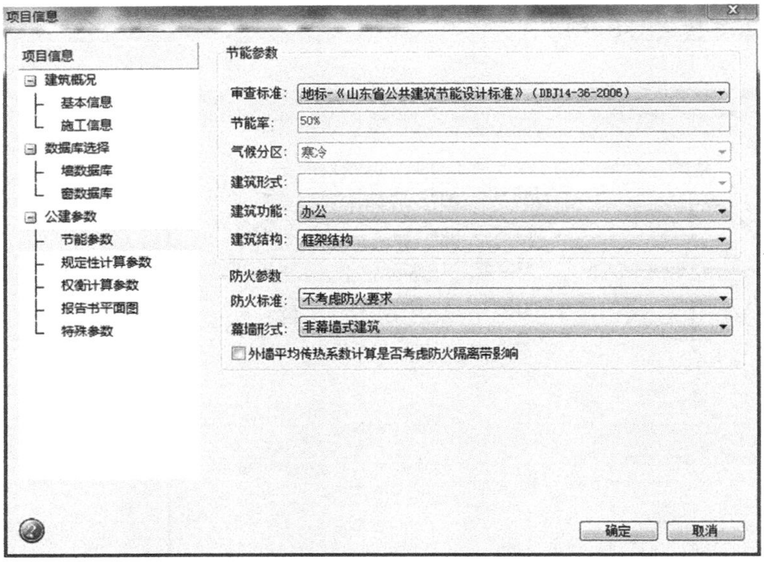

图 8-8

4）选择**"防火参数"**，可以设置是否考虑防火的影响。如需考虑防火要求，可以选择参照的防火标准，并可勾选"外墙平均传热系数计算是否考虑防火隔离带影响"。选择后在报告书中会有相应的输出。

5）＜**规定性计算参数**＞包含围护结构内、外表面换热阻等设置；**"权衡计算参数"**包含凸窗计算等设置。以上设置均可采用软件默认，无需修改。

6）＜**报告书平面图**＞、＜**特殊参数**＞等设置可根据工程实际情况进行修改。

2. 构件导入

PBECA 软件支持多种常用的建筑软件绘制的图纸二维导入和三维模型导入。二维导入主要有两种导入方式，操作过程如下。

第一种导入方式：

1）选择【**模型导入**】→【**平面图纸导入**】命令，点击【**构件导入**】按钮，提取墙体、门、窗、幕墙等构件（图 8-9）；

2）点击【**墙**】按钮，界面显示**"提取墙设置"**对话框，一般按系统默认值设置基本参数，点击【**确定**】。命令行提示：**请选择双线**，光标呈小方块状，在图中点选墙线。选择后，所有墙线整体显示为虚线。鼠标右键单击，命令行提示：**框选区域**：框选第一标准层所在的图形范围，命令行提示：**继续框选 / 右键退出**，其余标准层框选完毕后，点击鼠标右键确定退出；

3）点击【**门**】按钮，命令行提示：**请选择门块**：光标呈小方块状（图 8-10），在图中点选门块。选择后，所有门显示为虚线，点击鼠标右键确定退出；

4）点击【**窗**】按钮，命令行提示：**请选择窗块**：光标呈小方块状，在图中点选窗块。选择后，所有窗显示为虚线，点击鼠标右键确定退出；

5) 点击【玻璃幕墙】按钮,命令行提示:**请选择玻璃幕墙:**光标呈小方块状,在图中点选玻璃幕墙。选择后，所有玻璃幕墙显示为虚线,点击鼠标右键确定退出;

6) 点击【柱】按钮，命令行提示：**请选择柱块：**光标呈小方块状，在图中点选柱块。选择后，所有柱显示为虚线，点击鼠标右键确定退出;

7) "**模型导入**"对话框中"**提取指北针**"、"**提取门窗表**"操作类同上述导入过程。

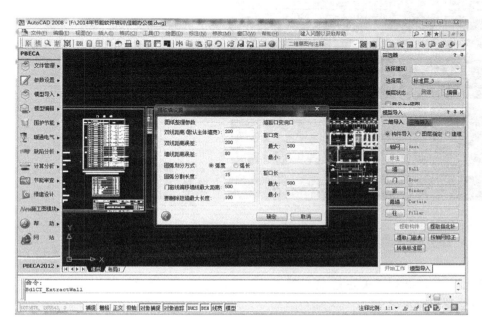

图 8—9

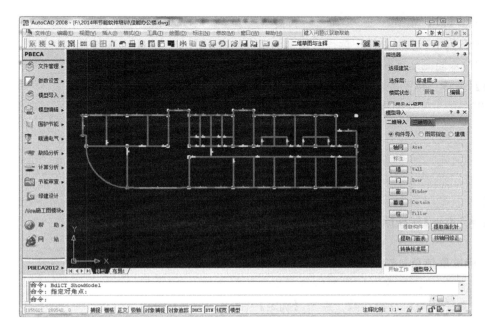

图 8—10

第二种导入方式:

选择【模型导入】→【平面图纸导入】命令,在右侧模型导入对话框中点击【图层指定】按钮,直接指定图层导入。将要导入各构件的图层名称填入图8-11所示对应的框中。

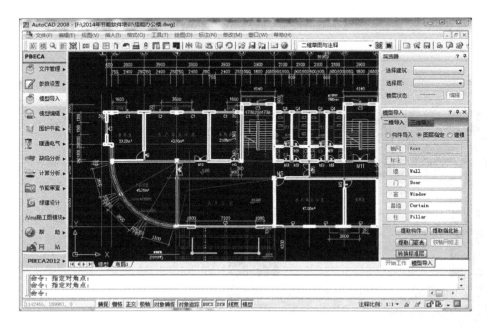

图 8-11

"**三维模型导入**"主要针对"**天正建筑5.0**"以上版本图形和"**Revit Architecture**"模型的直接提取。

3. 构件编辑

1)点击工具条上【模】按钮(图8-12),查看提取的模型。对于没有完全提取的构件在模型在模型导入对话框中选择"**建模**"进行补充。

2)例如当窗构件未能完全提取时可以选择相应图层,补上窗线。操作步骤为:先点击【窗】按钮,然后点击AutoCAD的【绘制直线】命令按钮,然后在图中需要补画窗线的位置绘制直线。

图 8-12

8.1.3 模型建立

1. 选择【模型导入】→【转换标准层】命令,弹出"标准层信息"的对话框,设置一般参数。

2. 在弹出的"**标准层信息**"对话框中,设置默认楼高,门高、窗高、窗台高等,一般输入统一的构件高度(按模型中每项构件居多者键入值)。另外与相关专业协商设置结构热桥计算参数,点击【确定】(图8-13)。

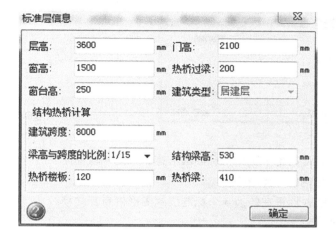

图 8—13

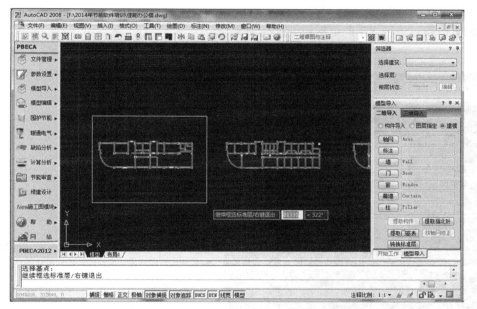

图 8—14

3. 命令行提示：**框选标准层**，然后在图中框选第一标准层所在的图形范围，如图 8—14 所示。

4. 命令行提示：**选择基点**，然后在图中选择 3 个标准层共有的一个点。命令行提示：**继续框选／右键退出**。

5. 继续框选第二标准层所在的图形范围，然后选择基点。命令行提示：**继续框选／右键退出**。

6. 继续框选第三标准层所在的图形范围，然后选择基点。全部框选完毕后点击右键确定退出。

需要注意的是有些层可以不用作为标准层选取，如地下室车库、储藏层、设备层等这种没有人员活动的楼层，但如果此类楼层的外墙如公建地下室外墙

图 8-15

有节能指标要求，在软件应用时则应将地下室作为标准层考虑。否则，软件无法在静态报告书中生成相应围护结构的计算表格。

7. 触发提示**"正在计算"**，即软件正在转换 3 个标准层的图形信息，转换完之后，给出提示对话框（图 8-15）：

1) 选择**"打开智能墙线修正"**，进行自动的有提示的识别和墙线编辑。默认选择智能墙线修正。

2) 选择**"不处理"**，可以进行人工的识别和墙线的编辑。

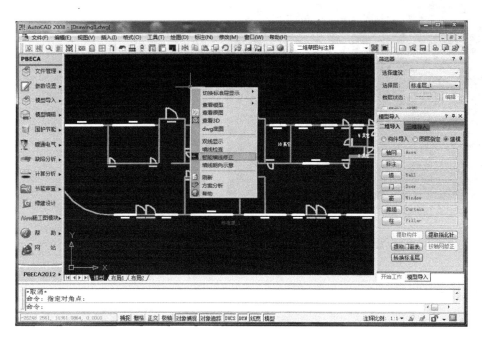

图 8-16

8. 编辑转换后的新模型

1) 在图中点击鼠标右键弹出菜单（图 8-16），选择**"墙线检查"**命令，模型如出现墙线不封闭等现象会有红色圆圈显示，然后点击**"智能墙线修正"**的**"延长墙线"**、**"删除墙"**等选项，进行墙线修正。

2) 选择提示中的**"智能墙线修正"**后确定，自动跳出修改对话框，如图 8-17 所示。

3) 图中红色圆圈显示所有需要修正的墙线位置。如有一红色圆圈内房间

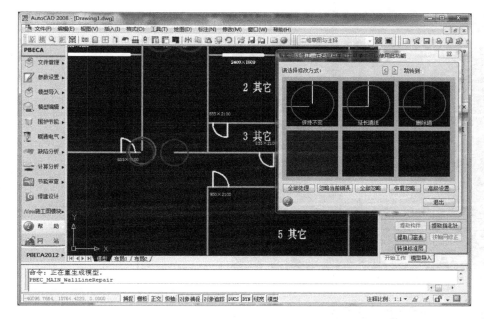

图 8-17

墙线两个端点没有连通，影响到了房间的封闭，此时选择**"延长墙线"**，当变蓝时选择成功，左键点击进行修改，软件默认自动转入下一项需要修改的墙线。其余修改类同。

4）对于用**"墙线智能修正"**命令不能完全修正的墙线，可使用 CAD 绘图命令延伸、画线、移动等进行编辑。

5）查看是否连接完全，可以点击右键菜单【**刷新**】命令，看是否生成新的空间。

6）当本层修正处理完成，如还有未处理的项时提示如图 8-18 所示。

7）点击**"确定"**后自动切换到下一标准层，点击**"忽略"**后不进行标准层切换。如要切换标准层,可在筛选器中的选择层下拉菜单中选择（图 8-19）。

9.显示门窗尺寸

点击**"筛选器"**下的**<选择层>**下拉菜单，选择好相应标准层。通过右键选择要显示的构件，还可以显示模型上门窗的尺寸（图 8-20）。

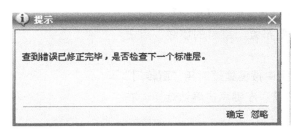

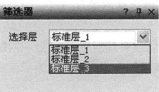

图 8-18（左）
图 8-19（右）

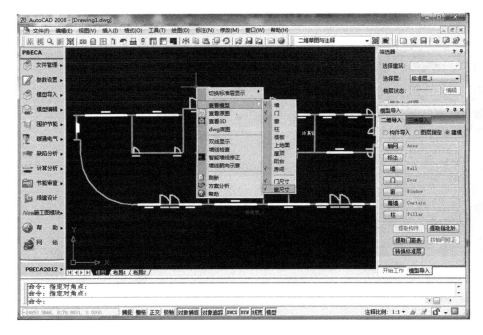

图 8-20

8.1.4 模型编辑

1. 模型编辑－墙设置

1) 靠山墙设置：选择【模型编辑】→【墙设置】命令（图 8-21），左键点选模型中要设置的外墙，右键确定。下方命令对话框提示**"1 个墙设置为靠山墙"**，而定义的山墙图像也变成橘色，说明设置成功。靠山墙的设置一般多用于依山而建的建筑模型。一般实际工程中与土壤接触的部分需要设置成靠山墙，设置了靠山墙后，软件将默认其与土壤相接触并判定为地下室墙。靠山墙依据不同的模型可以有选择性的进行设置，而不是一定需要进行设置。

2) 隔墙设置：分隔墙设置方法可选择**"指定房间"**和**"指定墙线"**，可在不同模型不同需要中对分隔墙进行有效的设置。在设置好分隔墙后，软件会根据设置的分隔墙，在模型上标出区域。

2. 模型编辑－门窗幕墙－门、窗

1) 选择要编辑的标准层，选择【模型编辑】→【门窗幕墙】命令（图 8-22）。

2) 门窗布置方式按实际插入位置选择**"居左"**、**"居中"**、**"居右"**，然后输入要布置的门或窗的宽度与高度，窗还要输入窗台高。点击【添加】按钮。

3) 命令行提示**"请选择对象"**，在图上选择要布置门或窗的墙线，点击对象鼠标右键确认。

4) 对于提取错的门或者其他原因造成门在模型中按窗处理时用**"窗转门"**命令转换：点击【窗转门】按钮选择要转换成门的窗，左键点击确认选择，右键确认操作。

5) 对于提取错的窗或者其他原因造成窗在模型中按门处理时用**"门转窗"**命令转换：点击【门转窗】按钮选择要转换成窗的门，左键点击确认选择，右键确认操作。

3. 模型编辑 - 门窗幕墙 - 幕墙布置

公共建筑的外立面采用玻璃幕墙的设计情况很普遍，软件提供了在外墙上直接布置玻璃幕墙的功能。在**"模型编辑 - 门窗幕墙"**对话框中门窗幕墙下选择**"幕墙"**进行操作（图8-23）。

1）选择要编辑的标准层；

2）在**"幕墙材质"**一栏中选择**"透明材质"**。

3）然后输入要布置的幕墙宽度，示例中取值2000mm。点击**"设置"**按钮。

4）命令行提示**"请选择对象"**，在图上点击对象鼠标右键确认。

4. 模型编辑 - 门窗幕墙 - 凸窗

1）选择要编辑的标准层；

2）窗布置方式按实际插入位置选择**"居中"**，根据凸窗类型在**"窗的类型"**一栏选择**"转角凸窗"**或**"凸窗"**（图8-24）；

3）输入要布置的凸窗宽度和高度、窗台高、凸出距离等参数，然后点击**【添加】**按钮；

4）命令行提示**"请选择对象"**，在图上点击对象鼠标右键确认。

5. 模型编辑 - 遮阳设置

1）选择要编辑的标准层，选择**【模型编辑】→【遮阳设置】**命令（图8-25）；

2）在**"遮阳类型"**一栏选择**"玻璃幕墙遮阳"**，**"选择类型"**一栏选择**"水平百叶"**，然后输入要布置的**"百叶间距"、"挡板深度"、"挡板角度"、"材质"**等参数数值，最后点击**【添加】**。

6. 模型编辑 - 房间编辑

1）选择要编辑的标准层，选择**【模型编辑】→【房间设置】**命令（图8-26）；

2）在**"建筑类型"**一栏选择**"办公"**，**"房间类型"**一栏根据实际情况选择**"普**

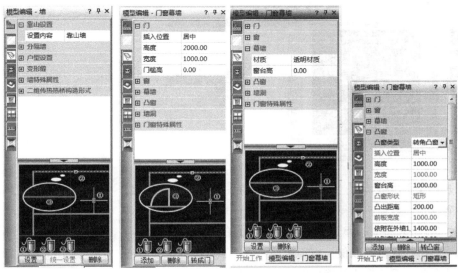

图8-21 　　　　图8-22 　　　　图8-23 　　　　图8-24

通办公室"、"高档办公室"、"会议室"、"走廊"、"其他类型房间"等，点击【设置】，依次定义每个房间。

3）切换标准层，再次按照上面顺序定义房间类型。

需要注意的是选择不同的房间类型，房间参数中的空调采暖、房间设计温度、照明、空气换气指数等参数均有不同。

7．模型编辑－中庭、天井设置

1）选择要编辑的标准层；

2）打开**"模型编辑－房间"**对话框（图8-27），在**"中庭天井"**一栏选择**"中庭"**，**"中庭挖孔方式"**一栏根据实际情况选择**"挖上楼板"**、**"挖下楼板"**以及**"上下楼板均挖空"**，本工程先编辑第一标准层，**"中庭挖孔方式"**一栏选择**"挖上楼板"**，点击【设置】，在图中选取要定义的房间，鼠标右键单击确定后该房间改变为中庭。

3）切换标准层，再次按照上面顺序定义中庭。在第二标准层时**"中庭挖孔方式"**一栏选择**"上下板均挖空"**，在第三标准层时**"中庭挖孔方式"**一栏选择**"挖下楼板"**。

4）天井的设置类同中庭的设置。

8．模型编辑－屋顶设置、热桥设置、楼板设置等

屋顶大致分为坡屋顶和平屋顶，屋顶设置的方式也有两种，分别为自绘线方式和外墙轮廓线方式。

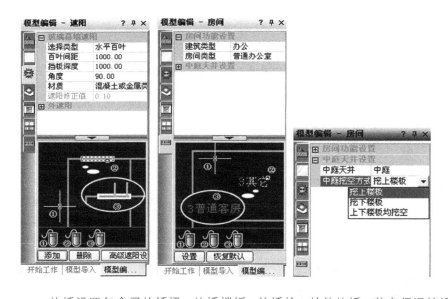

图8-25（左）
图8-26（中）
图8-27（右）

热桥设置包含了热桥梁、热桥楼板、热桥柱、其他热桥、节点保温等设置，可与结构专业人员协商确定后赋值。值得注意的是，对于一般建筑，现行《公共建筑节能设计标准》GB 50189—2015外墙平均传热系数的计算并没有像老标准那样按外墙主体与热桥加权平均取值，也不像居住建筑节能设计标准那样引入热桥线传热系数的概念，而是采用了简化的计算方法即修正系数法，所以

如果采用现行公共建筑节能设计标准进行节能设计时对热桥梁柱等参数不同赋值最终得出的计算结果基本没有差别。

楼板设置可设置楼板的有效性。打开**"楼板"**对话框,点击**【设置】**按钮,进入选择实体状态。选择需要设置的楼板,然后点右键确定。

其他标准层也按照相同的方法进行编辑。模型编辑的每一项均完成后如图8—28所示。

9. 楼层组装

当以上**"模型编辑"**完成后,就可按实际物理楼层对模型进行全楼组装了。

1) 打开**"模型建立"**下的**"楼层组装"**,弹出如图8—29警告图示,有未完成项显示红叉,检查项完成则以绿色对号表示,点击**【确定】**后,弹出**"楼层组装"**对话框(图8—30)。

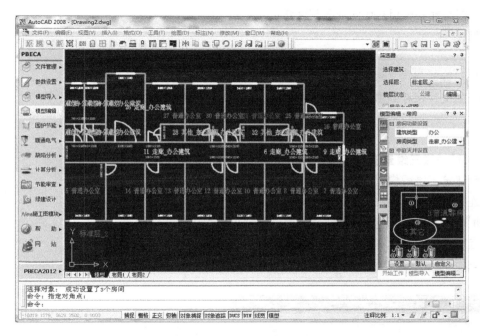

图 8—28

图 8—29

图 8—30

2）依次选择标准层，确定层高，点击【复制】按钮，组装结果将显示在右侧，其他标准层依次操作。

3）建立建筑模型时还应考虑地下室的因素，因此菜单中特别设立了指定地下室层数的功能，用户在建模时将地下室标准层作为第1标准层，然后楼层组装时指定该建筑的地下室层数即可。这样设置的结果直接影响建筑的体形系数。

楼层组装需要注意的是：

模型的标准层和普通层的信息是分别保存的，通过楼层组装形成连动。标准层的信息改变了，比如重新编辑了墙线，需要再进行一次楼层组装，软件才可以正常计算。

节能设计软件PBECA在计算时，如果能耗计算采用限值法进行判断，则忽略地下室的影响；如果能耗采用对比法或者权衡法进行判断，则按照实际情况考虑地下室的影响。

10. 保存文件

在设计的步骤中可随时保存文件，点击**"文件操作"**菜单下的**【保存工程】**，则将后缀名为**"bdl"**的文件保存到最初设置的工作目录下，也可点击**【另存为】**另外保存文件。

11. 模型观察

选择**【模型导入】→【三维查看】**命令，弹出**"三维显示分析"**对话框普通模式，动态显示建筑三维图像（图8—31）。对不满意的构件或者材料进行修改并且软件支持连续选择多个构件修改。

"三维显示分析"对话框也可以直接输入**"3D"**回车弹出，也可以在鼠标右键快捷菜单直接选择**【查看3D】**命令弹出。

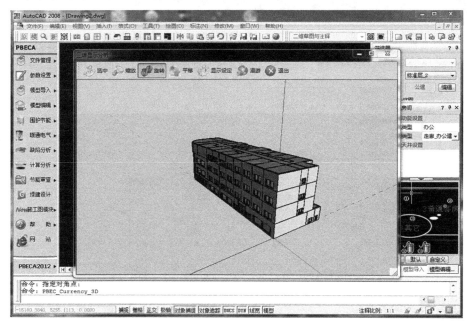

图 8—31

12. 材料编辑

在模型数据文件形成之后系统会给所有的建筑物构件添加默认的节能材料，设计时可在此基础上适当调整节能设计方案，或者也可根据已有的**"节能设计方案"**自行调整节能参数进行节能设计。

1）选择**【围护节能】→【材料编辑】**命令，弹出**"材料编辑（屋顶）"**对话框（图8-32）。在左侧**"材料分类"**一栏中可选择需要编辑和调整的构件，在右下方可编辑材料构造的各层材料。

图8-32

2）当工程中不同朝向的材料各有不相同时，可以用右侧的**"统一设置"**功能来实现。

3）点击右侧的**【查限值】**按钮，软件会根据当前项目选用的规范，提示规范限值要求，更方便设计师设计围护结构材料。

4）读取和保存材料方案均为后缀名为**"mdb"**的文件。

13. 暖通空调及建筑电气节能设计

1）暖通空调节能设计：通过对**"暖通设备"**对话框中设置的依次选择，输出暖通设备节能设计表，供设计者参考。

2）建筑电气节能设计：通过对**"电气照明"**对话框中设置的依次选择，输出电气照明节能设计表，供设计者参考。

8.1.5 节能设计及生成报告书

1. 选择**【计算分析】→【规定性指标计算】**命令，进行规定性指标计算。规定性指标是针对各规范标准对建筑体形系数、外窗气密性、围护结构热工性能等要求进行判断。计算报告如图8-33所示。

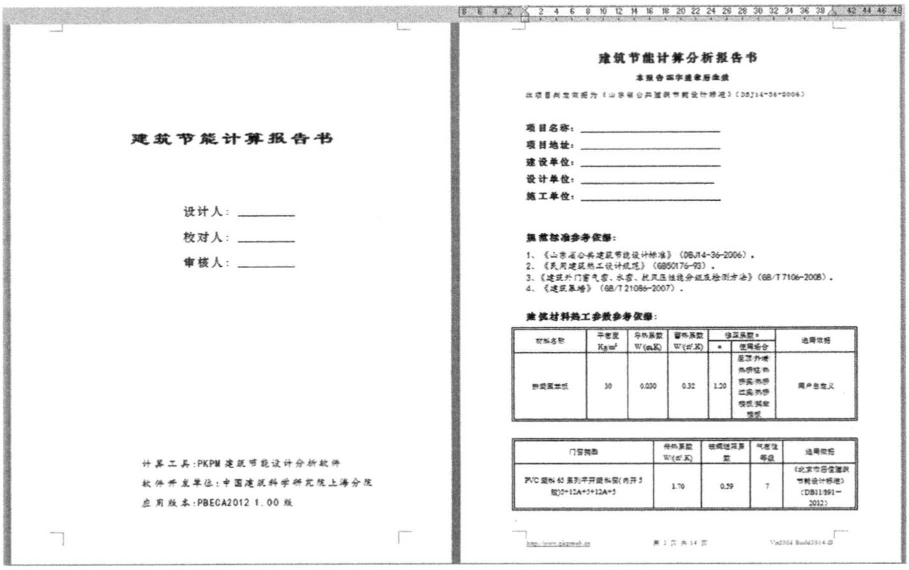

图 8-33

2. 当节能标准选择《公共建筑节能设计标准》GB 50189—2015 时 2015
版 PBECA 软件报告书中增加了"立面窗墙比判断表"一项内容（图 8-34）。
这是因为新标准增加了单一立面窗墙面积比的计算规定，所谓单一立面窗墙面
积比是指建筑某一立面的窗户洞口面积与该立面的总面积之比。

立面角度说明：正北为 0°，角度沿顺时针增加。

立面窗墙比判断表

朝向	立面角度范围 （°）	外窗面积 （m²）	外墙面积 （m²）	窗墙比实际值	窗墙比限值
东	60.00~90.00	219.28	355.20	0.62	≤0.70
该立面窗墙比满足《公共建筑节能设计标准》（GB 50189—2015）第3.2.2条的要求。					
南	150.01~180.00	324.80	672.00	0.48	≤0.70
该立面窗墙比满足《公共建筑节能设计标准》（GB 50189—2015）第3.2.2条的要求。					
西	240.01~270.00	260.00	355.20	0.73	≤0.70
该立面窗墙比不满足《公共建筑节能设计标准》（GB 50189—2015）第3.2.2条的要求。					
北	330.01~360.00	340.00	672.00	0.51	≤0.70
该立面窗墙比满足《公共建筑节能设计标准》（GB 50189—2015）第3.2.2条的要求。					

图 8-34

对于普通民用建筑，建筑朝向按照东、南、西、北四个方位规定，当建
筑按正南北向布置时，方形或矩形平面的建筑在东南西北朝向中各有一个立面；
而当建筑按非正南、北向布置时，就会在某些朝向中有两个建筑立面，有一个
朝向没有建筑立面；若建筑为多边形或不规则平面时，则会在某些朝向存在两
个或两个以上的立面；当建筑立面为复杂或者曲面时就会有无数个单一立面。
PBECA 软件因此以划定角度范围将此范围内的多个立面归纳到一个单一立面来
统计判断立面朝向。如图所示本工程软件报告书输出以正北为 0°，顺时针旋
转，以 30° 为一个角度范围进行判定输出，角度范围是 0°～360°。

3. **"权衡计算"** 的功能是系统对于居住建筑和公共建筑进行节能综合指标计算，计算实际建筑和参照建筑的动态能耗。围护结构有部分未满足节能设计标准的，须采用 **"权衡计算"** 进行综合评价。选择【计算分析】→【权衡计算】命令，可以生成动态能耗是否满足标准的节能报告书（图 8-35）。

4. 在依次生成了规定性指标报告书和权衡计算报告书之后，还可以继续进行生成 **"节能审查报告"**，软件会自动生成符合各地要求的备案登记表格，使用者只需要在参数设置中的项目信息里填写有关的数据项，就能生成一份完整的节能审查备案登记表。选择【计算分析】→【节能审查报告】命令，生成审查备案登记表（图 8-36）。

5. 选择【计算分析】→【详细报告】命令，弹出 **"详细报告"** 对话框，**"详细报告"** 为计算工程的详细计算报告，包含了各类构件的详细数据，使用者依据此报告对计算工程进行有效的核对和审核。对于夏热冬冷和夏热冬暖地区，遮阳设计要求较高，软件能根据设置遮阳类型和遮阳形式的不同，分别输出详细的遮阳表格。

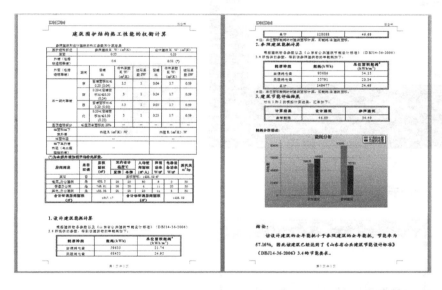

图 8-35

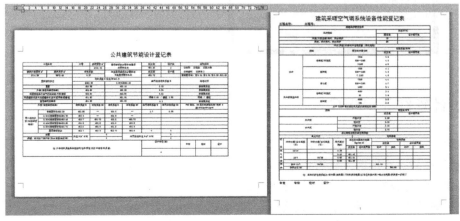

图 8-36

6. 计算完毕后，选择【计算分析】→【查阅报告】命令（图8-37），软件可以自动在"**查阅报告**"对话框中显示已经生成的各种报告书，可以选择性的勾选进行查阅。

7. 软件可以自动生成计算工程的报审文件，审图机构需要通过审核工具检查该报审文档，从而判断该工程是否满足节能标准的要求，因此使用者须将生成的报审文档和审查备案登记表一同上报。选择【节能审查】→【生成报审文件】命令，可以生成电子报审文件（图8-38）。

至此运用建筑节能设计软件PBECA完成了一个公共建筑节能设计的计算分析。

图 8-37

图 8-38

8.2　天正节能设计软件 T-BEC

天正节能设计软件 T-BEC 以 AutoCAD 软件为图形平台，基于天正建筑软件 T-Arch 开发，涵盖严寒和寒冷地区、夏热冬冷地区、夏热冬暖地区等国内各建筑气候分区，适用于居住建筑、公共建筑等各类建筑的节能分析和计算。软件一直以解决"建筑与节能设计一体化"为理念，自 2005 年推出以来，经过不断升级、更新，成为国内应用广泛、与建筑设计衔接最紧密的建筑节能设计分析软件之一。

天正节能设计软件 T-BEC 于 2005 年 9 月通过了原建设部科技发展促进中心专家评估鉴定，鉴定意见为"该软件功能强，界面友好，使用方便、计算快速、准确、高效，具有一定的创新性，适用于建筑设计、施工图审查等领域"。评估结论为"该软件在 AutoCAD 平台上的节能分析领域中达到国内领先水平，具有较大的推广应用价值，同意通过评估。"

T-BEC 软件进行建筑节能设计计算流程可以分为六步：①新建工程；②节能建模；③工程构造；④热工设置；⑤节能分析；⑥生成报告。下面以寒冷地区的一个高层居住项目为例介绍天正节能软件 2015 版 T20-BEC 软件在实际工程中的应用。

8.2.1　新建工程

1. 先在电脑指定位置新建一个文件夹（图 8-39）。

2. 把要进行节能计算的工程平面图放在文件夹内（图 8-40）。

3. 双击天正节能软件桌面图标（图 8-41），启动天正节能软件 T20 天正节能 V2.0。

软件会自动检测计算机上安装的 CAD 版本，设计者根据习惯及工程需要进行选择（图 8-42）。

4. 在打开的软件左侧菜单中执行【设置】→【标准选择】命令（图 8-43）。

1）软件会弹出一个全国行政区划地图，计算地点选择"山东-济南"，软件会自动给出计算地点的气候分区，选择对应的国家标准《严寒和寒冷地区居住建筑节能设计标准》JGJ 26-2010，如图 8-44 所示。

图 8-39　　　　　　　　　　图 8-40

图 8-41　　　　　　　　　　图 8-42　　　　　　　　　　图 8-43

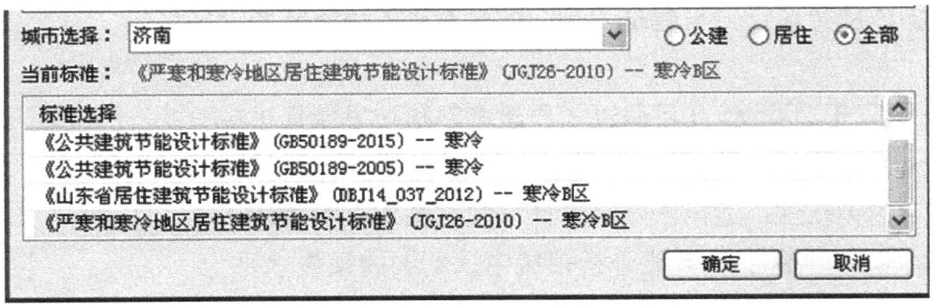

图 8-44

2）然后在左侧菜单中打开【设置】→【工程设置】对话框，在【基础设置】中填写"工程信息"、"指北针角度"、"建筑模型输出设置"等参数（图 8-45）。

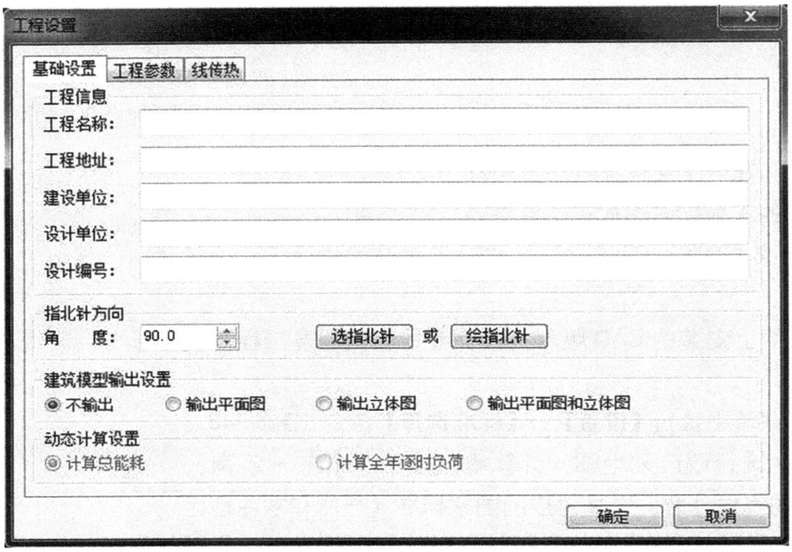

图 8-45

3）在【工程参数】中填写"地面"、"气密性等级"等参数，当选择地方节能标准时会显示"保温形式"选项（图 8-46）。

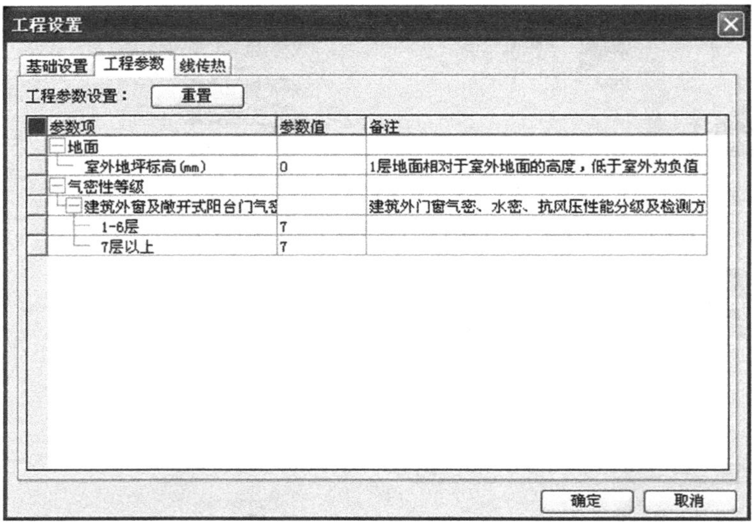

图 8-46

如果半地下室有采暖要求则应设置准确的地面高度，如果半地下室或地下室无采暖要求时为简化计算可将地面高度设置为0。

4）在【线传热】中当选择"**按线传热计算**"时，可对"**外墙－窗**"、"**外墙－楼板**"、"**外墙－墙角**"、"**外墙－阳台**"、"**外墙－屋顶**"等热桥位置的参数设置进行修改（图8-47）。需要注意的是，T20-BEC版本【线传热】功能目前只对山东、河南、天津等地方的居住建筑节能设计标准开放，如选择国标或其他地方节能设计标准只能采用一般计算方法。

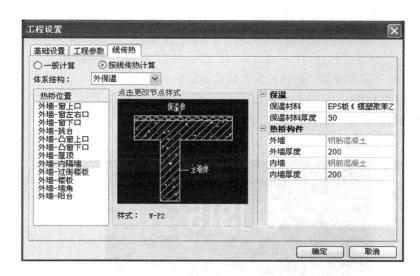

图8-47

8.2.2 节能建模

天正节能软件T20-BEC可以直接利用天正建筑软件的设计成果，不需要模型转化及二次绘图，节省设计时间。

如果使用AutoCAD软件绘制的平面图，可以执行【节能建模】→【旧图转换】命令，把图纸转换为含有天正模型三维信息的图纸，避免重新绘图，节省节能设计时间。

打开【节能建模】→【工程管理】对话框（图8-48），在【工程管理】位置单击，选择【新建工程】，然后找到在指定位置新建的"**天正节能算例**"文件夹，给工程命名"**节能算例.tpr**"，然后在【平面图】点击右键，选择"**添加图纸**"，找到"**节能算例**"图形文件然后双击【平面图】下的"**节能算例**"，打开工程平面图（图8-49）。

由于打开后的图纸含有天正建筑绘制的所有信息，宜先执行【节能隐藏】命令将节能计算中不需要的图层关闭，然后进入模型修改阶段：

1. **改高度**：执行【节能建模】→【墙体】→【改高度】命令，框选需要修改的标准层，输入本层的设计高度，"**新的标高**"可设为0，并维持窗墙底部间距不变，即窗台高度不变，然后依次修改每一层的设计高度（图8-50）。

2. **改门窗尺寸**：居住建筑节能设计标准对每个开间的计算窗墙面积比有

図 8-48（左）
図 8-49（右）

明确的要求，所以门窗的尺寸一定要准确。双击门窗，修改选定的一个门窗的尺寸后，同编号的门窗可以同时修改；也可点击要修改的门窗右键弹出菜单选择【通用编辑】→【对象特性】修改（图 8-51）。

图 8-50   图 8-51

3．**变形缝处理**：如果建筑物竣工前要在变形缝两端进行封堵以及封贴保温材料，则类似工程建模时可以将变形缝两端外墙相连。如果建筑物竣工后缝依然存在，即能从缝的这边看到另一边，说明变形缝是接触室外空气的，则不能将变形缝两端外墙相连。值得注意的是目前版本对变形缝外围填充保温构造还不支持设置，外墙是否相连的最大区别是增加了外墙的面积以及影响体形系数计算（图 8-52）。

4．**识别内外**：识别内外是为了区分外墙和内墙。执行【节能建模】→【墙体】→【识别内外】命令，从最底层开始，框选建筑平面图，对每一个平面图进行识别内外（图 8-53）。如果整个外围护墙体是闭合的，就会出现一个闭合的轮廓线，如果不闭合，需要找出外墙断开的位置，连接后，重新进行识别内外。

5．**搜索房间**：搜索房间主要是建立房间信息。执行【节能建模】→【房

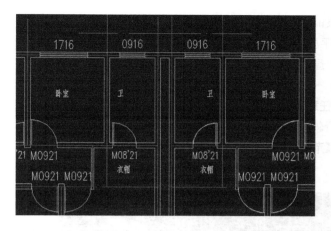

图 8-52

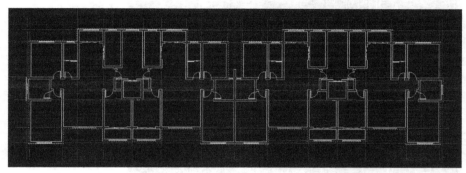

图 8-53

间】→【搜索房间】命令（图 8-54），依次从最底层平面图搜索房间，注意一定勾选【名称】、【编号】、【三维地面】、【标注面积】等选项，方便查找。软件会自动累加房间编号，这样保证了所有房间都有唯一编号。值得注意的是如果阳台是由天正建筑软件【绘制阳台】命令绘制，则在搜索房间时不予编号。

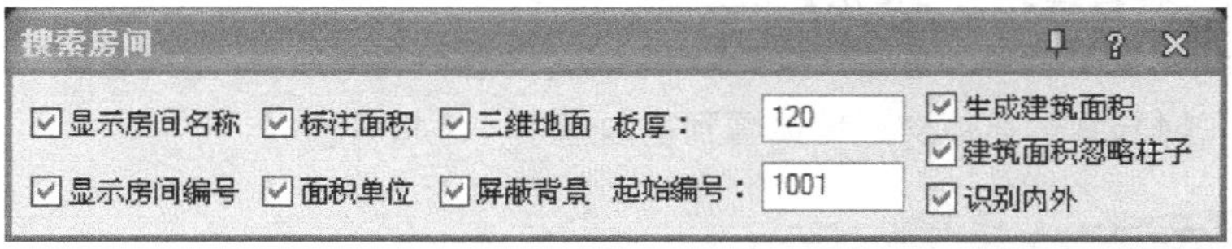

搜索房间							📌 ? ×

☑ 显示房间名称　☑ 标注面积　☑ 三维地面　板厚：　120　　☑ 生成建筑面积
☑ 显示房间编号　☑ 面积单位　☑ 屏蔽背景　起始编号：　1001　☑ 建筑面积忽略柱子
　　　　　　　　　　　　　　　　　　　　　　　　　　　　☑ 识别内外

图 8-54

　　6.组合楼层：打开【工程管理】→【楼层】对话框，输入楼层信息，如图 8-55 所示，点击每一层对应的【文件】位置后点击"绘制楼层框"（图 8-56），然后在平面图上找到对应的平面图，框选整个平面图后找一个对齐点，一般为轴线交点或楼梯间位置某一点。然后依次对每一个楼层号进行添加文件。添加文件时一定注意保持对齐点一致，如果对齐点不一致，会使组合的楼层出现错层现象。组合楼层完毕

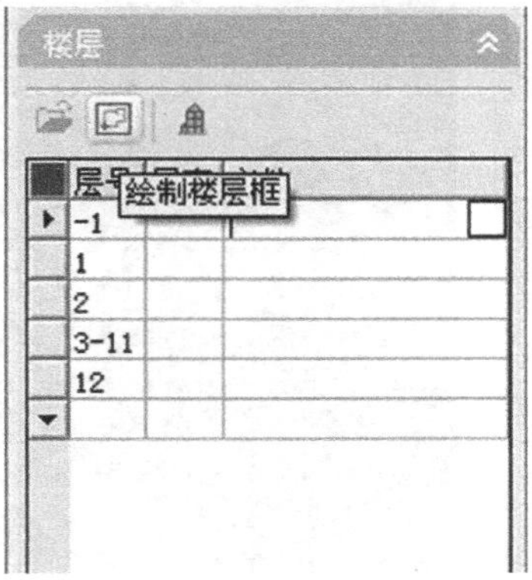

楼层

层	绘制楼层框		
-1			
1			
2			
3-11			
12			

图 8-55

后应执行【保存工程】命令以及时保存当前工程数据信息。

7．**创建屋顶**：如果是创建平屋顶，执行【节能建模】→【屋顶】→【平屋面】命令（图 8-57），选择要建立平屋面的房间，回车确认即可；如果是创建坡屋顶，则需要先执行【节能建模】→【屋顶】→【搜屋顶线】命令，根据提示可设定偏移距离为 0，然后点击【任意坡顶】或【人字坡顶】，输入坡屋顶的角度，即可创建。此时如果对工程进行轴侧视图时会发现坡屋顶的底标高与墙体的顶标高之间存在空隙，则可执行【节能建模】→【墙体】→【墙齐屋顶】命令以保证外围护结构闭合。

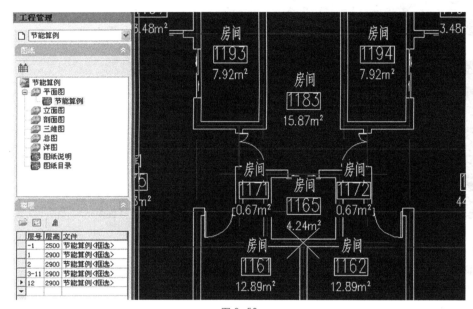

图 8-56

图 8-57

8．**楼层组合**：打开【工程管理】→【楼层】对话框（图 8-58），软件自动组合整个建筑，形成三维实体(图 8-59)。通过三维实体，可以看到是否有错层，同时天正节能软件也采用了 BIM 技术，可以穿透墙体看到室内屋顶、地板等。

图 8-58（左）
图 8-59（右）

8.2.3 工程构造

打开【热工设置】→【工程构造】对话框（图8-60），可以添加外围护、地下围护、内围护、门、窗的工程做法，比如"**外墙**"，点击"**外墙**"前面"**+**"，从推荐的构造库中进行选择，找到对应的构造做法后，双击做法前面的方块就可以直接添加过来，然后再对具体做法从外到内进行修改，包括厚度及修正系数，注意不同材料的修正系数不同。

把所有构造的做法定义好后，可以导出建立一个工程构造文件，该文件包含工程构造全部做法，这样同样的工程就不需要重复添加了。

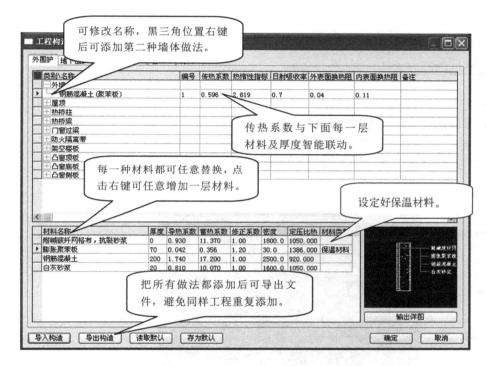

图8-60

在【工程构造】对话框中，有几点要注意的是：天正节能软件默认给出一套工程各类别的构造作法，用户可根据工程的需要进行读取选择并修改；点击【输出详图】可以导出本工程不同构造部位的节点详图，设计人员可以用于编写节能专篇；在设置【门】的工程做法时，当阳台门是透明的玻璃门时，要在工程构造中设置门的"**不透明部分比例**"，软件初始默认值是"**1**"，代表不透明部分是100%，例如，"**0.3**"表示不透明比例是30%，透明部分比例是70%，然后再定义"**门上透明部分传热系数**"，即给定透明部分玻璃的传热系数（图8-61）。

【工程构造】设置完毕后，即可执行【热工设置】命令对本工程进行框选以赋予其构造。

图 8−61

8.2.4 热工设置

1. **设置房间的采暖属性**：打开【热工设置】→【热工设置】对话框，把每一层要采暖的房间选上，对话框下拉菜单中选择【房间】，"采暖／空调设置"中"是否采暖／空调"设置为"是"。依次把所有平面图的采暖房间进行设置（图8−62）。

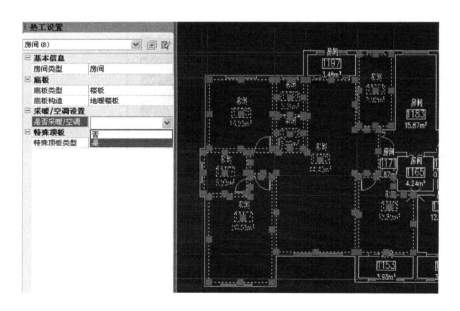

图 8−62

2. **设置不采暖楼梯间**：选择每一层中不采暖楼电梯间的房间，然后在【热工设置】对话框下拉菜单中选择【房间】，在"房间类型"选择"楼梯间"，"是否空调／采暖"选择"否"（图8−63）。

3. **设置不采暖封闭阳台**：选择每一层中不采暖封闭阳台的房间，然后在【热工设置】对话框下拉菜单中选择【房间】，在"房间类型"选择"封闭阳台"，"是否空调／采暖"选择"否"（图8−64）。 即此封闭阳台不参与热工计算，

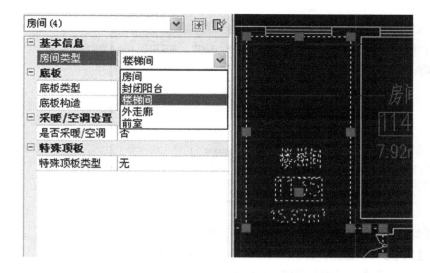

图 8-63

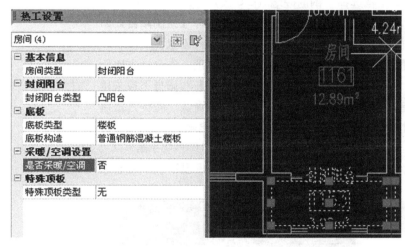

图 8-64

但由于前面执行的【识别内外】命令会将"不采暖封闭阳台"外墙设置为模型外墙参与节能计算，所以在绘图前期宜将此类阳台用天正建筑软件【绘制阳台】命令绘制，才能保证"不采暖封闭阳台"不包含在外表面积中，也就不参与建筑体形系数的计算。

4. **设置变形缝**：如果建立模型包含变形缝并且已按前面所述进行变形缝处理，则需选择每一个平面图中变形缝两侧的墙体，然后在【热工设置】对话框下拉菜单中选择【内墙】，在＜内墙类型＞选择【伸缩缝墙】，并赋予相应构造（图 8-65）。

5. **设置不采暖封闭阳台隔墙**：如前所述，如果阳台墙在建筑软件绘图时按墙体绘制，则不采暖封闭阳台与房间之间隔墙应按照外墙的指标进行判定，所以必须设置。

绘图窗口区域点击右键，选择【过滤选择】，然后点击"内墙"，并在"类型"中选择"封闭阳台隔墙"，确定后框选所有设置封闭阳台的平面图，点击右键

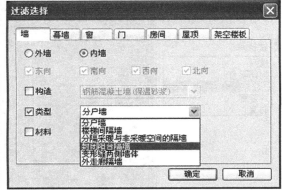

图 8-65（左）
图 8-66（右）

确认，这样所有的不采暖封闭阳台隔墙就会选中（图 8-66）。然后在【热工设置】对话框下拉菜单中点击【内墙】，根据此位置实际墙体材料在**"内墙类型构造"**选择合适外墙保温构造，本工程选择**"钢筋砼墙（EPS 板）"**，这样不采暖封闭阳台内隔墙设置完毕（图 8-67）。如果阳台是由天正建筑软件【绘制阳台】命令绘制，则阳台与房间之间隔墙默认为外墙，即不需要再进行设置。

6. **设置平屋顶和坡屋顶：**本工程既有平屋顶也有坡屋顶，先选择占比例多的平屋顶设置。框选整个顶层平面图，然后在【热工设置】对话框下拉菜单中选择【屋顶】，在**"构造"**选择平屋顶的构造，点击右键确认；同样方法再选择建立的坡屋顶，在**"构造"**选择坡屋顶的构造，点击右键确认（图 8-68）。

7. **设置防火隔离带：**根据《建筑设计防火规范》GB 50016—2014 第 6.7.7 条规定：当采用燃烧性能为 B1、B2 级的保温材料时，应在保温系统中每层设

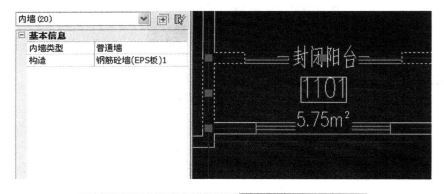

图 8-67

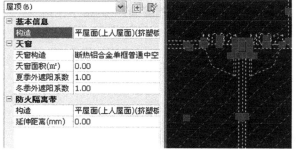

图 8-68

置水平防火隔离带。防火隔离带应采用燃烧性能为 A 级的材料，防火隔离带的高度不应小于 300mm。本工程设置方法是先在需要设置防火隔离带的平面图上框选，在【热工设置】对话框下拉菜单中选择【外墙】，在＜防火隔离带＞选项中选择【精确法】，在"构造"选择"钢筋混凝土（岩棉板）"，在"高度（mm）"输入"300"，然后在图上空白处点击右键确认（图 8-69）。

8. **设置分隔采暖与非采暖空间楼板**：在一层平面图上选择与下部不采暖地下室重合的房间，在【热工设置】对话框下拉菜单中选择【房间】，然后选择"**底板类型**"为"**分隔采暖与非采暖空间的楼板**"，"**底板构造**"选择前面【工程构造】已设置好的构造做法，在图纸空白处右键确认（图 8-70）。

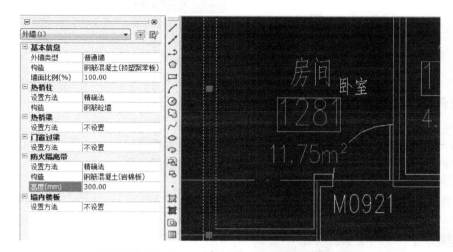

图 8-69

图 8-70

9. **系统划分**：天正节能软件在做建筑全年能耗模拟分析前，需要设置工程各个房间的热工环境。在居住建筑中，执行【系统划分】命令将每户房间划分为独立的单元，不同单元之间的分隔墙体程序自动识别并设定为分户墙，采暖房间与非采暖空间（如楼梯间）之间的隔墙也自动判别。只有执行【系统划分】命令并且单元划分无误后才能保证权衡计算完整正确（图 8-71）。

所有围护结构部位的热工都设置好之后，再次执行【节能建模】→【保存工程】命令，确定保存好工程；也可以在图纸空白处点击右键，选择【保存工程】。如果设计过程中修改工程构造做法，或者重新进行设置热工构造，也必须确定点击【保存工程】，否则软件无法识别修改信息。

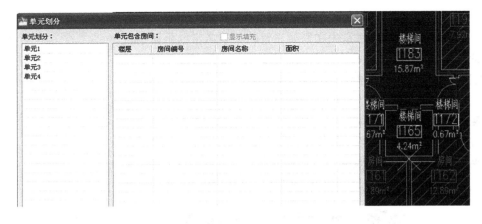

图 8-71

8.2.5 节能分析

1. **建筑信息**：打开【节能分析】→【建筑信息】对话框，在弹出的对话框内输出体形系数等建筑参数和各朝向窗墙面积比，如图 8-72 所示。

2. **模型检查**：打开【节能分析】→【模型检查】对话框，以检查模型中是否存在错误或不合理的地方，如存在问题可双击说明查看问题详情及解决方案（图 8-73）。

图 8-72（左）
图 8-73（右）

3. **结露计算**：打开【节能分析】→【结露计算】对话框，在弹出的对话框内输入如图 8-74 所示信息以检查模型屋顶或外墙构造是否满足规范要求。

4. **节能计算**：点击【节能分析】→【节能计算】命令，软件自动进行指标判定计算，如图 8-75 所示。天正节能软件采用预警机制，方便设计人员检查节能做法。此预警机制类似红绿灯，**"绿灯"** 表示此项满足标准要求，**"黄灯"** 表示此项不满足节能标准要求，但可以进行权衡计算，**"红灯"** 表示此项不满足标准要求，且无法进行权衡计算。

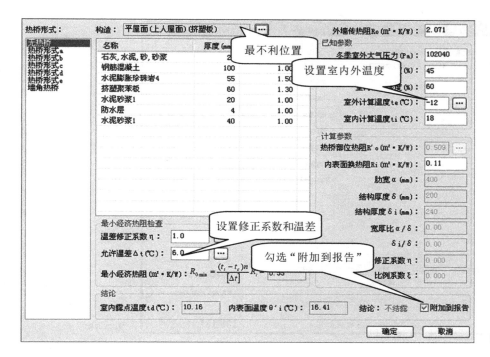

图 8-74

图 8-75

本工程进行权衡计算后，该建筑能耗小于参考建筑的能耗，满足工程选用的节能标准的要求（图 8-76）。

图 8—76

8.2.6 生成报告

点击【节能检查】对话框右下角【生成报告】→【节能报告】命令，则可以生成节能报告书（图 8—77、图 8—78）。内容包含了围护结构基本构造、体形系数、窗墙面积比、围护结构传热系数、结露计算结果、节能静态判定结论、建筑物耗热量指标计算结果等。

软件在生成报告书的同时，在文件夹内自动生成节能审查文件（图 8—79）。

至此运用天正节能设计软件 T20—BEC 完成了该高层居住建筑工程节能分析的设计任务。

二十、 静态判断计算结论

序号	项目名称	结论
1	体形系数	满足要求
2	建筑外窗气密性等级	满足要求
3	屋顶传热系数	不满足要求
4	屋顶平均传热系数	不满足要求
5	外墙平均传热系数	满足要求
6	分隔采暖与非采暖空间的户门传热系数	满足要求
7	地下室外墙保温层热阻	满足要求
8	窗墙面积比	满足要求
9	外窗传热系数	不满足要求
10	外窗综合遮阳系数	满足要求
11	封闭阳台隔墙传热系数	满足要求
12	封闭阳台隔门传热系数	满足要求
13	封闭阳台隔窗传热系数	不满足要求
14	封闭阳台墙板传热系数	满足要求
15	封闭阳台地板传热系数	满足要求
16	封闭阳台外窗传热系数	不满足要求

根据计算，该工程 不完全满足 《严寒和寒冷地区居住建筑节能设计标准》（JGJ 26—2010）的相应要求，需进行热工权衡判断计算。

图 8—77

- 建筑物耗热量指标计算结果

指标种类	耗热量指标 qH(W/m²)
指标限值	11.70
实际计算值	9.47

通过围护结构热工性能的权衡判断，该工程的全年能耗小于参照建筑的全年能耗，满足《严寒和寒冷地区居住建筑节能设计标准》(JGJ 26—2010)节能建筑的规定。

图 8-78

 节能算例.dwg
AutoCAD 图形
422 KB

 节能算例.tpr
TPR 文件
1 KB

 节能审查文件.esp
ESP 文件
184 KB

 节能算例.bns
BNS 文件
6 KB

 节能算例.xml
XML 文档
3,936 KB

 suanli.tps
TPS 文件
5 KB

节能报告书.doc
Microsoft Office...
2,573 KB

图 8-79

8.3 绿建斯维尔节能设计软件 BECS

　　绿建斯维尔节能设计软件 BECS 是一款专为建筑节能提供分析的软件，构建于 AutoCAD 软件平台，采用三维建模，并可以直接利用主流建筑设计软件的图形文件，避免重复录入，大大减少了建立热工模型的工作量，体现了建筑与节能设计一体化的思想。软件遵循国家和地方节能标准或实施细则，适于全国各地居住建筑和公共建筑的节能设计、节能审查和能耗评估等分析工作。BECS 提供强大的建模、热工设置、节能检查、结果输出等功能可快速完成项目的节能设计工作，有利于提高建筑节能设计水平，促进节能设计标准的推广应用。

　　绿建斯维尔节能设计软件 BECS 产品专业、配套国家居建节能及公建节能行业标准，并支持全国各省市地方标准、规定、实施细则等节能要求，新版 BECS 软件与旧版 BECS 软件能够实现建模工程双向兼容，能全面支持各类复杂建筑形态（复杂屋面、异形曲面建筑）的节能分析，而且是目前唯一能通过解温度场实现线热桥应用于工程实际的建筑节能专业软件。

　　BECS 软件进行建筑节能设计计算流程可以分为五步：①新建工程；②模型搭建；③热工设置；④节能分析；⑤结果输出。下面以一个结构形式为剪力墙结构的高层居住建筑为例介绍 BECS2016 软件在实际工程中的应用。

8.3.1 新建工程

　　1．双击绿建斯维尔节能软件桌面图标，启动 BECS 软件，软件启动界面如图 8-80 所示。

　　2．在电脑指定位置新建一个文件夹，在计算前将计算用工程图单独存放到这个文件夹内，然后用 BECS 软件打开该工程图。如果工程图是斯维尔建筑绘制的电子图档，直接打开即可进行节能设计；如果工程图是天正建筑 T20 或更高版本绘制，需要先用天正建筑软件的【图形导出】命令将其导出为天正建筑 8.0 或更低格式的电子图档，然后打开此工程图可进行节能设计；如果工程图是天正建筑 3.0 或理正建筑甚至纯 AutoCAD 绘制的电子图档，则需要执行【条

图 8-80

【件图】→【转条件图】等命令将其识别转换变为 BECS 软件识别的建筑模型（图8-81）。

建筑模型还需要按实际情况利用软件的【屋顶】菜单创建平屋顶或坡屋顶（节能分析需要将各楼层组合成一个封闭实体），然后方可进行下一步节能设计。

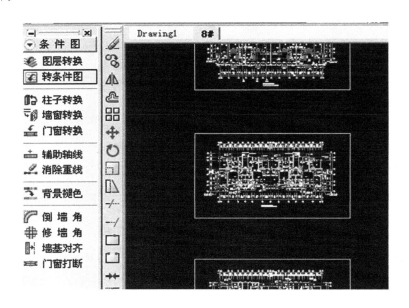

图 8-81

8.3.2 模型搭建

1. **改高度**：由于在绘制工程图时墙体高度信息常常跟实际不一致，通过改高度命令可快速调整墙高为实际高度，以确保工程模型的准确。执行【墙柱】→【改高度】命令（图 8-82），框选平面图形，按提示输入实际层高即可。

2. **门窗整理**：在绘制工程图时门窗高度等信息常常与实际也不相符，通过【门窗整理】命令可快速批量编辑修改。执行【门窗】→【门窗整理】命令，弹出【门窗整理】对话框，参照实际门窗信息对门窗尺寸进行快速编辑修改并应用即可实现门窗尺寸的批量调整（图 8-83）。

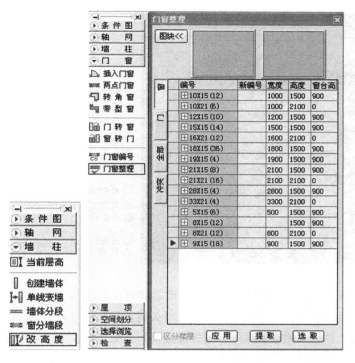

图 8-82（左）
图 8-83（右）

3．**剪力墙处理**：对于结构形式是剪力墙结构的居住建筑，其剪力墙的位置及长度通常由结构专业设计人员提供，然而结构专业设计人员为满足结构计算指标一般会在设计过程中调整剪力墙的位置及长度直至施工图完成。所以建筑专业设计人员只有在工程图绘制后期才能得到准确的剪力墙位置和长度。因为在计算外墙传热系数时剪力墙和填充墙的比例至关重要，而且居住建筑设计工期往往较短，所以就需要有一个快捷方法来识别外墙中剪力墙和填充墙的比例。目前版本的 BECS 软件就能利用结构专业提供的剪力墙块经过简单处理后快速区分。

1）将剪力墙块炸开后得到相应的闭合外轮廓线，如炸开后的剪力墙线不闭合应先执行 AUTOCAD 命令【PEEDIT】→"M"→"J"，将每个剪力墙都转成闭合轮廓线。

2）执行【墙柱】→【异形柱】命令（由于 BECS 软件有些版本菜单无此命令，可在命令行键入"yxz"执行该命令），框选闭合轮廓线，材料选择【钢砼（2）】形成钢筋混凝土异形柱，然后将形成的异形柱准确插入到建筑平面图中（图 8-84）。

3）执行【墙柱】→【柱分墙段】命令，框选已经插入好异形柱的平面图形，即可将剪力墙与填充墙两种不同材料的墙体区分开。

4．**建楼层框**：软件通过"楼层框"识别工程模型中各楼层高度和层数等基本信息。执行【空间划分】→【建楼层框】命令（图 8-85），依次框选首层、标准层等平面图形，按提示选择对齐点、输入层号、层高即可完成楼层框的建立。楼层框可复制、修改，以便快速建立。

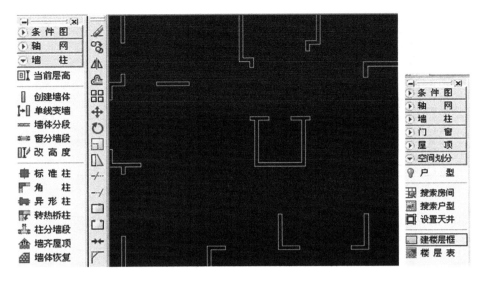

图 8-84 （左）
图 8-85 （右）

5. **关键显示**：在工程图中往往包含大量尺寸标准、说明等信息，但这些信息在节能计算中并不重要，反而让图面变得很凌乱；通过**【关键显示】**命令可实现不相关信息的自动隐藏。执行**【检查】**菜单下**【关键显示】**命令，按提示选择关键显示，即可隐藏不相关信息，使图面整洁（图 8-86）。

6. **智能检查**：工程图绘制过程中难免产生一些细节上的错误，如构件的重叠、墙体不闭合、柱内墙体不连接等，这些问题会造成后续搜索房间不成功，给计算带来不便。**【检查】**菜单提供的**"智能检查"**系列命令可快速准确识别并实现智能处理（图 8-87）。

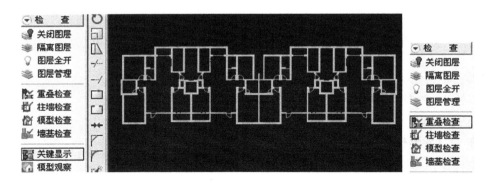

图 8-86 （左）
图 8-87 （右）

1）**【重叠检查】**：检查图中是否存在构件的重叠。

2）**【柱墙检查】**：检查柱内墙体的闭合情况，实现智能连接处理。

3）**【模型检查】**：检查模型中是否还存在其他问题。

4）**【墙基检查】**：检查墙体基线连接情况，实现智能连接处理。

7. **搜索房间**：执行**【空间划分】**→**【搜索房间】**命令，弹出房间生成选项对话框，框选平面图即可生成房间，同时实现对内外墙的自动区分及面积轮廓的生成（图 8-88）。

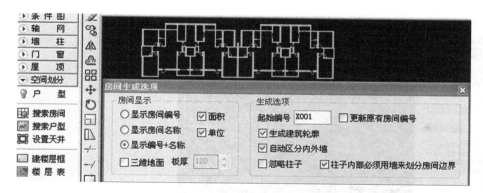

图 8-88

8.**设置不采暖房间**：通过对楼梯间、阳台等不采暖房间的设置，以决定此房间是否参与热工计算。

1）将楼梯间、电梯间、管道井等房间选中，键入 **<Ctrl+1>** 组合键调出属性对话框，在属性对话框中**"热工"**一栏中的**"房间功能"**设置为**"楼梯间"**（图 8-89）。 同时也实现户墙的自动识别。

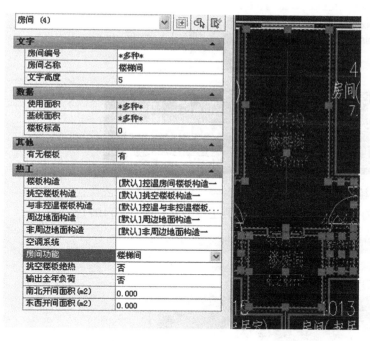

图 8-89

2）阳台基本有三种情况：①阳台与房间之间没有隔墙，此阳台应视为采暖房间，阳台窗视为外墙外窗；②阳台与房间之间有隔墙但采暖，此阳台同样应视为采暖房间，阳台窗视为外墙外窗；③阳台与房间之间有隔墙但不采暖，此时应选中该阳台并键入 **<Ctrl+1>** 组合键调出属性对话框，在属性对话框中**"热工"**一栏中的**"房间功能"**设置为**"封闭阳台"**（图 8-90），即此阳台不参与热工计算，因此也不应包含在外表面积当中参与此建筑体形系数的计算。但由于目前 BECS 版本不能自动判断，如阳台不采暖时需手动将外墙线改到阳台内隔墙处，或将此类阳台删除再进行节能计算。

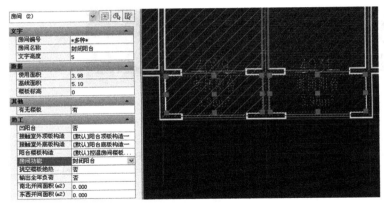

图 8—90

9. **搜索户型**：执行【空间划分】→【搜索户型】命令，弹出套内面积对话框，选择构成一套房子的所有房间，确认后再依次选择余下户型。搜索完成即实现分户墙的自动识别（图 8—91）。

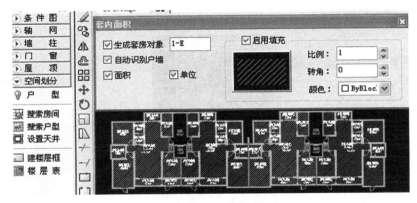

图 8—91

10. **模型观察**：执行【检查】→【模型观察】命令，可查看模型是否存在异常，而且从顶层开始去掉勾选可以逐层查看，确保热工模型的准确（图 8—92）。

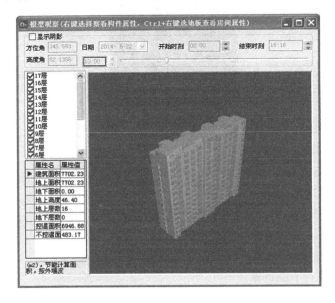

图 8—92

8.3.3　热工设置

1. **工程设置**：执行【设置】→【工程设置】命令（图8-93），弹出【工程设置】对话框（图8-94）。选择工程所处地点、建筑的类型、当地实行的规范标准；本工程计算地点选择"山东省-济南"，尽管山东省2015年10月1日起执行节能率为75%的地方标准《居住建筑节能设计标准》DB 37/5026—2014，但本工程选择标准依然选用了覆盖面更广泛的国家标准《严寒和寒冷地区居住建筑节能设计标准》JGJ 26—2010。

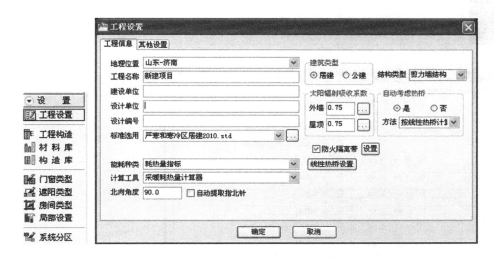

图8-93（左）
图8-94（右）

2. **热桥方法与热桥设置**：根据所选用地方节能标准的不同，目前的BECS版本支持三种外墙热桥计算方法，即**"详细加权平均法"、"按线性热桥计算法"、"温度场法线性热桥"**。只要勾选**"自动考虑热桥"**为**"是"**，系统将按标准指定的方法自动匹配计算。当方法选用**"按线性热桥计算法"**且按**"自动考虑热桥"**计算时，对话框中【线性热桥设置】按钮将被激活，点取进入设置对话框，根据所采用的保温形式设置相应的线性热桥。当选用《山东省居住建筑节能设计标准》等地方标准时，根据标准要求软件计算方法将自动设定为**"温度场法线性热桥"**，这种计算方法还需要执行【节点】菜单下系列命令建立热桥节点表，然后赋值给建筑物的相应节点后才能进行下一步的节能分析（图8-95）。

3. **工程构造**：执行【设置】→【工程构造】命令，弹出【工程构造】对话框，建立工程构造。工程构造可从【构造库】选取导入，也可手工创建，还可以导出到指定位置，实现构造的快速建立和重复利用，提高工作效率（图8-96）。

工程构造分为**"外围护结构"、"封闭阳台构造"、"防火隔离带"、"地下护结构"、"内围护结构"、"门"、"窗"、"材料"**八个页面。前七项列出的**"构造"**附给了当前建筑物对应的围护结构，**"材料"**项则是组成这些构造所需的材料以及每种材料的热工参数。构造的编号由系统自动统一编制。

4. **工程构造赋值**：建立好围护结构、门窗等工程构造后，除了软件自动

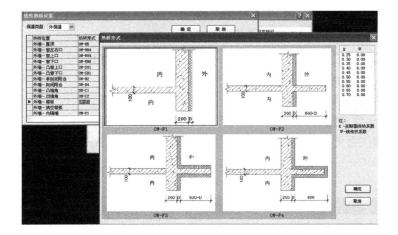

图 8—95

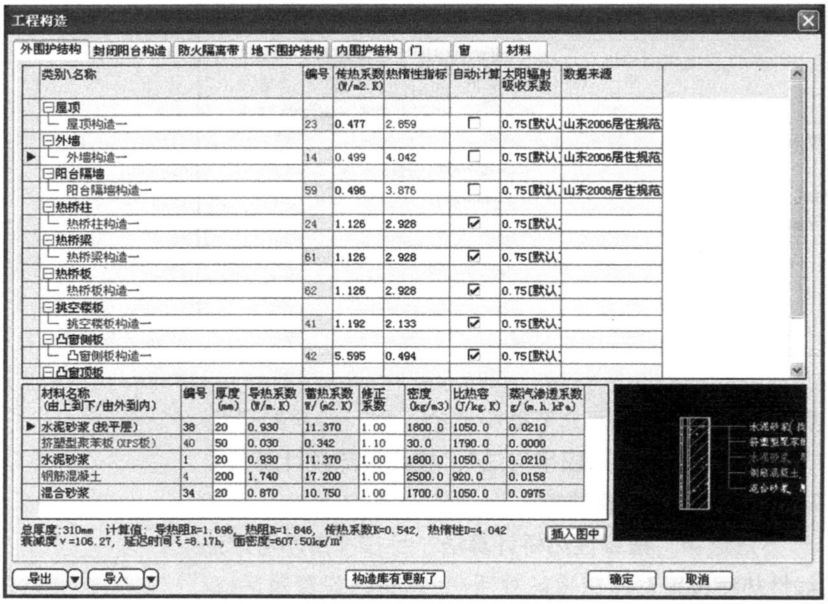

图 8—96

识别并默认赋值其相应构造的构件外，还应对户门、封闭阳台与房间之间的隔墙、变形缝处墙体等软件不能自动识别的构件工程构造进行赋值。

1）赋值过程中可执行【选择浏览】→【过滤选择】命令，弹出【过滤条件】对话框，快速选择不同类型的墙体分别赋值（图8—97）。

图 8—97

2）也可执行【选择浏览】→【选择外墙】命令,弹出【过滤选项】对话框,来快速选择不同类型墙体,从而快速准确指定工程构造（图 8-98）。

图 8-98

3）不同类型墙体的工程构造、梁高、热桥梁构造,可键入 <Ctrl+1> 组合键调出属性对话框,选中墙体后在属性对话框中**"热工"**一栏中修改（图 8-99）。

4）对于变形缝处的墙体亦可结合过滤选择快速指定构造,在此需要注意边界条件的设定（图 8-100）。

热工	▲
构造	[默认]外墙构造一
边界条件	[自动确定]
封闭阳台外墙	否
梁构造	热桥梁构造一
梁高	400
板构造	热桥板构造一
板厚	120
地下比例	0.000
朝向	计算确定

热工	▲
构造	[默认]外墙构造一
边界条件	伸缩缝 ▾
封闭阳台外墙	[自动确定]
梁构造	普通墙 沉降缝
梁高	伸缩缝
板构造	抗震缝 地下墙
板厚	不采暖阳台
地下比例	绝热 山墙(河北)
朝向	计算确定

图 8-99（左）
图 8-100（右）

5）户墙、分户墙的构造同样可结合过滤选择来快速区分并指定工程构造。

5. 类型管理:【门窗类型】、【遮阳类型】、【房间类型】命令可以检查、补充、设置、管理门窗、遮阳、房间等与节能有关的参数,以便用于节能检查。

8.3.4 节能分析

1. **数据提取**:工程构造指定完毕后执行【计算】→【数据提取】命令,软件会自动计算工程各项数据,确定保存后退出（图 8-101）。

2. **能耗计算**:执行【计算】→【能耗计算】命令,根据所选标准中规定的评估方法和所选能耗种类,计算建筑物不同形式的能耗。本工程地处寒冷地区,软件自动计算耗热量指标,只要其耗热量指标不超过节能标准规定值可判定该工程满足节能标准的要求,输出形式为 Excel 表格（图 8-102）。

3. **节能检查**:当完成建筑物的工程构造设定和能耗计算后,执行【计算】→【节能检查】命令,可查看工程各项指标是否满足节能标准的要求（图 8-103）。

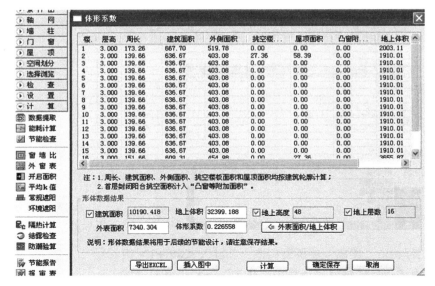

图 8—101

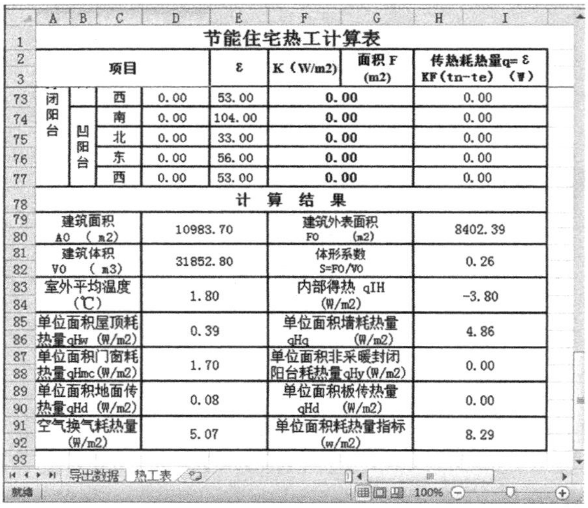

图 8—102

图 8—103

执行本命令进行节能检查并输出两组检查数据和结论，分别对应规定性指标检查和性能性权衡评估。在表格左下端选取**"规定指标"**，则是根据工程设置中选用的节能设计标准对建筑物节能限值和规定逐条检查的结果；如果选取**"性能指标"**则是权衡评估的检查结果。对于不满足要求的检查项，软件会自动判定是否超过节能标准规定的强制条文，对不满足规定指标要求的检查项但能进行权衡判定时会在**"可否性能权衡"**一栏下显示**"可"**，否则显示**"不可"**。对显示**"不可"**的项需查看原因调整构造做法或方案，使其满足要求。当**"规定指标"**的结论满足时，可以判定为节能建筑。在**"规定指标"**不满足而**"性能指标"**的结论满足时，也可判定为节能建筑。

4. **结露检查**：根据《民用建筑热工设计规范》GB 50176—93，对所选外墙或屋顶构造进行结露检查。打开【计算】→【结露检查】对话框（图 8-104），在弹出的对话框内选择外墙或屋顶的热桥形式进行检查其内表面是否结露。

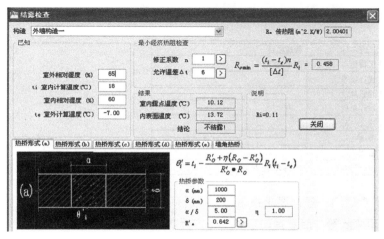

图 8-104

5. **隔热计算**：根据《民用建筑热工设计规范》GB 50176—93，计算建筑物的屋顶和东、外墙的内表面最高温度是否超过限值，外墙可图中选取，屋顶自动提取。最高温度值不大于温度限值为隔热检查合格。打开【计算】→【隔热计算】对话框（图 8-105），在弹出的对话框内显示外墙或屋顶是否满足隔

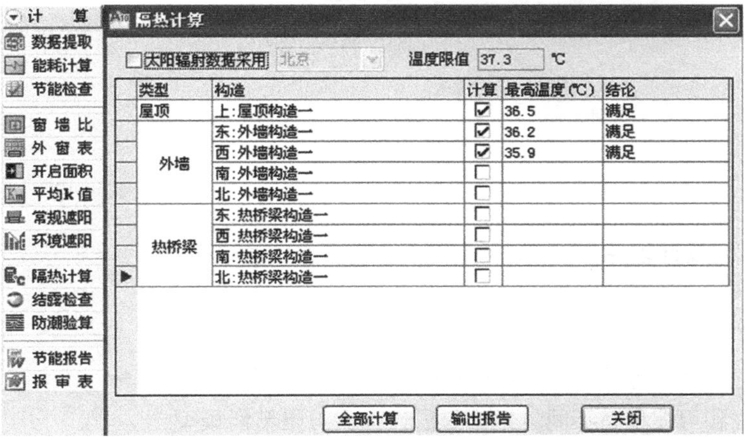

图 8-105

热要求。

8.3.5 结果输出

1. **节能报告**：节能分析完成后，执行【计算】→【节能报告】命令，可输出 Word 格式的《建筑节能计算报告书》（图 8–106）。报告书内容从模型和计算结果中自动提取数据填入，如建筑概况、工程构造、能耗计算以及结论等。输出节能报告书后即完成本工程节能计算过程。

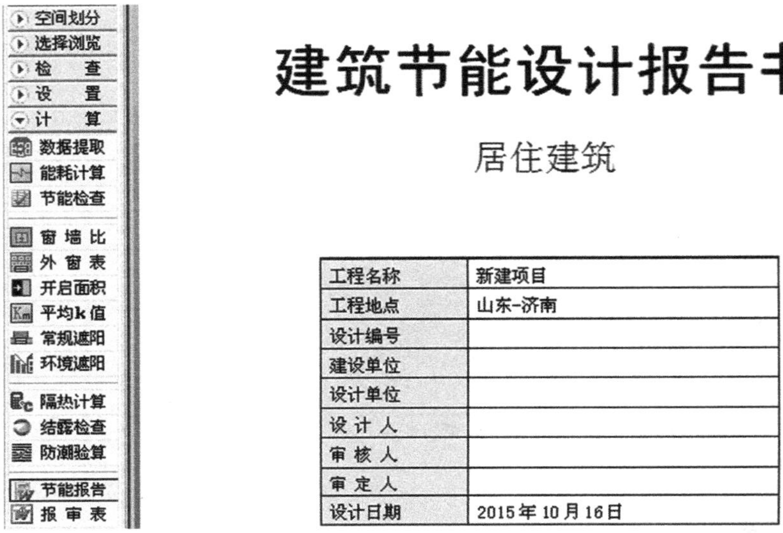

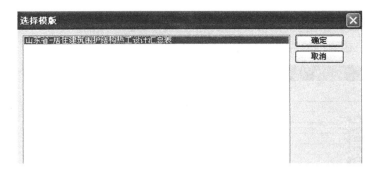

图 8–106

2. **报审表**：各地节能审查部门一般都要求报审节能设计同时要填报各种表格，有报审表、备案表和审查表等，当选择山东省等地方标准时，执行【计算】→【报审表】命令，可自动输出 Word 格式的表格（图 8–107）。

图 8–107

　　至此运用绿建斯维尔节能设计软件 BECS2016 完成了该高层居住建筑工程节能分析的设计任务。

　　通过以上三款国内主流节能软件实例教程看出，天正节能软件 T–BEC 和绿建斯维尔 BECS 软件使用过程大同小异，而 PBECA（CAD 平台）节能软件秉承 PKPM 软件系列，建模方式和习惯稍有不同。但都是通过建立三维节能模型，设置项目信息，房间功能，设定围护结构的材料类型，最后计算项目的规定性指标，权衡判断，生成节能报告，节能审查表等形成其基本流程。而且目前这三款节能软件都对设计及计算过程进行了简化。所以每一款软件对于有一定建筑设计基础的建筑从业人员和建筑相关专业高年级学生来说是不难学的。

三款节能软件在功能上各有千秋，由于有些地区的节能审查部门会对某种节能软件进行指定，所以应根据设计人员所在单位使用的专业软件兼容情况以及所在地区进行节能软件选择。

另外，对于完全相同的一幢建筑物，三款节能软件最后的计算结果会有差别，原因就像本教学单元篇头所述。实际上除了软件本身的影响和使用者对软件操作的熟练的影响以外，三款软件材料库中对相同材料的传热系数等参数的设置不同也会对计算结果产生影响，需要使用者在定义建筑材料做法时应特别注意。

单元思考题

1. 运用建筑节能软件进行公共建筑的节能设计，编写出公共建筑节能专篇并出具完整的节能计算书。

2. 运用建筑节能软件进行居住建筑的节能设计，编写出居住建筑节能专篇并出具完整的节能计算书。

参考文献

[1] European Union. EU Energy Efficiency directive[Z]. Copenhagen, 2002.10.4.

[2] 盛利. 鲁中地区绿色农房建设模式研究[D]. 济南. 山东大学, 2014.

[3] 盛利,解万玉,蒋赛百. 新农村建设中住宅节能设计探讨[J]. 建筑节能, 2012 (07).

[4] 王立雄. 建筑节能（第二版）[M]. 北京：中国建筑工业出版社, 2009.12.

[5] 徐占发. 建筑节能技术实用手册[M]. 北京：机械工业出版社, 2005.01.

[6] 赵晓光, 党春红. 民用建筑场地设计[M]. 北京：中国建筑工业出版社, 2012.07.

[7] 中国建筑业协会建筑节能专业委员会, 北京市建筑节能与墙体材料革新办公室. 建筑节能：怎么办？（第2版）[M]. 北京：中国计划出版社, 2002.

[8] 杨维菊. 绿色建筑设计与技术[M]. 南京：东南大学出版社, 2011.

[9] 金虹. 关于严寒地区绿色建筑设计的思考[J]. 南方建筑, 2010 (05).

[10] 张秋实. 北方寒冷地区农村住宅平面布局节能设计研究[J]. 民营科技, 2013 (03).

[11] 付祥钊. 建筑节能原理与技术[M]. 重庆：重庆大学出版社, 2008.

[12] [美] B·吉沃尼. 陈士鳞 译. 人·气候·建筑[M]. 北京：中国建筑工业出版社, 1982.

[13] 中国城市规划设计研究院, 建设部城乡规划司. 城市规划资料集第七分册城市居住区规划[M]. 北京：中国建筑工业出版社, 2004.

[14] 龚明启, 冀兆良. 夏热冬暖地区城乡规划中的建筑隔热问题分析研究[J]. 制冷, 2005 (S1).

[15] 赖家彬. 夏热冬暖南区居住建筑节能的思考[J]. 住宅科技, 2008 (02).

[16] 陈晓扬, 仲德崑. 冷巷的被动降温原理及其启示[J]. 新建筑, 2011 (03).

[17] 陈晓扬, 郑彬, 傅秀章. 民居中冷巷降温的实测分析[J]. 建筑学报, 2013 (2).

[18] 周鸿宁. 广东骑楼建筑多元符号与绿色空间形态研究[D]. 长沙：湖南师范大学, 2011.

[19] 周成斌, 申少杰. 夏热冬暖地区居住建筑被动式节能集成设计研究[J]. 福州大学学报（自然科学版）, 2011 (05).

[20] 付祥钊, 肖益民. 建筑节能原理与技术[M]. 重庆：重庆大学出版社, 2008.

[21] 王瑞. 建筑节能设计[M]. 武汉：华中科技大学出版社, 2010.

[22] 刘世美. 建筑节能[M]. 北京：中国建筑工业出版社, 2011.

[23] 刘加平, 谭良斌, 何泉. 建筑创造中的节能设计[M]. 北京：中国建筑工业出版社, 2009.

[24] 宋德萱. 节能建筑设计与技术[M]. 上海：同济大学出版社, 2003.

[25] 季翔. 建筑表皮语言[M]. 北京：中国建筑工业出版社, 2012.

[26] 陈海亮. 光的渗透—对德国柏林 GSW 总部自然采光的简要分析[J]. 世界建筑, 2004 (09).

[27] 章欣,刘宣,周昭茂. 地下水源热泵技术应用及发展[J]. 电力需求侧管理,2008 (04).

[28] 万水. 高层住宅太阳能热水系统类型选用探讨[J]. 给水排水, 2009 (12).

[29] 李素花，代宝民，马一太．空气源热泵的发展及现状分析 [J]．制冷技术，2014（01）．

[30] 赵晓文，仲丽．浅议高层住宅太阳能热水系统方案选型及整合设计 [J]．建筑节能，2012（10）．

[31] 龚明启，冀兆良．浅议热泵分类 [J]．河北能源职业技术学院学报，2015（01）．

[32] 何梓年，律翠萍．太阳能系统在高层住宅中的应用 [J]．住宅产业，2014（10）．

[33] 叶平洋．谈生态建筑的热环境分区与被动式太阳房设计 [J]．山西建筑，2009（04）．

[34] 张志军，曹露春．可再生能源与建筑节能技术 [M]．北京：中国电力出版社，2011．

[35] 郎四维．《公共建筑节能设计标准》GB 50189—2005 剖析 [J]．暖通空调，2005（11）．

[36] 林海燕，郎四维，方修睦，等．2012 年"华夏建设科学技术奖"获奖项目（二等奖）《严寒和寒冷地区居住建筑节能设计标准》JGJ26—2010 标准编制 [J]．建设科技，2013（Z1）．

[37] 赵士怀．JGJ 75《夏热冬暖地区居住建筑节能设计标准》修编背景与修编主要内容 [J]．暖通空调，2013（S1）．

[38] 徐伟，邹瑜，陈曦，等．GB 50189《公共建筑节能设计标准》修订原则及方法研究 [J]．工程建设标准化，2015（09）．

[39] 中国建筑科学研究院建研科技股份有限公司．建筑节能设计分析软件 PBECA[CP/OL]．中国，2014．

[40] 北京天正工程软件有限公司．建筑节能设计分析软件 T-BEC[CP/OL]．中国，2014．

[41] 北京绿建软件有限公司．建筑节能设计分析软件 BECS[CP/OL]．中国，2014．

[42] 中国建筑设计研究院 GB 50096—2011 住宅设计规范 [S]．北京：中国建筑工业出版社，2011．

[43] 中国建筑设计研究院 JGJ 26—2010 严寒和寒冷地区居住建筑节能设计标准 [S]．北京：中国建筑工业出版社，2010．

[44] 中国建筑设计研究院 JGJ 134—2010 夏热冬冷地区居住建筑节能设计标准 [S]．北京：中国建筑工业出版社，2010．

[45] 中国建筑设计研究院 JGJ 75—2012 夏热冬暖地区居住建筑节能设计标准 [S]．北京：中国建筑工业出版社，2012．

[46] 中国建筑设计研究院 GB 50189—2005 公共建筑节能设计标准 [S]．北京：中国建筑工业出版社，2005．

[47] 中国建筑设计研究院 GB 50189—2015 公共建筑节能设计标准 [S]．北京：中国建筑工业出版社，2015．

[48] 中国建筑设计研究院 GB 50352—2005 民用建筑设计通则 [S]．北京：中国建筑工业出版社，2005．

[49] 中国建筑设计研究院 GB 50033—2013 建筑采光设计标准 [S]．北京：中国建筑工业出版社，2013．

[50] 中国建筑设计研究院 GB 50176—93 民用建筑热工设计规范 [S]．北京：中国建筑工业出版社，1993．

[51] 中国建筑设计研究院 GB 50016—2014 建筑设计防火规范 [S]．北京：中国计划出版社，2015．